普通高等教育农业农村部“十四五”规划教材

国家精品在线开放课程配套教材

现代仪器分析

主　编　杨桂娣

副主编　张金彪　薛　珲　佟珊珊　谢晓琼　周碧青

编　者（按姓氏笔画排序）

王宗文　朱　希　庄婉娥　刘书慧　许雪琴

李　忠　李　涛　李　琦　杨孝军　杨玮娟

杨桂娣　何　叶　佟珊珊　张　静　张金彪

陈杰博　林　梅　周碧青　郑新宇　荣　成

蒋文静　蒋宇航　谢晓琼　廖素兰　薛　珲

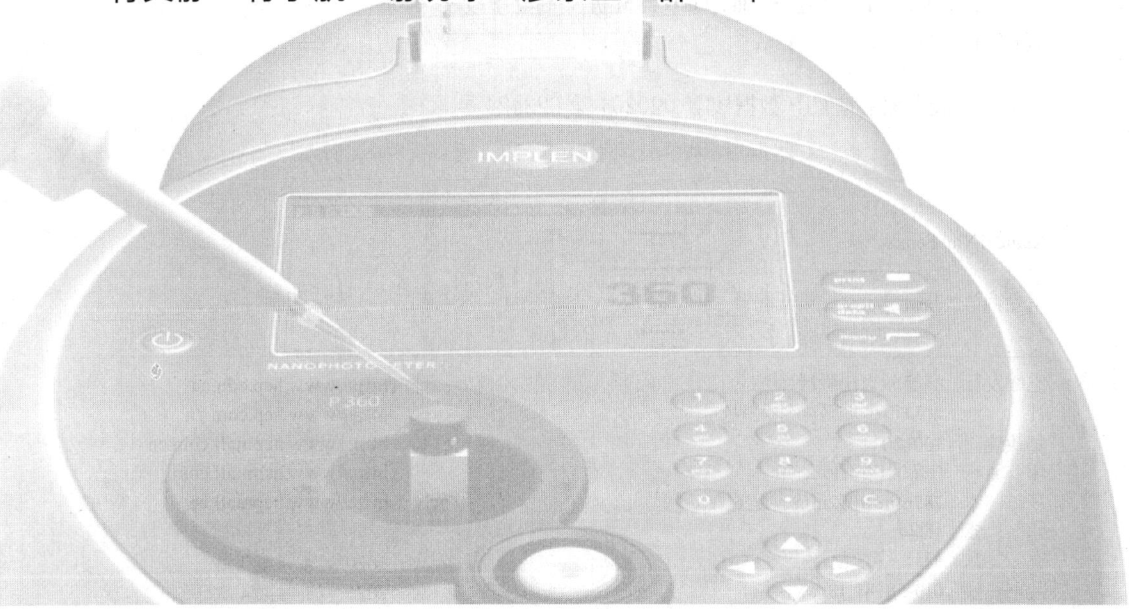

中国教育出版传媒集团

高等教育出版社 · 北京

内容简介

本书与国家精品在线开放课程“现代仪器分析”相配套，是教育部“产学合作协同育人”立项项目的研究成果。全书分为两篇。理论篇主要介绍各种现代仪器分析方法的基本理论、仪器组成及其应用，包括绪论、光谱分析法导论、原子吸收光谱法、原子发射光谱法、紫外－可见吸收光谱法、红外吸收光谱法、色谱分析法导论、气相色谱法、高效液相色谱法、电化学分析法、原子质谱法、分子质谱法及其联用技术。实验篇是全体编者多年教学实践经验和大学生创新性实验成果的结晶，包括与理论篇对应的各类现代仪器分析方法的专题训练、综合实验及自行设计实验，并附有各类仪器的使用方法。

本书适用于高等综合性大学、师范院校、农林院校、医学院校各有关专业学生，尤其适合于应用化学类、化工类、资源环境类、食品科学类、生物科学类、材料科学类、农林科学类、环境科学类、地质科学类等专业学生，也可供研究生、科研工作者和社会学习者阅读和参考。

图书在版编目（CIP）数据

现代仪器分析／杨桂娣主编．-- 北京：高等教育出版社，2020.4（2025.1 重印）

ISBN 978-7-04-053528-0

Ⅰ．①现… Ⅱ．①杨… Ⅲ．①仪器分析－高等学校－教材 Ⅳ．① O657

中国版本图书馆 CIP 数据核字（2020）第 023424 号

Xiandai Yiqi Fenxi

策划编辑 高新景　　责任编辑 张　磊　　封面设计 张申申　　责任印制 刁　毅

出版发行	高等教育出版社	网　址	http://www.hep.edu.cn
社　址	北京市西城区德外大街4号		http://www.hep.com.cn
邮政编码	100120	网上订购	http://www.hepmall.com.cn
印　刷	中农印务有限公司		http://www.hepmall.com
开　本	787mm×1092mm　1/16		http://www.hepmall.cn
印　张	18.25		
字　数	433千字	版　次	2020 年 4 月第 1 版
购书热线	010-58581118	印　次	2025 年 1 月第 4 次印刷
咨询电话	400-810-0598	定　价	38.00元

物 料 号　53528-A0

数字课程（基础版）

现代仪器分析

主编　杨桂娣

登录方法：

1. 电脑访问 http://abook.hep.com.cn/53528，或手机扫描下方二维码、下载并安装 Abook 应用。
2. 注册并登录，进入“我的课程”。
3. 输入封底数字课程账号（20 位密码，刮开涂层可见），或通过 Abook 应用扫描封底数字课程账号二维码，完成课程绑定。
4. 点击“进入学习”，开始本数字课程的学习。

课程绑定后一年为数字课程使用有效期。如有使用问题，请点击页面右下角的“自动答疑”按钮。

Abook

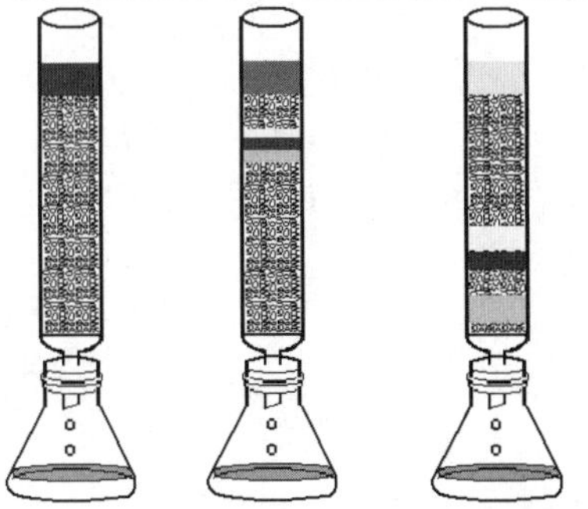

现代仪器分析

本数字课程与纸质教材配套使用，是纸质教材的拓展补充。数字课程内容包括教学课件、自测题、思考题等，以方便广大教师教学和学生学习。全部教学视频及更多资源可参见前言中所述的定制版数字课程。

用户名：　密码：　验证码：　5360　忘记密码？　登录　注册

http://abook.hep.com.cn/53528

扫描二维码，下载Abook应用

前　言

随着人类科学技术的发展，各门学科不断交叉、渗透，各种现代仪器分析方法与技术为众多科技领域的研究与发展提供了关键信息，已成为农林科学、食品科学、环境科学、生命科学、材料科学、地质科学等学科进行科学研究以及对相应产品进行品质检验的主要手段。因此，现代仪器分析课程的开设及其实践训练在培养当今大学生科学素质等方面起着日益重要的作用。

本书分为理论篇与实验篇两部分。理论篇重点阐述各种现代仪器分析方法的基本原理、仪器组成及其应用，以光谱分析法、色谱分析法、电化学分析法和质谱分析法为主，文字上力求深入浅出、通俗易懂，可读性好，便于自学。同时，注意反映学科发展与交叉渗透的新成果。每章附有关键词、目的要求和重点难点，每章末还附有思考与练习题。理论篇可与“现代仪器分析数字课程”（定制版）（http://icc.hep.com.cn/fafu/xdyqfx）配套使用。实验篇是全体编者多年实践教学成果，注重理论与实践相结合，根据教学实际，书中汇集了与理论篇对应的各类现代仪器分析方法的专题训练、综合实验及自主设计实验，并附有注意事项、思考题及各类仪器使用方法。实验篇也可与“现代仪器分析实验数字课程”（定制版）（http://icc.hep.com.cn/fafu/xdyqfxsy）配套使用。上述定制版数字课程包括教学视频、教学课件、自测题、思考题等教学资源，以及高效利用这些资源开展教学活动的教学设计。

本书由福建农林大学组织编写，多所高校合作编写。参加编写的学校（以校名笔画为序）有：西北农林科技大学、武夷学院、福州大学、福建中医药大学、福建师范大学、福建医科大学。本书编写过程中，参考了国内外近些年出版的仪器分析教材，参阅了部分文献和参考书，在此谨向有关作者表示感谢，并向使用和关注本教材的师生、读者致以深深的谢意。

限于水平，书中欠妥乃至错误之处在所难免，敬请读者批评指正。

编者

2020 年 4 月

前言

目 录

理 论 篇

1 绪论 …… 3

第一节 分析化学的发展历史、仪器分析的地位和分类 …… 4

第二节 仪器分析方法的主要评价指标和样品前处理技术 …… 11

第三节 密闭微波消解仪的使用 …… 14

2 光谱分析法导论 …… 19

第一节 概述 …… 20

第二节 光谱的产生及其类型 …… 22

第三节 光谱分析仪器 …… 24

3 原子吸收光谱法 …… 29

第一节 原子吸收光谱分析法的基本原理 …… 30

第二节 原子吸收分光光度计 …… 34

第三节 干扰及其消除方法 …… 40

第四节 定量分析方法及应用 …… 42

4 原子发射光谱法 …… 45

第一节 原子发射光谱法概述及基本原理 …… 46

第二节 原子发射光谱仪 …… 49

第三节 原子荧光光谱法 …… 53

第四节 荧光光度计的使用 …… 55

5 紫外－可见吸收光谱法 …… 62

第一节 紫外－可见吸收光谱法概述及基本原理 …… 63
第二节 紫外－可见吸收光谱与分子结构的关系 …… 65
第三节 紫外－可见分光光度计 …… 68

6 红外吸收光谱法 …… 73

第一节 红外吸收光谱法概述及基本原理 …… 74
第二节 红外吸收光谱与分子结构的关系 …… 78
第三节 红外吸收光谱仪 …… 80
第四节 红外吸收光谱法的应用 …… 82

7 色谱分析法导论 …… 86

第一节 概述 …… 87
第二节 色谱分析的基本理论 …… 91
第三节 色谱定性和定量的方法 …… 94

8 气相色谱法 …… 100

第一节 概述 …… 101
第二节 气相色谱仪 …… 103
第三节 气相色谱操作条件的选择及其应用 …… 106
第四节 气相色谱仪的使用 …… 110

9 高效液相色谱法 …… 115

第一节 概述 …… 116
第二节 高效液相色谱仪 …… 119
第三节 高效液相色谱操作条件的选择及其应用 …… 124
第四节 高效液相色谱仪的使用 …… 130

10 电化学分析法 …… 136

第一节 电化学分析法基础 …… 137
第二节 电位分析法 …… 141
第三节 pH 计的使用 …… 147

11 原子质谱法 …… 151

第一节 原子质谱法的基本原理和质谱仪器的主要性能指标 …… 152
第二节 原子质谱仪器的基本组成及各部件的功能 …… 156

第三节 电感耦合等离子体质谱法 …… 160
第四节 电感耦合等离子体质谱仪的使用 …… 164

12 分子质谱法 …… 168

第一节 分子质谱法的基本原理及仪器组成 …… 169
第二节 分子质谱的离子类型、基本操作技术及应用 …… 176
第三节 分子质谱的联用技术 …… 180
第四节 气相色谱－质谱联用仪的使用 …… 187
第五节 超高效液相色谱－飞行时间质谱联用仪的使用 …… 195

实验篇

实验 1 火焰原子吸收分光光度法测定自来水中镁的含量 …… 201
实验 2 原子吸收分光光度法测定自来水中锌的含量 …… 204
实验 3 火焰光度法测定海水中钾的含量 …… 210
实验 4 微波消解－火焰光度法测定紫菜中的钾含量 …… 213
实验 5 苯酚荧光光谱分析及定量测定 …… 216
实验 6 分光光度法定量测定植物叶绿素的含量 …… 219
实验 7 紫外吸收光谱法测定苯甲酸、山梨酸和未知物 …… 222
实验 8 有机化合物的紫外吸收光谱及溶剂性质对吸收光谱的影响 …… 225
实验 9 紫外－可见分光光度法测定消毒片中 $KMnO_4$ 含量 …… 227
实验 10 红外吸收光谱法测定苯甲酸的结构 …… 230
实验 11 阳离子交换色谱法测定自来水中 K^+、Na^+、Ca^{2+}、Mg^{2+} 的含量 …… 235
实验 12 气相色谱法测定藿香正气水中乙醇的含量 …… 241
实验 13 气相色谱法测定植物油脂肪酸 …… 244
实验 14 饮料中咖啡因的高效液相色谱分析 …… 248
实验 15 高效液相色谱分析蜂产品中四环素类残留量的前处理技术及柱效能的测定 …… 252
实验 16 高效液相色谱测定槐花中槲皮素和芸香苷的含量 …… 255
实验 17 玻璃电极响应斜率和溶液 pH 的测定 …… 258
实验 18 直接电位法测定自来水和牙膏中的氟含量 …… 261
实验 19 多巴胺注射剂的含量测定 …… 265
实验 20 气相色谱－质谱法测定茶叶中农药残留 …… 269
实验 21 超高效液相色谱－三重四极杆质谱法测定水稻叶片多胺浓度 …… 272
实验 22 紫菜中钾、钠、钙、铁、锌、磷、砷微量元素及砷形态的测定 …… 277
实验 23 实验技能综合实验 …… 279

理　论　篇

1 绪　论

- **关键词**

经典分析化学，仪器分析，性能评价指标，样品前处理技术，密闭微波消解，密闭微波消解仪

- **目的要求**

初步了解仪器分析的产生、定义、特点和发展历史；了解现代仪器分析方法的发展趋势及其在科学研究中的应用；掌握现代仪器分析方法的主要评价指标和样品前处理技术；理解密闭微波消解仪的原理、特点；熟悉 Milestone 公司生产的 ETHOS UP 密闭微波消解仪的方法编辑和操作步骤；培养学生实事求是的科学精神和诚实守信的职业素养。

- **重点难点**

（1）重点：现代仪器分析方法的主要评价指标和样品前处理技术。

（2）难点：现代仪器分析方法的主要评价指标和样品前处理技术。

知识导图

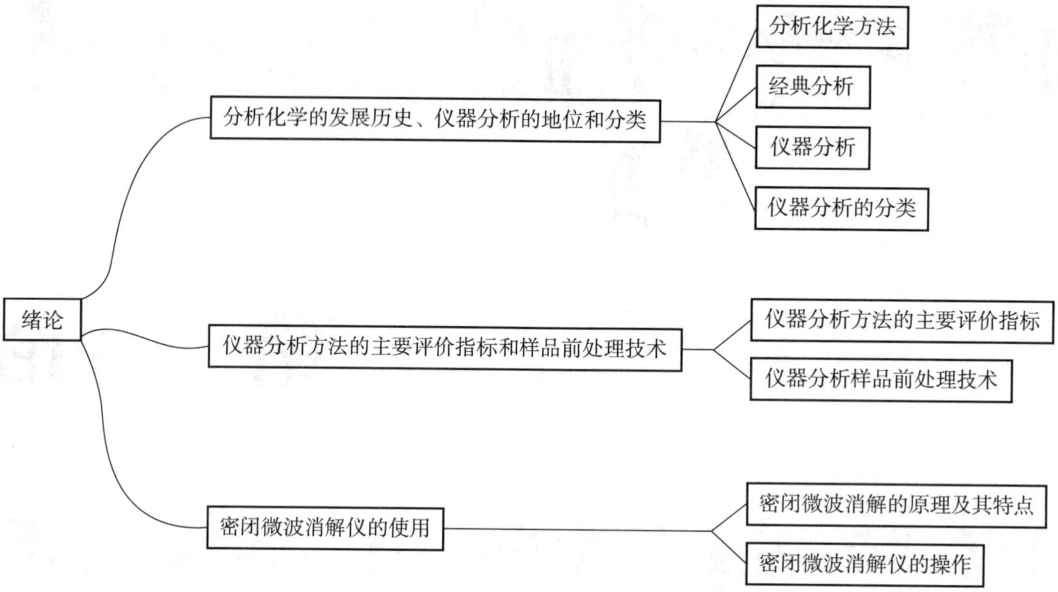

第一节　分析化学的发展历史、仪器分析的地位和分类

分析化学是研究物质的组成、结构和状态的一门科学，一般可分为化学分析和仪器分析。现代仪器分析是在化学分析的基础上逐步发展起来的一类分析方法。随着人类社会的进步和科技的发展，各门学科不断交叉、渗透，各种现代仪器分析方法与技术为众多科技领域的研究与发展提供了有力的手段与重要的信息。本课程以介绍现代仪器分析的基本理论及其对物质进行分析测定的基本原理、基本方法、基本操作为主要内容，着重介绍各种现代仪器分析方法在化学化工、材料科学、生命科学、农林科学、食品科学、环境科学等相关专业的实际应用。其主要任务是开拓学生现代仪器分析测试手段的视野，培养学生的创新思维、科学素质、获取知识和应用知识的能力，以适应21世纪我国经济和科学技术发展对人才的需要和要求。

一、分析化学方法

分析化学是最早发展起来的化学分支学科。分析化学不断发展导致其学科内涵和定义的发展与变化。长期以来，分析化学涉及物质组成、含量和结构的测定方法，依据分析原理的不同，一般可把分析化学方法分为两大类，即经典分析方法和仪器分析方法。

二、经典分析

经典分析方法也称为湿化学方法或化学分析方法，已有长久历史。经典分析是利用化学反应和它的计量关系来确定被测物质组成和含量的一类分析方法。19 世纪末 20 世纪初，物理化学的发展，特别是溶液中四大平衡理论（酸 – 碱平衡、沉淀 – 溶解平衡、氧化 – 还原平衡、配位 – 离解平衡）的建立，为基于溶液化学反应的经典分析奠定了理论基础，使分析化学从一门技术发展成一门科学，这是分析化学发展史上的第一次变革。

三、仪器分析

仪器分析是随着较大型仪器出现而发展起来的方法。从化学分析到仪器分析是一个逐步发展、演变的过程，两者之间不存在清晰界线，化学分析需要简单仪器，仪器分析中亦包含某些化学分析技术。

1. 仪器分析的定义

仪器分析是采用比较复杂或特殊的仪器设备，通过测量物质的某些物理或物理化学性质的参数及其变化来获取物质的化学组成、成分含量及化学结构等信息的一类方法。分析原理是待测物质的理化性质。一般来说，这种方法要用到特殊的仪器设备。

2. 仪器分析的特点

与化学分析法相比，仪器分析有以下优点：试样用量少，通常是在 μL、μg、ng 级别；灵敏度高，绝对灵敏度可达到 $10^{-12}\sim10^{-18}$ g；分析速度快，容易实现在线分析，可进行遥控检测，可进行自动化与智能化分析；可进行无损分析和复杂混合物分析。不足之处是分析结果的相对误差一般较大，且仪器昂贵。

3. 仪器分析的产生

仪器分析的产生与生产实践、科学技术发展的迫切需要密切相关。第二次世界大战后至 20 世纪 60 年代，物理学、电子学、半导体及原子能工业的发展促进了分析化学中物理方法和仪器分析方法的大大发展，这一时期，化学分析方法在很多方面已不能解决科学技术发展所面临的许多问题。

近年来，食品安全事件、化妆品事件和环境污染事件时有发生。我们来关注一下日常生活中的一些事件。

事件一：红牛。红牛是全球首先推出且被人熟知的能量饮品之一，能够促进人体新陈代谢、吸收与分解糖分，迅速补充大量的能量物质，并调节神经系统，从而具有提神醒脑、补充体力、抗疲劳的卓越功效。但是，红牛中含有柠檬酸、柠檬酸钠、咖啡因、苯甲酸钠、胭脂红、柠檬黄 6 种添加剂。苯甲酸钠和咖啡因混合可能生成国家 Ⅰ 类精神药品安纳咖，而胭脂红可能致癌和致突变。那么，红牛饮料中这些添加剂的添加是否合理呢？如何来评价其食用安全性呢？

事件二：面条。面条是人们非常喜爱的一种面食，市场上销售的面条种类繁多。但是，一些不法商人制作面条时，为了延长面条的保质期，防腐竟然用甲醛，此新闻一出，震惊老百姓！如何识别含甲醛的面条呢？

事件三：雪碧。雪碧是深受人们喜爱的一种饮料。2010 年，北京中学生喝的雪碧中发现银珠，体内检测到高浓度汞，发生汞中毒，这便是闹得沸沸扬扬的“雪碧银珠汞中毒事件”。那么，汞是如何进入到罐装雪碧中的呢？

事件四：护肤品。SK–Ⅱ 是深受日本、韩国、中国大陆、中国香港、中国台湾以及东南亚等地区消费者欢迎的护肤品牌。但是，2010 年日本 SK-Ⅱ系列化妆品护肤洁面霜、活肤抗皱修护膜和净白精华液分别检出禁用物质铬、钕等有毒金属，这些物质来自哪里呢？

事件五：重金属污染。2012 年，广西龙江河宜州市拉浪乡码头前 200 米水质重金属严重超标，使得沿岸及下游居民饮水安全遭到严重威胁。如何检测这些重金属含量呢？

事件六：地沟油。2013 年，浙江宁海特大地沟油事件，查获了大量地沟油，但送检的样品基本都合格，为什么？这是一个值得人们深思的问题。那么，如何检测地沟油呢？

事件七：农药残留。茶叶种植中常喷洒各种杀虫剂。那么，其在茶叶中的残留有多少呢？如何检测？

事件八：面霜添加剂。面霜是我们日常护理中十分重要的一部分，它给肌肤提供足够的营养，并形成保护膜，防止皮肤中的水分挥发。市面上很多面霜中都少量含有国际上允许添加的矿物油，有助于从皮肤表面锁住水分，但矿物油一旦超标，油质就堵塞毛孔，痘痘、黑斑等肌肤问题也就层出不穷。那么，如何检测矿物油呢？

事件九：化妆品。很多女性日常生活中经常会化妆。现在化妆品的牌子越来越多，那么，如何鉴别化妆品的好坏呢？化妆品中含有油石酯吗？如何检测？

事件十：饲料添加剂残留。为提高瘦肉产出率，生猪喂养过程中，常添加一种叫作“瘦肉精”的药物到生猪饲料中。那么，瘦肉精在猪肉及内脏中的残留是多少？又该如何检测呢？

事件十一：运动员尿检问题。体育比赛中，通常要求查出 1 mL 尿液中含有的 2 ng 兴奋剂，这个标准是非常严格的，相当于 5 个标准游泳池的水量中放入一小勺糖。此外，体育比赛中，运动员的禁用药物有 138 种，体内代谢后要检测的物质近 400 种，而尿液中还有很多干扰物质。所以，这类物质是不可能用化学分析法能检测出来的。

上述各事件中，我们所关心的各种有毒有害成分含量低、种类多、定性定量困难，这类物质的检测通常需要借助于一些特殊的仪器。

所以，仪器分析是在社会、环境科学、食品安全等领域的实践需要中产生和发展起来的，是分析化学发展历史的重要组成部分。

4. 仪器分析的发展历史

迄今为止，分析化学在其发展史上已经经历了三次巨大变革。

分析天平的发明和溶液四大平衡理论体系的建立是分析化学的第一次变革，它使分析化学从一门技术发展成为一门科学。

仪器分析的产生和发展，是分析化学的第二次变革，是分析化学与物理学、电子学结合的时代，从以溶液化学分析为主的经典分析化学发展到以仪器分析为主的现代分析化学新阶段，分析仪器及仪器分析技术已成为分析化学的重要研究内容，特别是核磁共振、极谱和气相色谱的出现，标志着仪器分析快速发展起来。

20 世纪 70 年代以来，以计算机应用为主要标志的信息时代来临，分析化学处在第三次大变革时期。多媒体计算机作为分析仪器的显示器，仪器分析方法学上广泛采用各种化学及物理、生物等非化学的方法原理和技术，新型仪器装置及分析技术不断涌现，仪器分析与各学科之间进一步交叉、渗透，分析化学向分析科学发展，主要体现在以下两个方面。

第一个方面是，随着分析仪器研究、制造和发展，大大提高了分析化学获取信息的能力，扩大了获取信息的范围。从本质上来说，分析化学就是一门信息科学，其研究内容除物质的元素或化合物成分、结构信息外，在很大程度上还应该包括价态、形态、状态、空间结构，甚至能态分析和测定；研究试样成分的平均组成外，还涉及成分的时空分布，包括静态、动态、瞬时分析；除实验室取样分析外，还发展到现场实时分析，过程在线（on-line）、线内（in-line）、活体内（*in vivo*）原位分析等；常量、微量分析外，还要求痕量分析，甚至单原子、分子检测。分析化学运用数据处理和信息科学理论，已由单纯的数据提供者，上升到从分析数据获取有用信息和知识，成为生产和科研实际问题的解决者。

第二个方面是，随着仪器分析的发展，分析化学的定义、基础、原理、方法、技术、研究对象、应用等均发生根本变化。与经典分析化学密切相关的范畴是定性定量分析、重量法、容量法、溶液反应、四大平衡、化学热力学、动力学等，而与现代分析化学相关的范畴是化学计量学、传感器和过程控制、专家系统、生物技术和生命科学、微电子学、集微光学和微工程学等。分析化学已超越化学领域，与物理学、数学、统计学、电子、计算机、信息、机械、资源、材料、生物医学、药学、农学、环境科学、天文学、宇宙科学等学科交叉、渗透，发展成以多学科为基础的综合性分析科学。

分析化学发展历程和三次大变革说明，仪器分析起到承前启后的作用，是现代分析化学应用最广泛的方法和技术，也是当今分析化学研究的前沿。

5. 仪器分析的应用领域

现在，仪器分析已广泛用于社会、化学、生命科学、环境科学、材料科学、药物、外层空间探索等各个方面。

（1）社会领域，如：体育比赛中运动员尿液兴奋剂的检测，鱼的新鲜度、食品添加剂、农药残留量等日常生活产品质量的监测，环境污染物的实时检测，公安人员获取证据时对犯罪现场未知 DNA 和物证的检测等。

（2）化学领域，如：新化合物的结构表征、分子层次上的分析方法等。

（3）生命科学领域，如：DNA 测序、活体检测等。

（4）环境科学领域，如：环境监测、污染物分析等。

（5）材料科学领域，如：新材料的结构与性能分析等。

（6）药物领域，如：天然药物的有效成分与结构、构效关系研究等。

（7）外层空间探索领域，如：可用于外层空间探索的微型、高效、自动、智能化仪器的研制等。

6. 仪器分析的发展趋势

综观仪器分析的历史和现状，可以预计，它今后发展会更迅速，应用更广泛。总体来说，仪器分析发展趋势大致有以下几方面：

（1）微型化、自动化、智能化，如：手持式电化学生物传感器（图 1–1）、芯片实验室（图 1–2）等。微型化、自动化的仪器分析方法将逐步成为常规分析的重要手段，以生物芯片为代表的芯片实验室将进一步发展，创建虚拟仪器和虚拟实验室。

（2）遥测、动态、无损分析，如：远程医疗（图 1–3）、敦煌莫高窟壁画无损分析

（图 1–4）等。上海光机所科技考古中心与敦煌研究院保护研究所合作，采用上海光机所 OURSTEX 100FA 型便携式能量色散型 X 射线荧光分析仪和 LabRAM XploRA 便携式激光共聚焦拉曼光谱仪，对敦煌莫高窟 465 窟东壁、北壁和南壁等多处壁画颜料化学成分和主要物相进行了原位、无损分析，成功识别出朱砂、炭黑、铁红、铅红、石绿等多种矿物颜料。

（3）仪器分析联用技术，如：气质联用（图 1–5）、液质联用（图 1–6）等联用技术等。

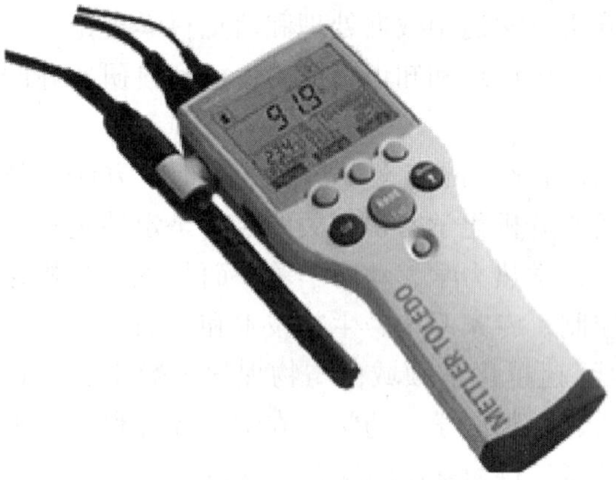

图 1–1 手持式电化学生物传感器

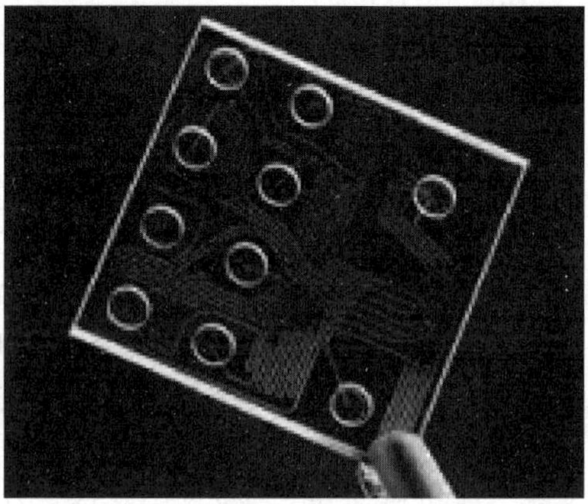
图 1–2 芯片实验室

图 1–3 远程医疗

图 1–4 敦煌莫高窟壁画无损分析

图 1–5 气质联用仪

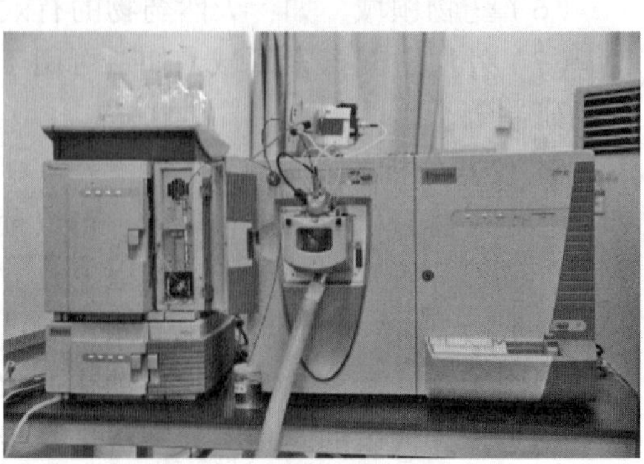
图 1–6 液质联用仪

色谱分离技术与质谱、光谱检测联用及计算机、信息理论结合，将大大提高仪器分析获取并快速、高效处理化学、生物、环境等复杂混合体系物质组成、结构、状态信息的能力，成为解决复杂体系分析和推动组合化学、基因组学、蛋白组学、代谢组学等新兴学科发展的重要技术手段。

（4）生命科学领域，如：医用核磁共振（图 1–7）、蛋白芯片（图 1–8）等。仪器分析研究对象重点将在生命科学或生物医药学，在细胞和分子水平上研究生命过程、生理、病理变化和药物代谢、基因寻找和改造。仪器分析将成为生物大分子多维结构和功能研究、疾病诊断技术的有力工具。

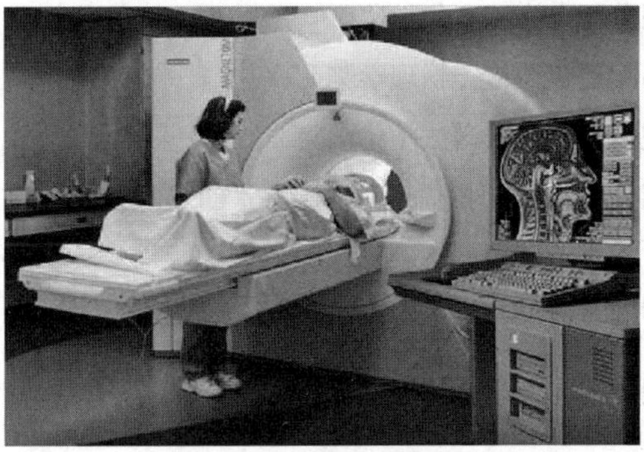

图 1–7 医用核磁共振

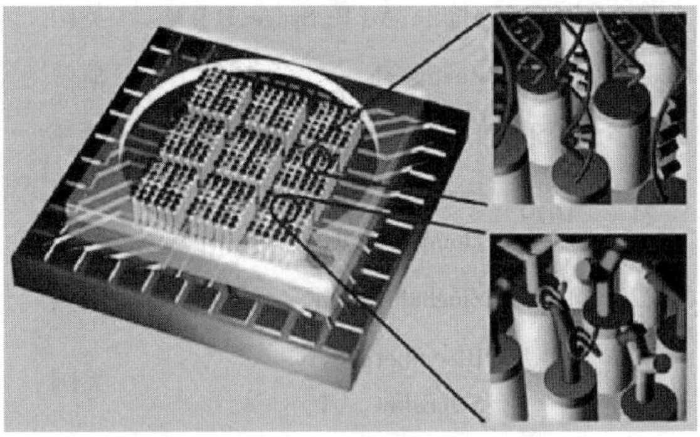

图 1–8 蛋白芯片

7. 分析化学发展中的创新成就

化学及相邻学科前沿的任何重大科学发现和突破，都不可能离开仪器分析的不断创新，表 1–1 是 20 世纪以来与分析仪器发明发展相关的诺贝尔奖获得者。

表 1–1 与分析仪器发明发展相关的诺贝尔奖获得者

编号	年份	获奖者	国籍	获奖原因
1	1901	Röntgen, W C	德国	发现 X 射线（物理学奖）
2	1901	Van't Hoff, J H	荷兰	发现化学动力学法则及溶液渗透压（化学奖）
3	1903	Arrhenius, S A	瑞典	提出电离学说（化学奖）
4	1906	Thomson, J J	英国	对气体电导率的理论研究及实验工作（物理学奖）
5	1907	Michelson, A A	美国	制造光学精密仪器及对天体所做的光谱研究（物理学奖）
6	1914	von Laue, M.	德国	发现晶体中的 X 射线衍射现象（物理学奖）
7	1915	Bragg, W H；Bragg, W L	英国	用 X 射线对晶体结构的研究（物理学奖）
8	1917	Barkla, C G	英国	发现元素的次级 X 辐射特性（物理学奖）
9	1922	Aston, F W	英国	发明质谱技术并用来测定同位素（化学奖）
10	1923	Pregl, F	奥地利	发明有机物质微量分析法（化学奖）
11	1924	Siegbahn, M	瑞典	发现 X 射线中的光谱线（物理学奖）

续表

编号	年份	获奖者	国籍	获奖原因
12	1926	Svedberg, T	瑞典	对分散系统的研究（化学奖）
13	1930	Raman, C V	印度	研究光散射并发现拉曼效应（物理学奖）
14	1939	Lawrence, E O	美国	发明并发展了回旋加速器（物理学奖）
15	1944	Rabi, I I	美国	用共振方法记录了原子核的磁性（物理学奖）
16	1948	Tiselius, A W K	瑞典	采用电泳及吸附分离人血清中蛋白质组分（化学奖）
17	1952	Bloch, F; Purcell, E N	美国	发展核磁共振的精细测量方法（物理学奖）
18	1952	Martin, A J P; Synge, R L M	英国	发明分配色谱法（化学奖）
19	1953	Zemike, F	荷兰	发明相差显微镜（物理学奖）
20	1959	Heyrovsky, J	捷克	发现并发展了极谱法（化学奖）
21	1979	Comack, A M Hounsfield, G N	美国 英国	发明计算机控制扫描层析诊断法（CT）（生理学或医学奖）
22	1981	Siegbahn, K M	瑞典	发展高分辨电子光谱法（物理学奖）
23	1981	Bloembergen, N; Schawlow, A L	美国	发展激光光谱学（物理学奖）
24	1982	Klug, S A	英国	对晶体电子显微镜的发展（化学奖）
25	1986	Binning, G; Rohrer, H	德国	扫描隧道显微镜的创制者（物理学奖）
26	1991	Ernst, R R	瑞士	对高分辨核磁共振方法的发展（化学奖）
27	2002	Wuthrich, K Fenn, J B Tanaka, K	瑞士 美国 日本	对生物大分子分析研究领域的重大突破（化学奖）

四、仪器分析的分类

仪器分析方法很多，其方法原理、仪器结构、操作技术、适用范围等差别很大，多数形成相对较为独立的分支学科，但它们都是分析化学的测量和表征方法。仪器分析方法中使用的化学和物理性质见表 1–2。

表 1–2 仪器分析方法中使用的一些化学和物理性质

序号	特征性质	仪器分析方法
1	辐射的发射	发射光谱法、荧光光谱法、磷光和化学发光光谱法
2	辐射的吸收	分光光度法（X 射线、紫外、可见、红外）、核磁共振、电子自旋共振
3	辐射的散射	比浊法、浊度测定法、拉曼光谱
4	辐射的折射	折射法、干涉衍射法
5	辐射的衍射	X 射线、电子衍射法
6	辐射的旋转	偏振测定法、旋光散射法、圆二色光谱

续表

序号	特征性质	仪器分析方法
7	电位	电位法、计时电位分析法
8	电荷	库仑法
9	电流	安培法、极谱法
10	电阻	电导法
11	质量	重量法（石英晶体微天平）
12	质荷比	质谱法
13	反应速率	动力学方法
14	吸附、溶解、交换	分离分析法（气相色谱、液相色谱、电泳、毛细管电泳）
15	热性质	热重量和热滴定法、差示扫描量热法、差热分析法、热导法
16	放射性	放射化学分析法

依据待测组分物理、化学性质的差异，仪器分析方法可分为：光学分析法、分离分析法、电化学分析法和其它分析法。

1. 光学分析法

光学分析法是基于分析物和电磁辐射相互作用产生辐射信号变化所建立起来的分析方法。基于吸光质点的不同，光学分析可分为原子光谱法和分子光谱法两种，原子光谱法有原子吸收光谱法与原子发射光谱法，分子光谱法有紫外－可见吸收光谱法、红外吸收光谱法、核磁共振光谱法和荧光光谱法等。

2. 分离分析法

分离分析法也称为色谱分析法，重要的色谱分析法有：气相色谱法、液相色谱法、电色谱法、激光色谱法、薄层色谱法、超临界色谱法等。

3. 电化学分析法

电化学分析法有：电位分析法、电导分析法、电解分析法、库仑分析法、极谱与伏安分析法、电泳分析法等。

4. 其它仪器分析法

其它仪器分析法有：质谱分析法、热分析法、分析仪器联用技术等。

第二节 仪器分析方法的主要评价指标和样品前处理技术

一、仪器分析方法的主要评价指标

一般来说，仪器分析方法的主要评价指标有 6 个方面：精密度、灵敏度、准确度、选择性、标准曲线和检出限。

1. 精密度

精密度是指对同一样品做多次平行测定时，各个结果间的接近程度。同一人员在相同条件下的精密度称为重复性，不同人员在相同条件下的精密度称为再现性。精密度一般用测定结果的标准偏差 S（式 1–1）或相对标准偏差 S_r（式 1–2）表示。相对标准偏差 S_r 也可以用 RSD 来表示，是标准偏差 S 除以测定结果平均值 $\bar{x}$ 的结果（式 1–2）。

$$S=\sqrt{\frac{\sum_{i=1}^{n}(x_i-\bar{x})^2}{n-1}} \qquad (1\text{–}1)$$

$$\mathrm{RSD}=S_r=\frac{S}{\bar{x}}\times 100\% \qquad (1\text{–}2)$$

标准偏差 S 的计算公式中：如果 $n\leqslant 20$，则用 $n-1$ 代入分母，计算 S；如果 $n>20$，则用 n 代入分母，计算 S。

一般来说，精密度是测量中随机误差的量度，标准偏差 S 和相对标准偏差 RSD 越小，精密度越高。

2. 灵敏度

灵敏度是指区别具有微小浓度差异分析物能力的度量。灵敏度决定于校准曲线的斜率和仪器设备的重现性或精密度。根据国际纯粹与应用化学联合会（IUPAC）规定，灵敏度用校准灵敏度 $\mathrm{S_{cal}}$ 表示（calibration sensitivity）。

$$\mathrm{S_{cal}}=\Delta R/\Delta C \qquad (1\text{–}3)$$

式 1–3 中：R 为仪器的响应信号；$\mathrm{S_{cal}}$ 为仪器的校准灵敏度；ΔR 为信号变化量；ΔC 为浓度变化量。

仪器灵敏度随选用标准物和测定条件的不同，测定灵敏度也不同。给出灵敏度数据时，一般应提供测定条件和样品。

3. 准确度

准确度是指多次测定平均值 $\bar{x}$ 与真值（或标准值 μ）的接近程度，常用相对误差 E_r 来表示，其值越小，准确度越高。

$$E_r=\frac{\bar{x}-\mu}{\mu}\times 100\% \qquad (1\text{–}4)$$

式 1–4 中：μ 为标准值。

准确度是测量中系统误差和随机误差的综合量度。一般来说，一种分析方法，如果具有较好的精密度而且消除了系统误差后，才会有较高的准确度。

4. 选择性

选择性是指分析方法不受试样中基体共存物质干扰的程度。选择性越好，即表明这种方法受到的干扰越小。

5. 标准曲线

标准曲线是待测物质浓度或含量与仪器响应信号或测定信号的关系曲线。由于这条曲线是用标准溶液测定绘制的，称之为标准曲线。

标准曲线直线部分所对应的待测物质浓度（或含量）范围称为线性范围。一般来说，线性范围越宽，试样测定浓度适用性越强。

一般来讲，可以有两种方法绘制标准曲线，一种是手工，一种是计算机。手工绘制较麻烦，计算机绘制是根据标准溶液浓度及其响应信号，由计算机自动绘出回归直线，给出线性回归方程和相关系数。所以，一般都是用计算机绘制标准曲线。

6. 检出限

检出限是指某一分析方法在给定置信度能够被仪器检出待测物质的最低量，可以是最低浓度、最小质量或最小物质的量。如果是最低浓度，该检出限称之为相对检出限；如果是最小质量或最小物质的量，该检出限称之为绝对检出限。检出限 D 可用公式 1–5 进行计算：

$$D=\frac{R_m-\overline{R_{\mathrm{bl}}}}{S_{\mathrm{cal}}}=\frac{3S_{\mathrm{bl}}}{S_{\mathrm{cal}}} \tag{1–5}$$

式 1–5 中：$\overline{R_{\mathrm{bl}}}$ 为空白信号的平均值；R_{m} 为可与空白信号区别的最小响应信号；S_{bl} 为空白信号的标准偏差；S_{cal} 为标准曲线的斜率，即校准灵敏度；3 为在一定置信度下 IUPAC 建议的系数。

定量分析中，置信度通常是 95%，所以使用“3”这个数值。从检出限 D 的计算公式 1–5 中可以看出，检出限是分析方法的灵敏度和精密度的综合指标。从公式 1–5 中还可以看出，方法的灵敏度和精密度越高，检出限就越低。

二、仪器分析样品前处理技术

仪器分析过程中，样品前处理至关重要。仪器分析样品前处理方法与化学分析法大致相同，但也有其特殊性。通常包括以下步骤：样品的采集及制备，样品的提取及消解，样品的纯化、浓缩与衍生等。

1. 样品的采集及制备

一般来说，用于仪器分析的样品，其采集要有代表性；采集时，首先从大批分析物料中采集一部分作为检样，综合处理后作为原始分析样品，从中抽取一部分“平均样品”作为待测试样。在采样过程中，通常是采取随机取样与代表性取样相结合的方法。

采集样品后，便需要制备样品。样品制备是一个粉碎、均匀、缩分的过程，是为了保证分析样品均匀和确保分析结果的正确性。对于液体样品，可以用玻璃棒或电动搅拌器充分搅拌均匀；对于固体样品，可以用刀具切细、粉碎机粉碎、组织捣碎机捣碎、研钵研磨等方法。制备后的样品，可以采用“四分法”缩分，经装瓶、编号、记录后，便可以待分析使用了。

2. 样品的提取及消解

样品制备好后，接下来便需要进行样品中待测组分的提取，提取是指待测物是有机组分的样品。如果待测物是无机组分的样品，称待测组分的提取过程为消解。

样品中待测组分的提取是采用适当的溶剂和方法，将样品中不同成分从中分离出来的过程。溶剂选择的总体原则是：对待测组分有最大溶解度而对杂质有最小溶解度，与液体样品原溶剂完全不互溶并能完全分离，提取溶剂化学性质稳定、沸点低、易回收、价廉。

具体来说，非极性与中等极性化合物的最佳提取溶剂是乙醚、石油醚、丙酮、苯、正己烷、氯仿、甲醇等或其混合物。

含羟基、羧基、磺酸基和季铵盐等基团的强极性化合物的最佳提取溶剂是醇－水体系。常用甲醇－水体系或乙醇－水体系。

含羧酸、磺酸、酚及烯醇、硫醇等的良好提取溶剂是5%氢氧化钠溶液，含氮碱性物质的提取主要用5%盐酸。在具有酸性或者是碱性的物质中，须注意加入酸碱的破坏作用，如：酯的水解。

除了溶剂选择外，提取过程对待测物测定也有很大影响。提取过程是将提取剂与样品充分混合均匀，将样品中的待测组分萃取转移至提取剂中，然后将溶解有待测组分的提取剂与样品分离，最后回收提取剂，使待测组分与提取剂分离的过程。目前可以使用的提取方法有：捣碎法、匀浆法、振荡法、超声法、索氏提取法、蒸馏法、萃取法，等等。萃取法可以有微波萃取、超临界液体萃取、固相萃取等。

样品消解方法有干法消解和湿法消解两种。干法消解是先高温灰化，除去样品中的有机物，再用适当溶剂将灰分溶解，制成均匀、便于测定的溶液。干法消解的不足是容易造成待测元素的挥发损失。湿法消解有普通湿法消解法、压力密封消解法和微波加热消解法等。其中，较常用的是普通湿法消解法和微波加热消解法，特别是微波加热消解法，适用于各类生物样品。

3. 样品的纯化、浓缩和衍生

待测组分提取后，还要根据每个实验室选择分析方法的抗干扰性和灵敏度进行样品的纯化、浓缩和衍生。样品的纯化方法通常有色谱法、化学法、萃取法；样品的浓缩有常压浓缩、减压浓缩、氮气吹干浓缩、冷冻干燥浓缩，等等；样品的衍生是使用化学反应将其定量地转化为另一种可以分析测定的化合物，该化合物称为衍生物，目的也是为了提高分析方法的灵敏度和选择性。

一般来说，分析样品经过以上一系列预处理后，即可进行仪器分析。

第三节　密闭微波消解仪的使用

一、密闭微波消解的原理及其特点

微波消解通过分子极化和离子导电两个效应对物质直接加热，促使固体样品表层快速破裂，不断产生新的表面与溶剂作用，在数分钟内完全分解样品。密闭微波消解则是利用微波加热密闭容器中的消解液和试样，在高温、增压条件下，促使各种样品快速溶解。

密闭微波消解有以下特点：

（1）升温速度快，消解能力强，大大缩短了溶样时间；

（2）消解溶剂消耗少，空白位低；

（3）避免挥发损失和样品沾污，提高准确度与精密度；

（4）降低劳动强度，改善工作环境；

（5）节省电消耗，降低分析成本。

二、密闭微波消解仪的操作步骤

以 Milestone 公司生产的 ETHOS UP 密闭微波消解仪（图 1–9）消解稻米为例，从开机、加样、消解罐的装配、方法编辑、消解、消解罐的拆卸、定容与过滤、消解罐的清洗、关机等 9 个方面讲解一下密闭微波消解仪的操作步骤。

1. 开机

打开密闭微波消解仪下方的开关，仪器开始自检，10 s 左右后即完成开机。

2. 加样

准确称量已经研磨好的稻米样品粉末 0.1 g 左右，精确到 0.01 mg，记录实际读数。用称量纸将样品送入到 TFM 内罐（图 1–10）底部，尽量不要残留在壁上。

将内罐置于通风橱中，依次加入 7.5 mL 浓硝酸和 1.5 mL 双氧水，静置，预消解 10 min 左右。

3. 消解罐的装配

盖上内罐盖子，放入外罐中，放上 PEEK 垫片及弹簧片，套上防爆圈，整体放入转子中。注意：主控罐的盖子带有温度传感器套管，需用专用的 PEEK 垫片和弹簧片，没有防爆圈（图 1–11）。

将转子定位到工作台上，调节力矩扳手档位，向右掰开关，用力矩扳手顺时针旋转转子的螺丝，一开始螺丝较松，可用手旋，直到旋不动，改用力矩扳手，直到听到“嘎”的一声，表示转子已经夹紧到位（图 1–12）。

重复以上步骤，将所有样品都放在转子内装配好，总共 12 个转子。注意，主控罐放入 1 号转子，转子的温度传感器口要与主控罐的温度传感器套管口对齐，主控罐内罐必须同时放入待消解样品和消解溶剂，不能仅放消解溶剂。

依次将密闭微波消解仪腔体内的温度传感器接口保护套及短接拔出，将温度传感器的探头端插入主控罐的温度传感器套管中，将其转子放在腔体内转盘 11 点钟左右位置（图 1–13），将温度传感器插头插入接口，再将其它转子依次放入腔体内，放上盖板（图 1–14），关上密闭微波消解仪的门。

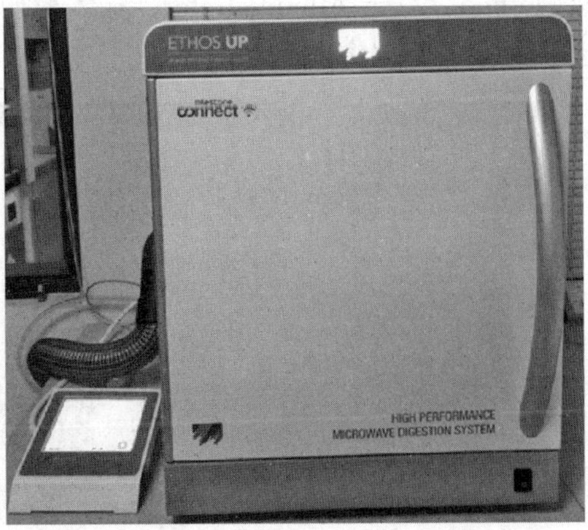

图 1–9　ETHOS UP 密闭微波消解仪

图 1–10　TFM 内罐

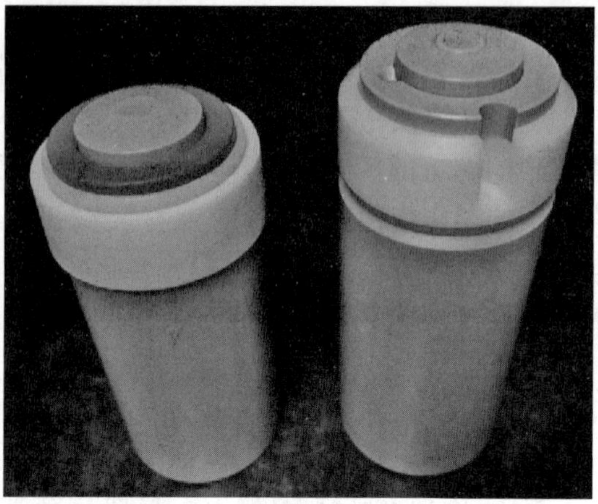

图 1–11　放入转子前的消解罐
（左：普通罐；右：主控罐）

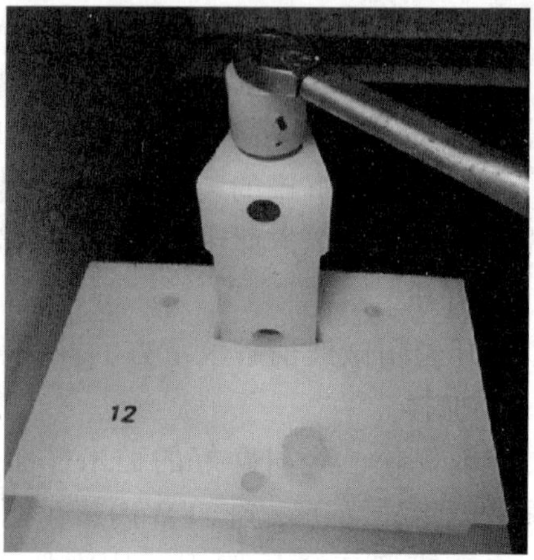

图 1–12　放入转子中装配的消解罐

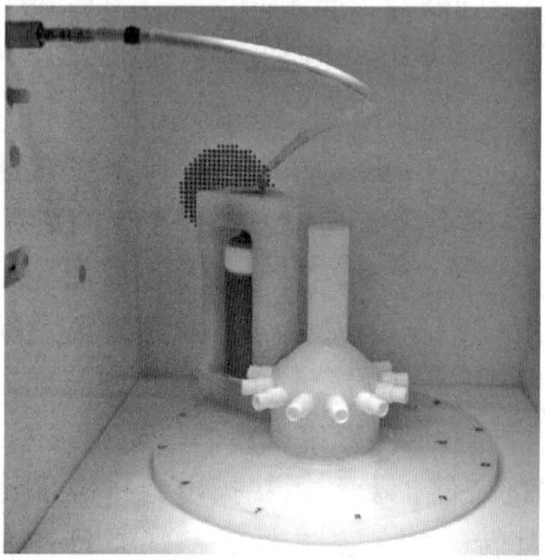

图 1–13　主控罐转子在消解仪腔体内的位置

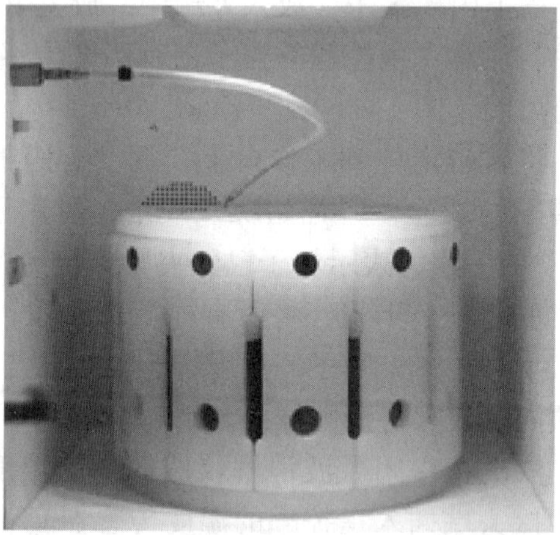

图 1–14　消解仪腔体内的转子及盖板

4. 方法编辑

在控制台主界面左上方点击下拉菜单，选择 Method，点击 Administrator，输入密码 123456，点击右上角的勾，点击右上角的“新建”图标，弹出方法编辑界面。

首先在信息界面 App 处下拉选择 Digestion，Name 处输入方法名称，点击右上角的勾。

其次在设置界面的 Rotor 处下拉选择 SK，其余按默认设置。

在程序界面，设置升温程序：5 min 内温度升至 140℃，保持 2 min；接着，7 min 内温度升至 200℃，保持 20 min；同时，将各阶段的功率设为 1 800 W，并将 Cooling（冷却）时间设为 30 min（图 1–15）。

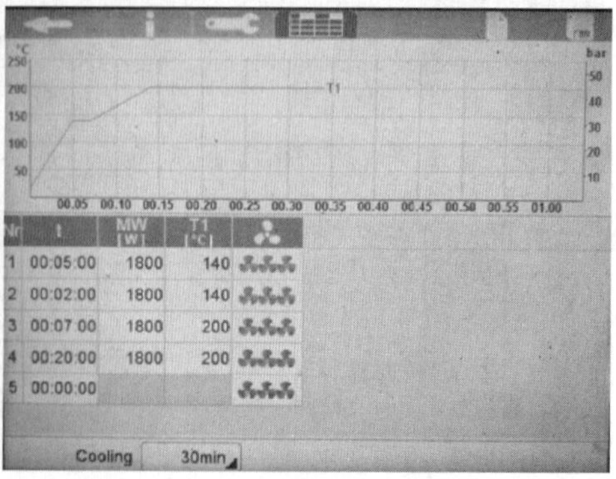

图 1–15　升温程序的设置

最后点击右上角“保存”图标，再点击左上角下拉菜单，点击 Save，选择 Methods 文件夹，再点击右上角的勾，完成消解方法的保存。

5. 消解

点击左上角下拉菜单，点击 Load，选择 Methods 文件夹，在右下角 Type 选择 mpr 格式，选中刚才新建的方法，点击右上角的勾，调用消解方法，点击右下角圆形图标，开始消解（图 1–16）。

6. 消解罐的拆卸

完成消解后，打开消解仪的门，取出盖板，依次取出主控罐以外转子，拔开主控罐的温度传感器连接头，取出主控罐转子，从主控罐中垂直取出温度传感器。

在通风橱中，将转子定位到工作台上，调节力矩扳手档位，向左掰开关，用力矩扳手逆时针旋转转子的螺丝，直到可以将外罐从转子中取出（图 1–17）。注意：一开始螺丝较紧，要用力矩扳手旋到较松，再改用手。接着，取出 PEEK 垫片及弹簧片、防爆圈，最后取出内罐，打开内罐盖子。

7. 定容与过滤

首先在天平上称量 50 mL 干净离心管质量（m）并记录（精确到 0.01 g）。再将内罐中的消解液转移到已称好质量的 50 mL 离心管中，边转移边用超纯水润洗内罐，确保消解液完全转移到离心管中。将装有消解液的离心管放在电子天平上，加超纯水至天平读数为 m+30 g 左右（精确到 0.01 g），记录实际读数。将定容至 30 g 左右的消解液过孔径为 0.22 μm 的水系滤膜，用 10 mL 离心管收集滤液，贴上标签，备分析用。

8. 消解罐的清洗

消解完成后，用自来水冲洗一遍内罐和盖子，再用 10% 硝酸浸泡 2 ~ 3 h，最后用超纯水浸泡 10 min，取出，甩掉水珠，放入烘箱中，60℃干燥，备下一次消解使用。注意：主控罐的盖子要单独清洗，不能浸泡，防止温度传感器套管进入液体，损坏温度传感器。

9. 关机

用干毛巾擦净消解仪腔体，将温度传感器接口插上短接并套上保护套，关闭消解仪的门，最后关闭开关，完成关机。

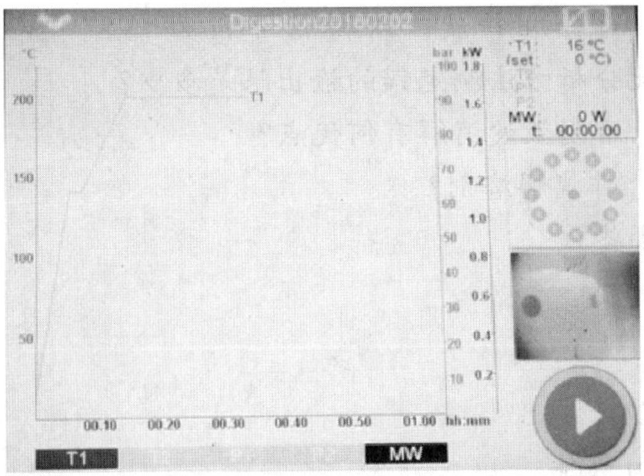

图 1–16 开始消解前的界面

图 1–17 即将拆卸的消解罐

思考与练习题

1-1 与化学分析法相比，现代仪器分析方法有哪些特点？

1-2 评价一个仪器分析方法的分析特性一般需要从哪些方面考虑？其中，你认为最重要的是哪几个方面？

1-3 通常将没有试样时仪器产生的信号称为________，主要是由随机噪声产生的信号。当试样中无待测组分时，仪器所产生的信号，称为________。

1-4 根据待测组分物理化学性质的差异，仪器分析方法通常可以分为哪几大类？

1-5 仪器分析方法的前处理过程通常包括哪几个步骤？

1-6 待测样品在分析测定之前，____________操作称为纯化。通常主要采用________、________和________。

1-7 分析样品在测定之前，经常需要浓缩以除去过多溶剂提高待测组分的浓度，常用的浓缩方法有哪些？

1-8 某分析方法测定不同浓度铁离子的信号，获得以下数据：

铁离子浓度 /（mg/L）	测定次数	信号平均值	标准偏差
0.00	15	0.011	0.003 5
2.00	7	0.277	0.005 6
6.00	7	0.787	0.006 5
10.00	7	1.276	0.005 4
14.00	7	1.837	0.008 2
18.00	7	2.236	0.009 8
20.00	7	2.564	0.011 0

请计算：

（1）2.00 mg/L 和 18.00 mg/L 这两个浓度的分析灵敏度（与最接近的浓度相比）。

（2）2.00 mg/L 和 18.00 mg/L 这两个浓度测定信号的相对标准偏差。

（3）在 0.00～20.00 mg/L 之间，铁离子的方法检出限。

1-9 某分析方法测得 9 个空白信号值为 4.5、4.8、4.7、4.9、5.0、5.1、4.7、5.1、4.5；以此方法平行检测浓度为 8.0 μg/mL 的标准锌液，所得信号值为 13.8、13.6、13.9、13.5、13.3（已扣除空白值）。试计算此分析方法测定锌的检出限是多少？

1-10 相比于传统电热板加热消解方式，密闭微波消解有何优点？

1-11 密闭微波消解能否单独用浓 H_2SO_4 作消解溶剂？

1-12 密闭微波消解提取常用的溶剂有哪些？

数字课程学习

◆教学课件　　◆本章自测　　◆思考题

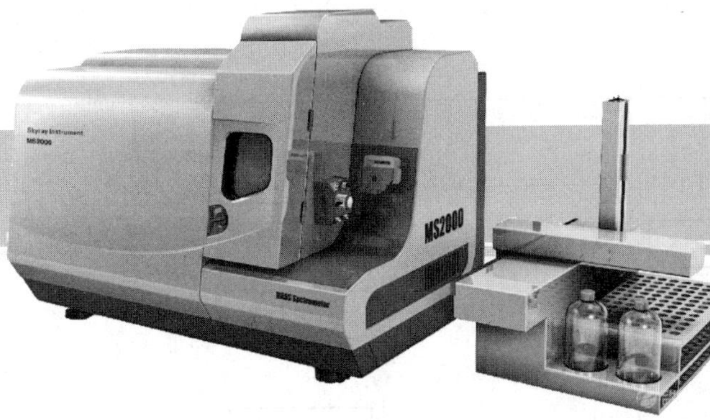

2 光谱分析法导论

● **关键词**

光谱，光谱分析法，能级跃迁，吸收，发射，原子光谱，分子光谱，吸收定律

● **目的要求**

了解光、光谱和光谱分析法的涵义；掌握光谱产生的一般原理及光的吸收定律；了解光谱分析法的类型及光谱仪器的一般构成；培养学生的科学思维精神。

● **重点难点**

（1）重点：光谱的产生原理、分类、光的吸收定律。

（2）难点：光谱产生的原理。

知识导图

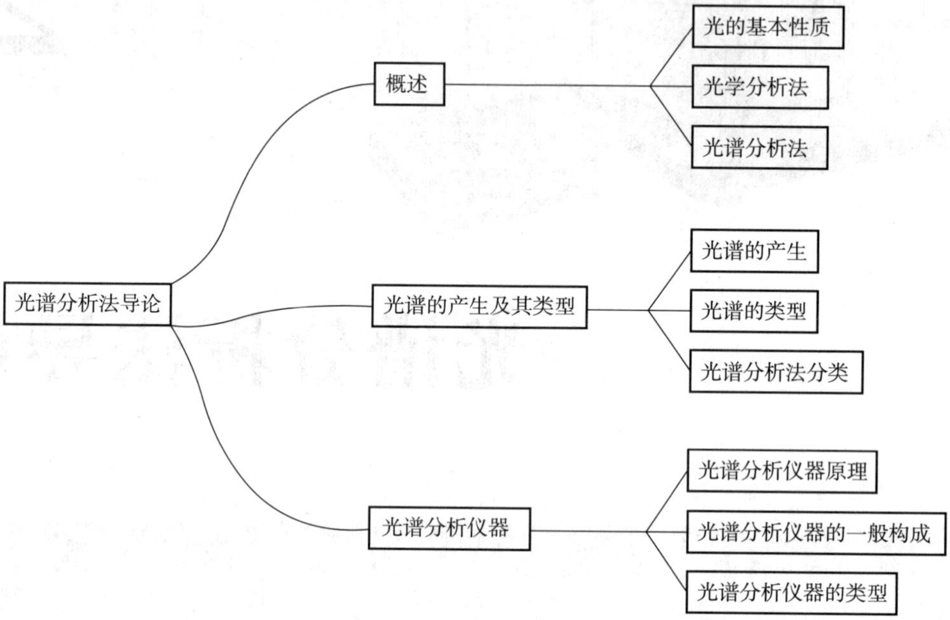

第一节　概述

一、光的基本性质

光的本质是一种电磁波，是变化的电场和变化的磁场在空间的传播。光具有波粒二象性，其波动性体现在光的干涉、衍射、偏振等光学性质中，而光电效应和康普顿效应则体现了光的粒子性。描述光特性的参数有波长（λ）、波数（σ）、频率（ν）、光速（c）、光强（I）、能量（E）等，它们之间又有互相联系。例如：

$$\nu = c/\lambda = c\sigma$$

$$E = h\nu = hc/\lambda$$

在同样的介质中，光的频率和波长是决定一束光特性的最重要参数。按光的波长，可把光分成不同的谱区，见表 2-1。

表 2-1　光的波谱分区

电磁波谱区	波长	频率 /Hz	波数 /cm^{-1}	能量 /eV
γ 射线	0.01 ~ 0.1 nm	3×10^{20} ~ 3×10^{18}	1×10^{11} ~ 1×10^{10}	1.2×10^{6} ~ 1.2×10^{4}
X 射线	0.1 ~ 10 nm	3×10^{18} ~ 3×10^{16}	1×10^{10} ~ 1×10^{6}	1.2×10^{4} ~ 1.2×10^{2}
远紫外光	10 ~ 200 nm	3×10^{16} ~ 1.5×10^{15}	1×10^{6} ~ 5×10^{4}	1.2×10^{2} ~ 6.2×10

续表

电磁波谱区	波长	频率 /Hz	波数 /cm^{-1}	能量 /eV
近紫外光	200 ~ 400 nm	$1.5\times10^{15}\sim7.5\times10^{14}$	$5\times10^{4}\sim2.5\times10^{4}$	$6.2\times10\sim3.1\times10$
可见光	400 ~ 780 nm	$7.5\times10^{14}\sim3.8\times10^{14}$	$2.5\times10^{4}\sim1.3\times10^{4}$	$3.1\times10\sim1.5\times10$
近红外光	0.78 ~ 2.5 μm	$3.8\times10^{14}\sim1.2\times10^{14}$	$1.3\times10^{4}\sim4\times10^{3}$	$1.5\times10\sim5.0\times10^{-1}$
中红外光	2.5 ~ 50 μm	$1.2\times10^{14}\sim6\times10^{12}$	$4\times10^{3}\sim2\times10^{2}$	$5.0\times10^{-1}\sim2.5\times10^{-2}$
远红外光	50 ~ 1000 μm	$6\times10^{12}\sim1\times10^{12}$	$2\times10^{2}\sim1\times10$	$2.5\times10^{-2}\sim4.1\times10^{-3}$
微波	0.1 ~ 100 cm	$1\times10^{12}\sim3\times10^{8}$	$1\times10\sim1\times10^{-2}$	$4.1\times10^{-3}\sim1.2\times10^{-6}$
无线电波	1 ~ 100 m	$3\times10^{8}\sim3\times10^{5}$	$1\times10^{-2}\sim2\times10^{-5}$	$1.2\times10^{-6}\sim1.2\times10^{-9}$

二、光学分析法

以物质的光学性质为基础建立起来的分析方法，称为光学分析法，也称光分析法。在绪论中，我们知道，光分析法是仪器分析中的重要组成部分，在实际工作中有着非常重要的应用。在光分析法中，依据光学性质的不同，又可分为非光谱分析法和光谱分析法两大类（图 2–1）。非光谱分析法涉及的光学性质有透射、折射、干涉、衍射、偏振等，而光谱分析法涉及的光学性质则是吸收、发射和散射。本章主要讲的是光谱分析法。

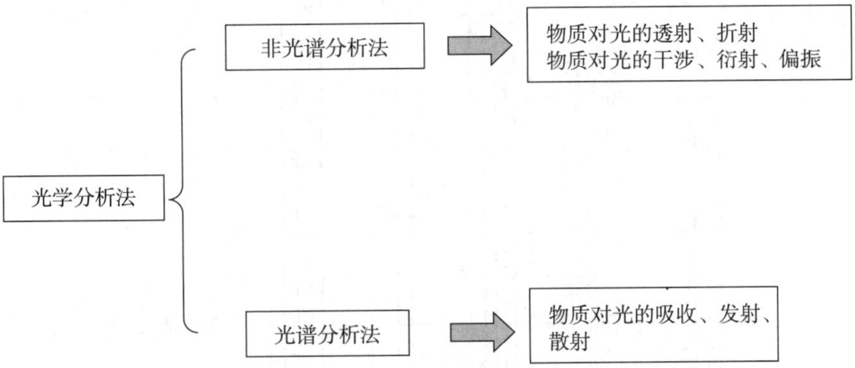

图 2–1 光学分析法

三、光谱分析法

光谱分析法就是以能源与物质相互作用引起原子、分子内部量子化能级之间跃迁所产生的光的吸收、发射、散射等波长与强度的变化关系为基础的光学分析法，简称光谱法。在这类分析法中，依据的是光与物质相互作用后所产生的光谱信息来对物质进行定性和定量分析。

在吸收光谱分析法中，还涉及一个很重要的定律，即光的吸收定律，是吸收光谱分析法定量的依据。其基本含义是：在一定浓度范围内，吸收物质对入射光的吸光度与吸收物质的浓度成正比，即符合朗伯 – 比尔（Lambert-Beer）定律。相关的数学表达式为：

$$A=\varepsilon cL \tag{2-1}$$

$$A=-\lg T \tag{2-2}$$

$$T = I/I_0 \qquad (2\text{–}3)$$

式 2–1 中：A 为吸光度；ε 为摩尔吸收系数，是在一定温度下光吸收物质的一个特征常数，与物质吸收光的能力有关；c 为吸收物质的浓度；L 为吸收介质在光束方向上的厚度。式 2–2 和 2–3 中：T 为透光率，即透过光强度 I 与入射光强度 I_0 之比。

第二节　光谱的产生及其类型

一、光谱的产生

1. 物质粒子的能级

物质粒子能级一般由三个量子化能级构成，包括电子能级、振动能级和转动能级（图 2–2）。其中，电子能级涉及原子中电子相对于原子核的运动情况，振动能级反映了分子中原子间的相对运动情况，转动能级则体现了分子围绕分子质量中心的转动情况。在分子中，能级包括电子能级、振动能级和转动能级；但在原子中，则只包含电子能级。

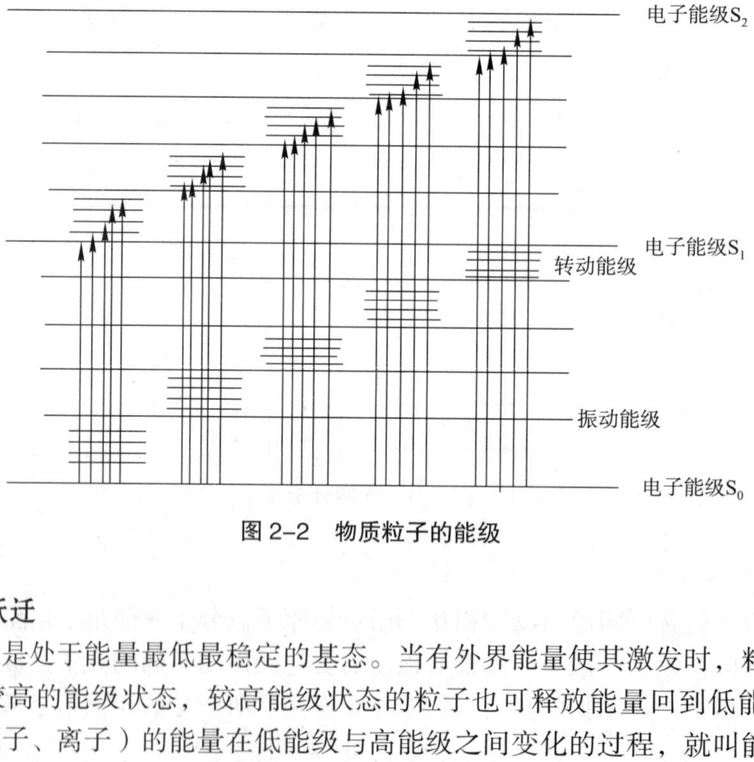

图 2–2　物质粒子的能级

2. 能级跃迁

粒子一般是处于能量最低最稳定的基态。当有外界能量使其激发时，粒子就会吸收能量而处于较高的能级状态，较高能级状态的粒子也可释放能量回到低能态。物质粒子（分子、原子、离子）的能量在低能级与高能级之间变化的过程，就叫能级跃迁（图 2–3）。能级跃迁有电子能级跃迁、振动能级跃迁和转动能级跃迁三种类型。

3. 光谱的产生

能级跃迁时，必定伴随着能量的吸收或释放，如果这种吸收或释放都是以光的形式发生的，就可以把这些光按波长顺序记录下来，得到相应的吸收或发射光谱。所以，光谱是由于物质粒子的能级跃迁所产生的。

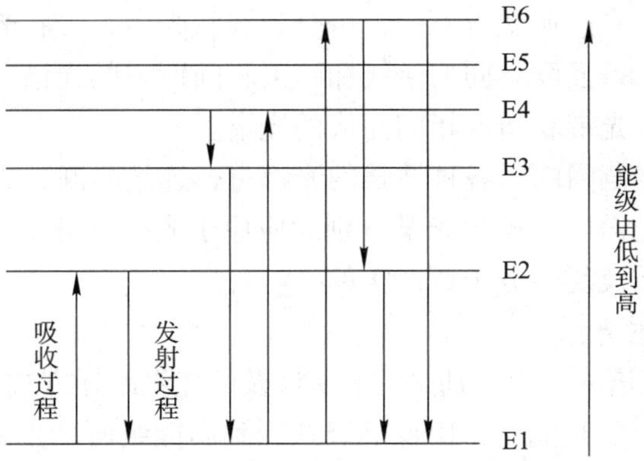

图 2-3 粒子能级跃迁与光谱的产生示意图

二、光谱的类型

1. 光谱的类型

首先，不同能级层次的跃迁，产生的光谱及所属光谱区是不同的（图 2-4）。电子能级跃迁产生电子光谱，振动能级跃迁产生振动光谱，转动能级跃迁产生转动光谱。其中，电子能级跃迁能量变化最大，对应紫外 - 可见光区；振动能级跃迁和转动能级跃迁能量变化较小，分别对应中红外和远红外光区。

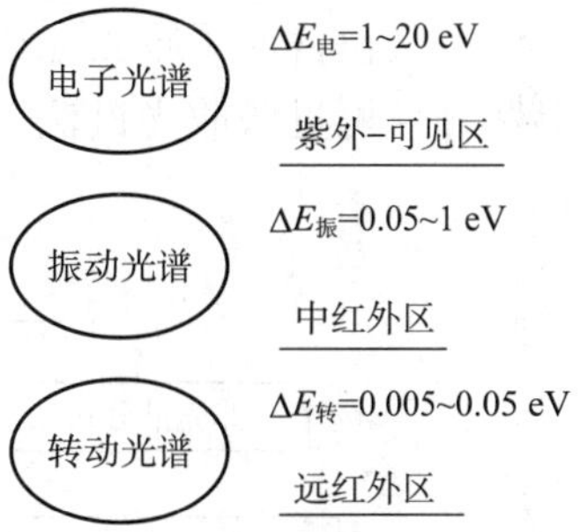

图 2-4 粒子能级跃迁与光谱区

其次，粒子和跃迁方式不同，产生的光谱也不同（图 2-5）。粒子可分为原子、分子和离子，分别有原子光谱、分子光谱和离子光谱。根据跃迁方式的不同，又有原子吸收光谱、原子发射光谱、分子吸收光谱、分子发射光谱、离子吸收光谱和离子发射光谱等。

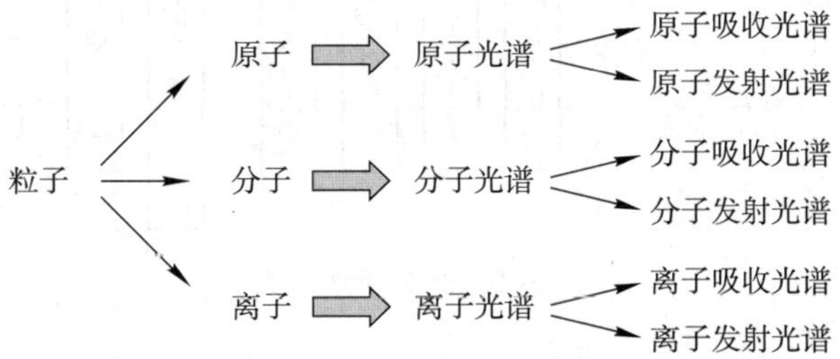

图 2-5 粒子能级跃迁与光谱的类型

2. 原子光谱和分子光谱

当气态原子发生能级跃迁时，能够发射或吸收一定频率或波长的光，经过光谱仪可得到一条条分立的线状光谱，称为原子光谱。在原子光谱中，只包含一种电子光谱，体现为线状光谱。

分子光谱是由于分子能级跃迁所产生的。由于分子中包含电子能级、振动能级和转动能级。因此，分子光谱是电子光谱、振动光谱和转动光谱的叠加，体现为带状光谱。

不同来源的光谱，光谱形状也不同，可分为线状光谱、带状光谱和连续光谱。

线状光谱：由若干条强度不同的谱线和暗区相间而成的光谱。

带状光谱：由几个光带和暗区相间而成的光谱。

连续光谱：在一定范围内。各种波长的光都有，连续不断，无明显的谱线和谱带。

线状光谱、带状光谱以及连续光谱分别对应原子光谱、分子光谱和固体光谱。固体光谱是炽热的固体物质及复杂分子所产生的。

3. 吸收光谱和发射光谱

吸收光谱和发射光谱的主要区别是它们所涉及的能级跃迁方式不同。吸收光谱指的是粒子选择吸收一定波长的光能后，由低能级跃迁到高能级所产生的光谱。发射光谱则是粒子由高能级跃迁到低能级时，把多余的能量以光的形式释放出来，所产生的光谱。

三、光谱分析法分类

各种光谱分析法（图 2-6）都是以相应的光谱为基础建立起来的。在原子光谱分析法中，又包含原子吸收光谱法、原子发射光谱法和原子荧光分析法等，在分子光谱中则有紫外－可见吸收光谱法、红外吸收光谱、分子发光分析法等。

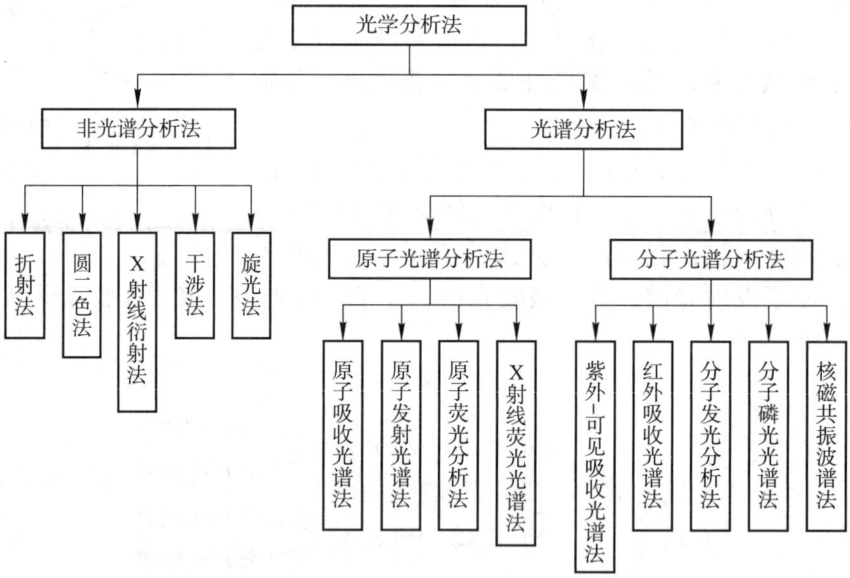

图 2-6　光分析法分类

第三节　光谱分析仪器

一、光谱分析仪器原理

光谱分析仪器是在物质与光的吸收、发射、散射等相互作用基础上，根据相应的光谱分析原理构建起来的（图 2-7）。

光谱分析法涉及五个基本过程：

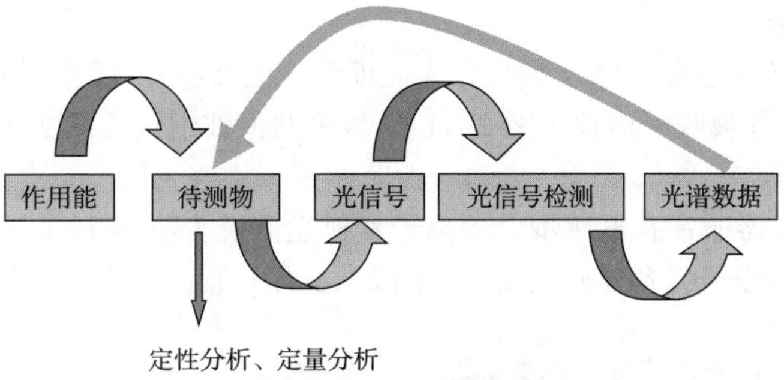

图 2–7 光谱分析仪器原理

（1）能源提供作用能；
（2）作用能与待测物之间的相互作用；
（3）产生信号，一般是光信号；
（4）检测光信号；
（5）显示检测结果——光谱数据，包括数值 / 谱图；
（6）根据光谱数据进行定性和定量分析。

二、光谱分析仪器的一般构成

光谱分析仪器是根据以上所述原理，并借助现代科学技术，设计制造出来的。虽然各种光谱分析仪器在构造上略有不同，但其基本构成和基本部件却大致相同。

典型的光谱分析仪一般都由五个部分组成（图 2–8）。其中，前两个部分是产生光谱信号的重要部件。即：

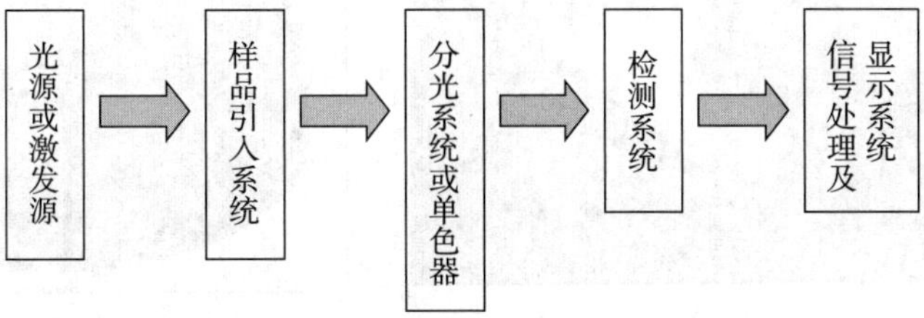

图 2–8 光谱仪器的一般构成

（1）稳定的光源或激发源系统；
（2）样品引入系统；
（3）分光系统或单色器；
（4）检测系统，一般是将辐射能转换成电信号；
（5）信号处理及显示系统，这部分一般还具有存储、打印以及控制仪器操作参数的功能。

三、光谱分析仪器的类型

根据光谱分析仪器结构及光与物质相互作用的差异，可以将光谱分析仪分为三大类，即吸收光谱仪、发射光谱仪和光散射光谱仪。其中，吸收光谱仪和发射光谱仪是主要类型。

1. 吸收类仪器

吸收类光谱仪器通常有原子吸收分光光度计（图 2–9）、紫外 – 可见吸收分光光度计（图 2–10）、红外吸收光谱仪（图 2–11）、核磁共振波谱仪（图 2–12）等。

2. 发射类仪器

发射类光谱仪器通常有电感耦合等离子发射光谱仪（图 2–13）、原子荧光分光光度计（图 2–14 左）、分子荧光分光光度计（图 2–14 右）等。

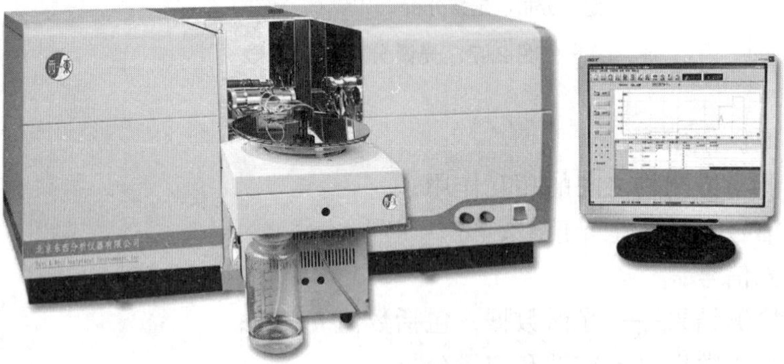

图 2–9 原子吸收分光光度计

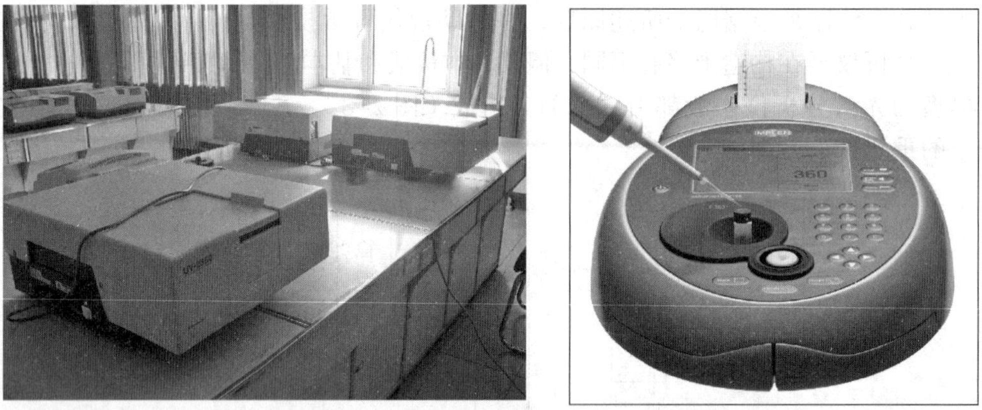

图 2–10 紫外 – 可见吸收分光光度计

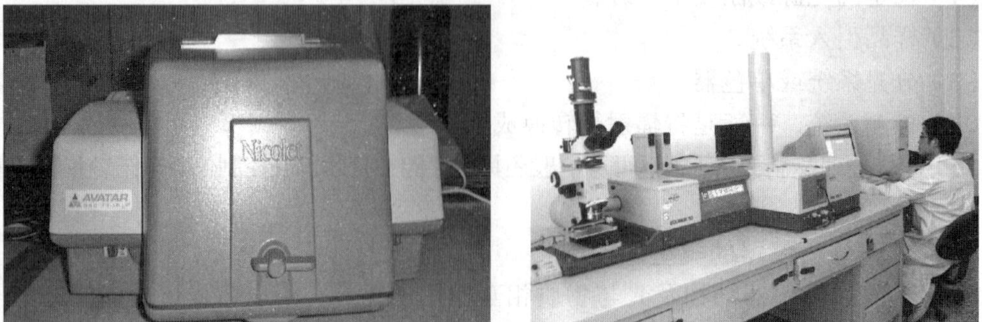

图 2–11 红外吸收光谱仪

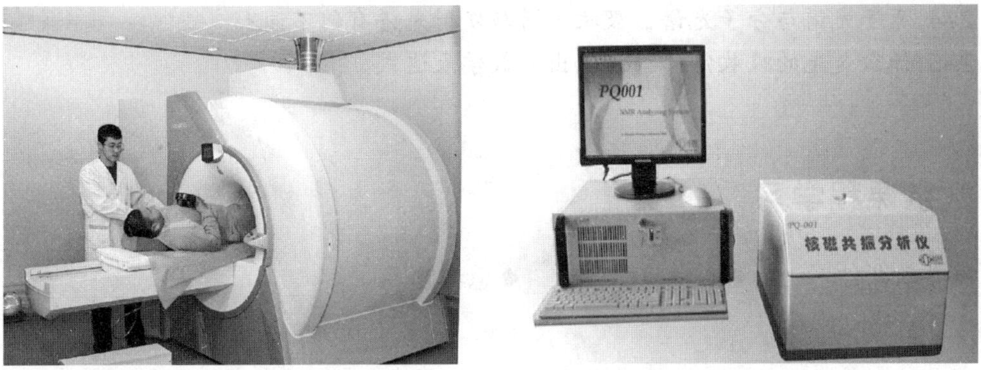

图 2-12　核磁共振波谱仪

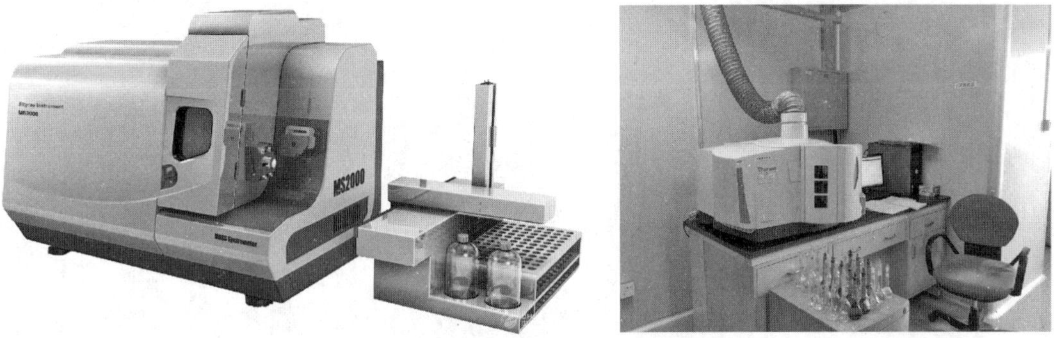

图 2-13　电感耦合等离子发射光谱仪

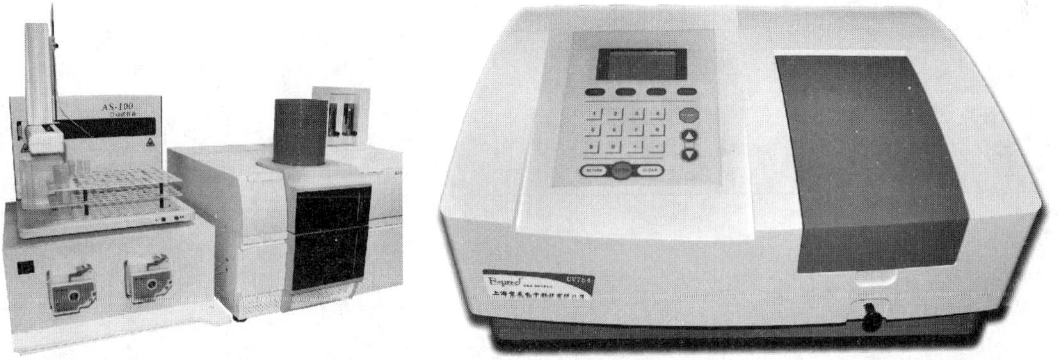

图 2-14　原子 / 分子荧光分光光度计

思考与练习题

2-1 光的本质是什么？其能量值与波长及频率之间有何关系？

2-2 什么叫光谱分析法？

2-3 光谱是如何产生的？可有哪些主要类型？

2-4 原子光谱与分子光谱，吸收光谱与发射光谱有何不同？

2-5 什么是光的吸收定律？请写出其数学表达式。

数字课程学习

◆教学课件　　◆本章自测　　◆思考题

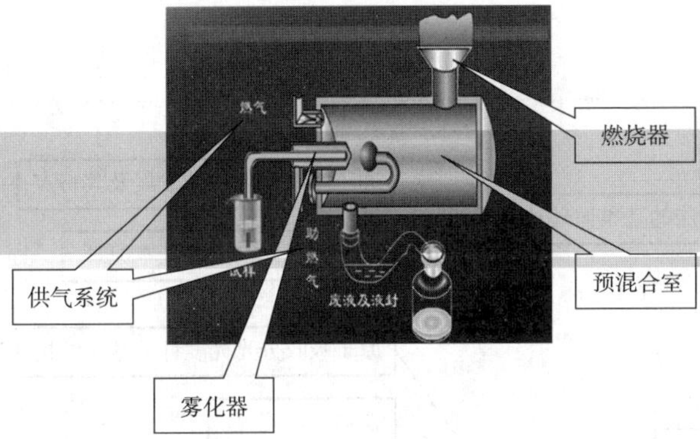

3 原子吸收光谱法

● **关键词**

原子吸收光谱分析法，基态原子，峰值吸收，锐线光源，原子化，化学干扰，背景吸收，标准曲线，特征浓度，检出限，原子吸收分光光度计

● **目的要求**

掌握原子吸收光谱分析法的基本原理；熟悉原子吸收分光光度计的基本构造；掌握仪器重要部件的作用、原子吸收光谱法的分析方法、干扰及其消除；培养学生分析问题、解决问题的综合能力；培养学生的责任意识；培养学生精益求精的工匠精神。

● **重点难点**

（1）重点：原子吸收光谱法的基木原理、仪器主要部件及其作用。

（2）难点：原子吸收线的测量、原子化方法。

知识导图

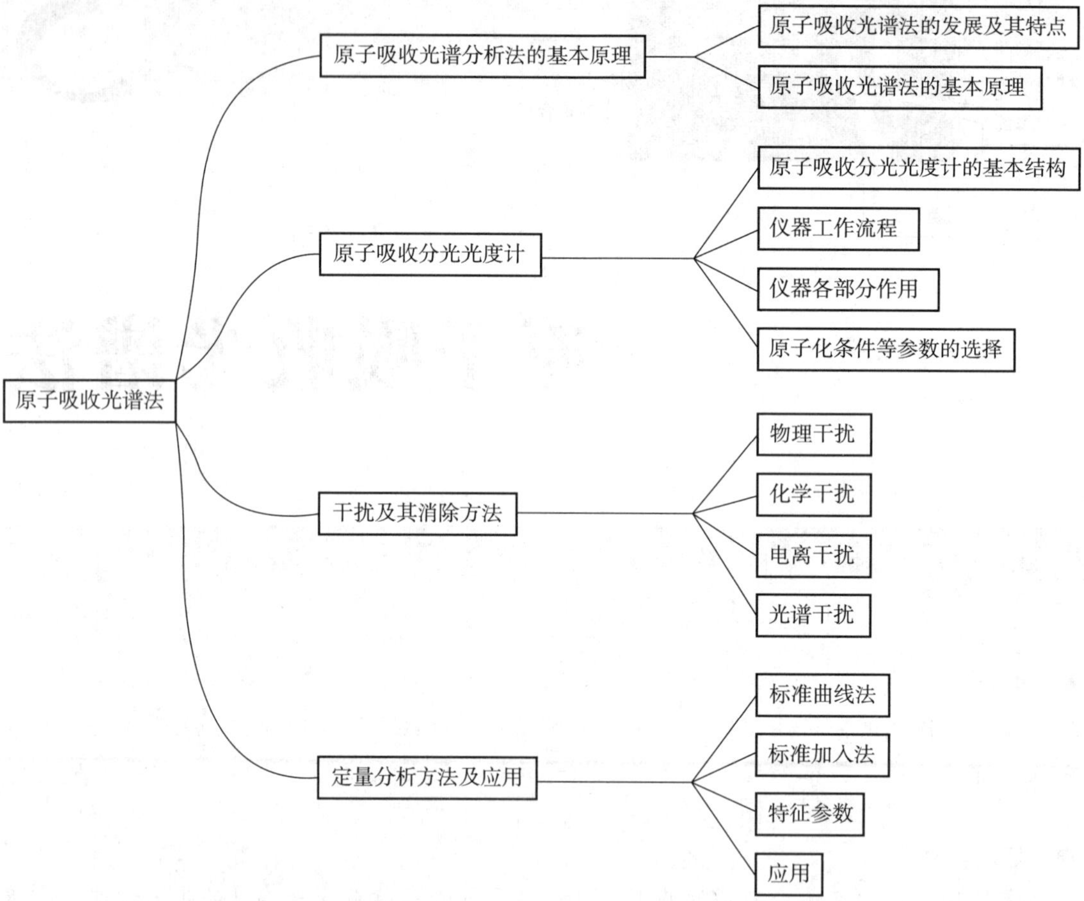

第一节　原子吸收光谱分析法的基本原理

一、原子吸收光谱法的发展及其特点

原子吸收的现象首先是在研究太阳光谱的试验中观察到的。早在 1802 年，渥拉斯顿（W. H. Wollaston）就观察到了太阳连续光谱中存在很多暗线。1860 年，基尔霍夫（G. R. Kirchhoff）等发现了这些暗线是由原子吸收所引起的。他们认为太阳光谱中的这些暗线是由于太阳外围大气层中钠等金属元素对太阳内部的光辐射发生

W.H. Wollaston

G.R. Kirchhoff

吸收而产生的。

认识了原子对光的吸收现象后，人们就尝试利用原子吸收进行化学分析。在经历了一段摸索的过程后，世界上第一台的原子吸收分光光度计诞生了（图 3-1）。澳大利亚科学家沃尔什（A. Walsh）在这其中做了很大的贡献，并于 1955 年发表了相关论文。此后，原子吸收光谱法获得了迅速的发展并得到了广泛的应用。这种基于测量待测元素基态原子对其特征谱线的吸收程度而建立起来的分析方法，称为原子吸收光谱法，或原子吸收分光光度法（atomic absorption spectrophotometry，AAS）。

图 3-1　世界第一台原子吸收分光光度计

原子吸收光谱法自建立开始，便得到了迅速发展。其主要优点有：

（1）灵敏度高；

（2）选择性好；

（3）精密度和准确度高；

（4）测定元素多，可测元素达 70 多种（图 3-2）；

（5）所需样品量少、分析速度快。

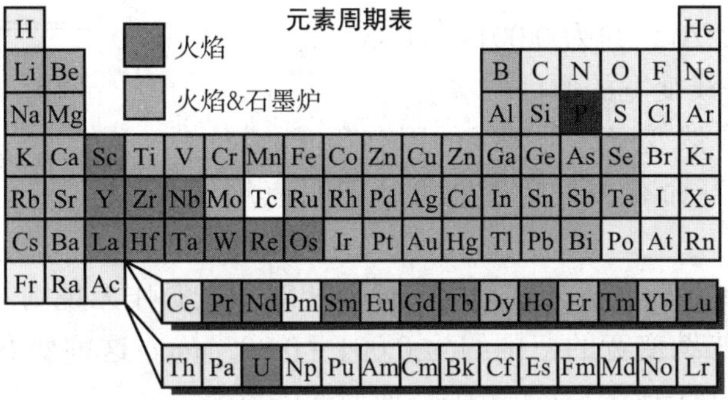

图 3-2　适用原子吸收光谱分析法测定的元素

二、原子吸收光谱法的基本原理

1. 原子吸收光谱的产生

根据量子力学原理，每个原子都有独特的能级排列，这些能级是不连续的，原子的能级有基态和激发态之分。通常原子处于能量最低的状态，即基态，此种状态的原子，称为基态原子，而比基态原子能级高的原子就称激发态原子。如果外界所提供特定能量的光辐射恰好等于基态与某一激发态之间的能量差时，核外层电子将吸收特定能量的光辐射由基态跃迁到相应的激发态，从而产生原子吸收光谱（图 3-3）。也就是说，原子吸收光谱是由于基态原子吸收特征波长的光（也称特征谱线）从基态跃迁到激发态而产生的。

根据能级跃迁时所涉及的能级，又可把原子吸收光谱线分为共振吸收线和主共振吸收线。其中，共振吸收线指的是当电子吸收一定能量后，从基态跃迁到激发态时所产生的吸收谱线；主共振吸收线特指当电子吸收一定能量后，从基态跃迁到第一激发态时所产生的吸收谱线。由于不同元素的原子结构不同，能级差不同，从基态跃迁到相应激发态所需吸收光的波长也不同，都有各自的特征波长（如镁的主共振吸收线为 285.2 nm，而钾的主共振吸收线为 766.5 nm），这是原子吸收光谱法选择性高的根本原因。通常把用于原子吸收光谱分析的吸收谱线，称为待测元素的分析线。

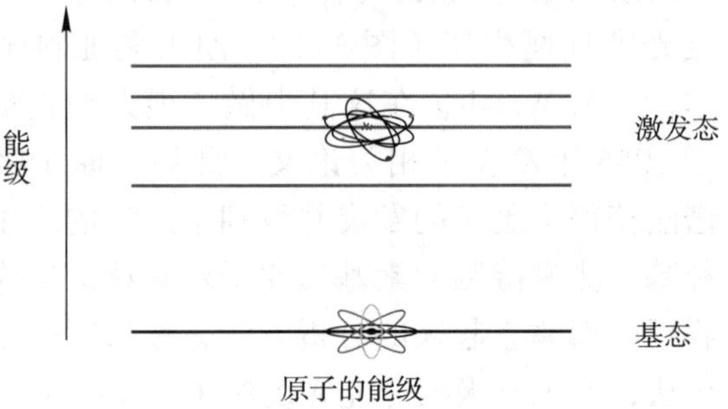

图 3–3 原子吸收光谱的产生

2. **原子吸收谱线的轮廓及变宽**

2.1 原子吸收谱线的轮廓

因原子结构较分子结构简单，理论上应产生无宽度的线状吸收线。然而，实际上原子吸收谱线是有一定的宽度和轮廓的，即原子吸收系数（K_ν）与一定范围内的频率（ν）或波长（λ）有关。原子吸收系数 K_ν 随频率 ν 变化的曲线就称原子吸收谱线的轮廓（图 3–4）。图中，极大吸收系数 K_0 所对应的频率为特征频率，极大吸收系数 K_0 一半处吸收线轮廓间的频率差或波长差为半宽度 $\Delta\nu$，约为 0.001 ~ 0.005 nm。

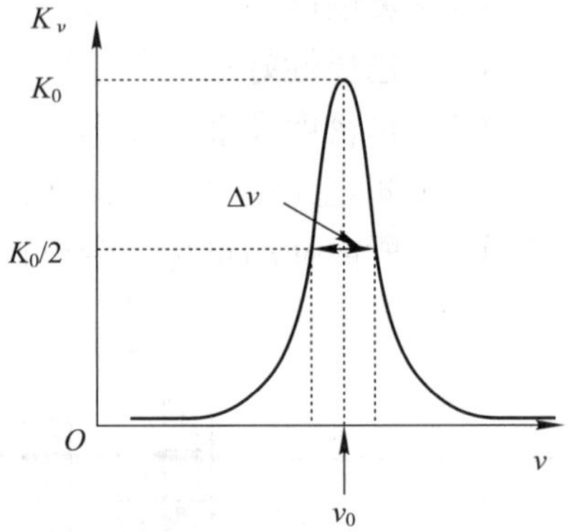

图 3–4 原子吸收谱线的轮廓

2.2 原子吸收谱线变宽的原因

第一个因素是自然变宽，是谱线的固有宽度，与激发态原子的平均寿命有关，自然宽度一般只有约 10^{-5} nm。

第二个因素是多普勒变宽，这是由于原子相对于光源作无规则热运动而引起的，所以也称热变宽。多普勒变宽的范围约为 0.001 ~ 0.005 nm。这种变宽与原子所处的温度（T）以及吸光原子的原子量（A_r）有关，他们的关系是：

$$\Delta\lambda \propto (T/A_r)^{1/2}$$

即原子所处的温度越高，吸光原子的原子量越小，变宽则越大。

第三个因素是压力变宽，由粒子之间的碰撞所引起。包括原子与异种粒子的碰撞和同种原子之间的碰撞，前者称洛伦兹（Lorentz）变宽，后者为霍尔兹马克（Holtzmark）变宽，后者一般可忽略。压力变宽与吸光原子所处的压力、原子量、外界气体分子的分子量等因素有关。其中压力越大，则变宽也越大。

总之，在通常的实验条件下，谱线变宽主要是由多普勒变宽和洛伦兹变宽所引起的。

3. **原子吸收线的测量**

3.1 积分吸收

人们最初想到的是测量积分吸收，即吸收线轮廓所包围的峰面积。因为积分吸收与待测物的原子数和浓度有定量关系。原子吸收线轮廓是同种基态原子在吸收其共振辐射时被展宽的吸收带，原子吸收线轮廓上的任意一点都与相同的能级跃迁相联系。因此，谱线下所围面积为气态原子吸收共振线的总能量，与其基态原子数成正比，即：

$$\int_0^\infty K_\nu \mathrm{d}\nu = \frac{\pi e^2}{mc} N_0 f \tag{3-1}$$

式 3-1 中：e 为电子电荷；m 为电子质量；c 为光速；f 为振子强度；N_0 为单位体积原子蒸气中基态原子数。

然而，要对半宽度约为 10^{-3} nm 的吸收谱线进行积分，需要极高分辨率的光学系统，目前还难以做到。此外，采用传统光源也难以达到积分吸收测量的要求。

3.2 峰值吸收

为了解决积分吸收测量的困难，人们改用测量极大值吸收（也称峰值吸收）。它指的是测量基态原子对特征频率或特征波长的光的吸收。

1955 年 Walsh 提出，可以采用锐线光源来测量峰值吸收。根据经典理论，可以推导出峰值吸收系数 K_0 与被测元素的基态原子数 N_0 成正比（式 3-2）。

$$K_0 = \frac{2\sqrt{\pi \ln 2}}{\Delta \nu_{\mathrm{D}}} \cdot \frac{e^2}{mc} N_0 f \tag{3-2}$$

基态原子由待测元素的原子化而来，同时也产生激发态原子。根据玻尔兹曼分布规律，在通常的实验条件下，激发态的原子所占的比例很小，可以忽略不计。因此，基态原子数就是总原子数。在实验条件一定的情况下，待测元素的浓度 c 与总原子数 $N_{总}$ 成正比，也与基态原子数 N_0 成正比。

$$\frac{N_j}{N_0} = \frac{g_j}{g_0} \mathrm{e}^{-\frac{\Delta E}{kT}} \tag{3-3}$$

$$N_j \ll N_0$$

$$N_0 = N_{总}$$

$$c \propto N_{总} \propto N_0$$

式 3-3 中：N_j 为单位体积原子蒸气中激发态原子数；g_j、g_0 分别为激发态和基态的统计权重；ΔE 为激发态和基态的能量差；k 为波尔兹曼常数；T 为激发温度。

根据光的吸收定律，可以进一步推导出，吸光度与峰值吸收系数是成正比的：

$$I_t = I_0 \cdot \mathrm{e}^{-K_\nu L} \tag{3-4}$$

$$A = -\lg T = \lg I_0/I_t = 0.43\ K_\nu L \approx 0.43\ K_0 L \tag{3-5}$$

式 3-4 和 3-5 中：I_0、I_t 分别为入射光和透射光强度；K_ν 为吸收系数；L 为原子蒸气厚度；T 为透光率，定义 $T = I_t/I_0$。

综合式 3-2、3-3 和 3-5，我们就可以得到：

$$A = Kc \tag{3-6}$$

式 3-6 中：K 为比例常数。

由此，我们得到了原子吸收光谱分析中定量分析的依据，即在选定的实验条件下，被测元素的基态原子对特征谱线的吸光度与待测元素在溶液中的浓度成正比。在实际工作中，根据这个关系，采用标准曲线法或标准加入法，可获得分析样品中待测元素的实际浓度。

以上关于峰值吸收的测量（图 3–5），还必须符合以下两个重要条件，才能成立。

（1）发射线与吸收线的特征波长要一致；

（2）发射线的宽度要明显小于吸收线的宽度（$\Delta\nu_e \ll \Delta\nu_a$）。

以上两点实际上是对原子吸收分光光度计中光源部分的要求。

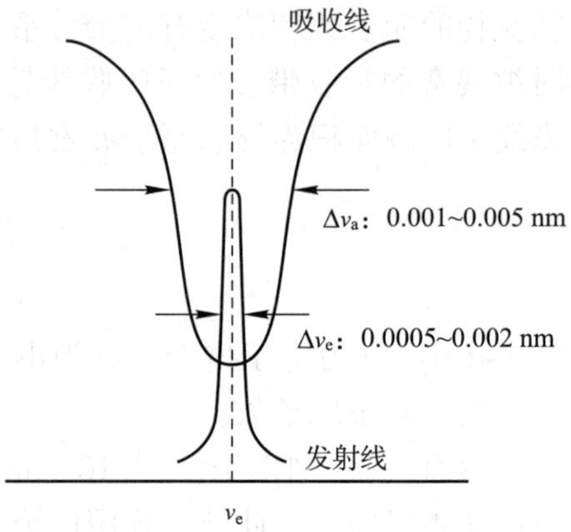

图 3–5　峰值吸收的测量

第二节　原子吸收分光光度计

一、原子吸收分光光度计的基本结构

原子吸收分光光度计一般由光源、原子化系统、分光系统、检测系统、信号处理及显示系统等五个部件组成（图 3–6）。

原子吸收分光光度计按光学系统的不同，可分为单光束和双光束两种类型（图 3–7）。单光束系统的主要优点是仪器结构简单、信噪比高，双光束系统的主要优点是基线稳定性好。

二、仪器工作流程

如图 3–8 所示，从光源发射的待测元素的特征辐射，通过原子化系统时，被原子化系统中所产生的待测元素的基态原子蒸气所吸收，产生分析光信号；再通过分光系统将待测元素的分析线与干扰线分开，只让分析光信号进入检测系统，检测系统将分析光信号转变为电信号并放大，最后由信号处理及显示系统完成信号的采集与记录、数据处理和显示等。

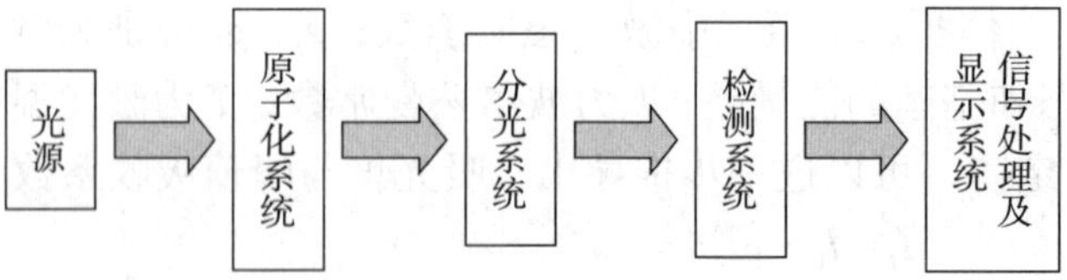

图 3–6　原子吸收分光光度计的基本结构

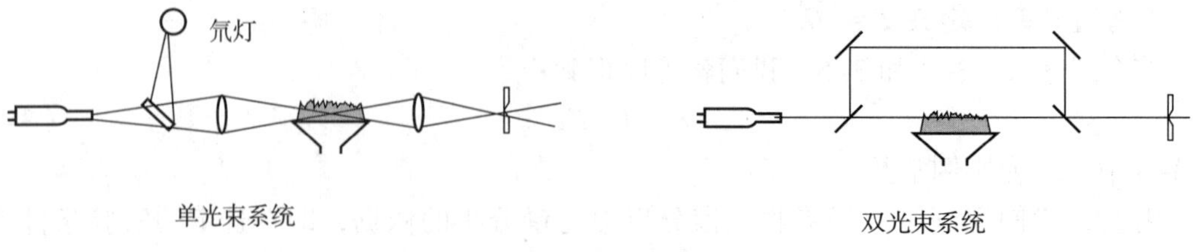

图 3–7　原子吸收分光光度计的类型

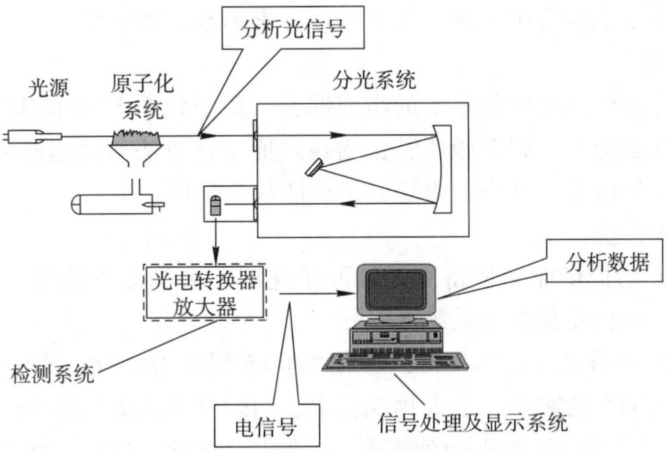

图 3-8 原子吸收分光光度计的工作原理

三、仪器各部分作用

1. **光源**

在原子吸收光谱分析中，光源的作用是辐射待测元素的特征光谱。为了测量待测元素的峰值吸收，要求采用锐线光源。对光源有两个重要要求：

（1）发射线与吸收线的特征波长一致；

（2）发射线的宽度要明显小于吸收线的宽度。

此外，还要求光源的辐射要有一定的强度和稳定性。符合以上要求的锐线光源有空心阴极灯、无极放电灯和蒸气放电灯等，但目前以空心阴极灯的应用较为普遍。

空心阴极灯（图 3-9）是由封在玻璃管中的一个钨丝阳极和一个由被测元素为材料制成的圆柱形空心阴极组成，内充低压稀有气体，如氖气或氩气。当施加适当电压于阴阳两极时，电子将从空心阴极内壁流向阳极，与充入的稀有气体碰撞而使之电离，产生正电荷，其在电场作用下，向阴极内壁猛烈轰击，使阴极表面的金属原子溅射出来，溅射出来的金属原子再与电子、稀有气体原子及离子发生碰撞而被激发，于是阴极内辉光中便出现了阴极物质和内充稀有气体的光谱。用不同待测元素作阴极材料，可制成相应

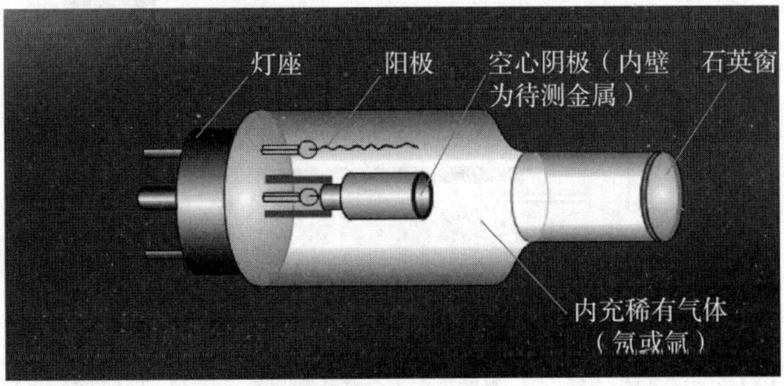

图 3-9 空心阴极灯的结构

空心阴极灯。也就是测定每种元素，都要用该元素的空心阴极灯。

2. 原子化系统

原子化系统是整台仪器中最重要的组成部分。原子化系统的作用是将待测试液中的元素转化为气态基态原子，以便吸收特征谱线。原子化方法有火焰原子化法、石墨炉原子化法和低温原子化法等，其中，火焰原子化法较为常用。

（1）火焰原子化法

是利用化学火焰提供能量使待测元素原子化的。火焰原子化器（图 3-10）包括燃烧器、预混合室、雾化器和供气系统。

原子化过程是这样的（图 3-11）：雾化器将待测试液雾化，雾滴再与撞击球碰撞后，进一步分散成细小的雾滴，进入预混合室，与燃气和助燃气混合，较大的雾滴凝聚后经废液管排出，较细的雾滴进入燃烧器，经蒸发、熔化、气化、解离等步骤，使之变成游离的气态基态原子。

在原子化过程中，火焰可提供不间断的热能，使待测元素原子化。火焰温度取决于燃气和助燃气的类型（表 3-1）。在可选择的火焰类型中，目前使用较多的是空气 - 乙炔火焰，可用于 30 多种元素的分析测定，但不适于 Al、Be、Ti、V、W 等元素的测定。

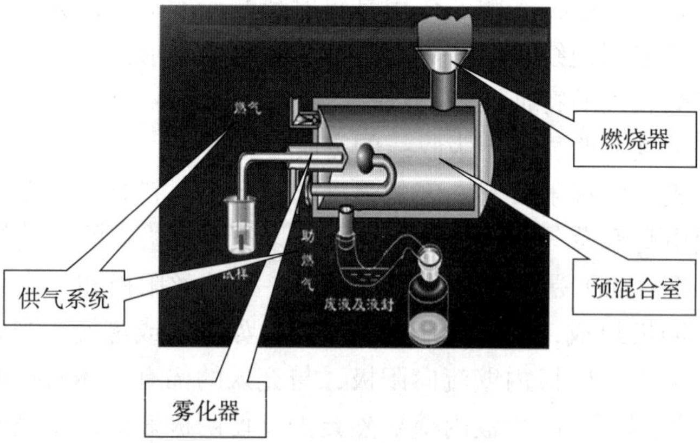

图 3-10　火焰原子化器的结构

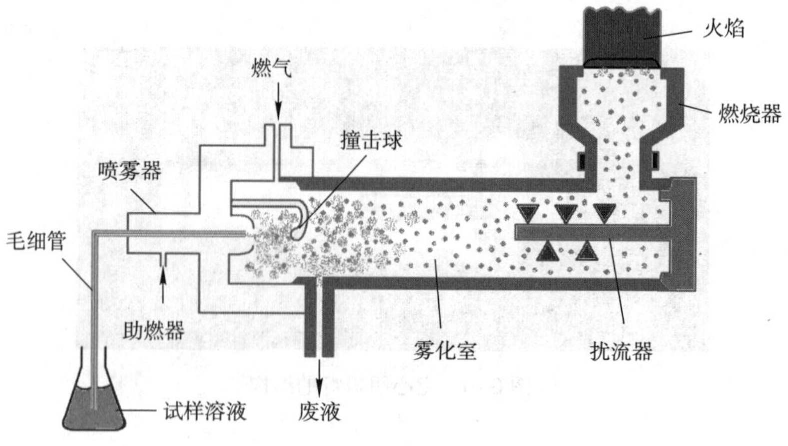

图 3-11　火焰原子化过程

因为这些元素在空气－乙炔火焰中很容易形成难以原子化的氧化物。对于这些元素的测定，可以采用笑气－乙炔火焰，因其火焰温度更高，且具有强还原性，有利于这些元素的原子化。

表 3-1　不同燃气和助燃气条件下的火焰温度

燃气	助燃气	火焰温度 /K
乙炔	空气	2 500
	氧气	3 160
	笑气（N_2O）	2 990
氢气	空气	2 318
	氧气	2 933
	笑气（N_2O）	2 880
丙烷	空气	2 198
	氧气	3 123

根据燃助比的不同，火焰又可分为中性火焰、贫燃火焰和富燃火焰三种类型（表 3-2），它们的火焰性质和火焰温度有所不同，适用于不同元素的测定。

表 3-2　火焰类型

火焰类型	火焰性质	火焰温度	适测元素
中性火焰（化学计量火焰）	中性	温度高	一般元素
贫燃火焰	氧化性	温度低	K，Na
富燃火焰	还原性	温度稍低	Al，Mo，Ti

从总体上讲，火焰原子化法具有操作简单、快速、精密度高等优点，但其灵敏度较低。

（2）石墨炉原子化法

石墨炉原子化法是利用电热使待测元素原子化的。具体做法是把待测试液引入一根放在石墨炉中的石墨管，利用电能对待测试液中的元素进行原子化，产生气态基态原子（图 3-12）。石墨管的形状为圆柱形，中间有个进样孔，用于导入样品，所需样品一般为 10～30 μL。

原子化过程一般分为干燥、灰化（去除基体）、原子化、净化（去除残渣）四个阶段，待测元素在高温下生成基态原子。石墨炉原子化法的主要优点是灵敏度较高，比火焰原子化法高几个数量级，且所需的样品量少，但精密度差，操作条

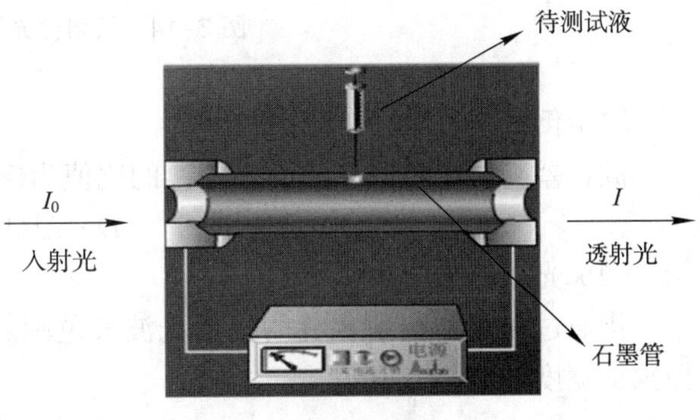

图 3-12　石墨炉原子化法

件也不易控制。

（3）低温原子化法

低温原子化法也称为化学法，包括氢化物发生原子化法和冷原子化法。氢化物发生原子化法，是利用氢化物发生反应使待测元素原子化的。氢化物发生原子化法主要应用于 As、Se、Sb、Bi、Ge、Sn、Te、Pb、Cd 和 Zn 等元素的测定。具体做法是在酸性介质中，使待测元素与硼氢化钠等强还原剂反应生成气态氢化物。例如：砷与硼氢化钠反应可生成砷化氢气体，然后把砷化氢引入石英吸收管内，在低于 1 200 K 的温度下使氢化物分解成气态原子，并测定其吸光度（图 3–13）。冷原子化法只限于汞的分析，其原理是在常温下用 $SnCl_2$ 等还原剂将无机汞化合物还原为气态汞原子，再由惰性气体导入石英管中测定，不必加热。

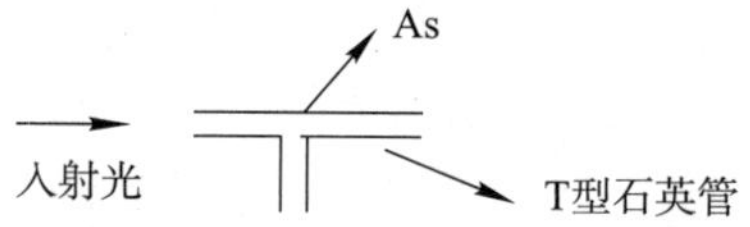

$AsCl_3+4NaBH_4+HCl+8H_2O=AsH_3\uparrow+4NaCl+4HBO_2+13H_2\uparrow$

图 3–13　氢化物发生原子化法的原理示意图

低温原子化法的优点是灵敏度高，基体干扰和化学干扰小，但精密度较差，且可测定的元素有限。

3. **分光系统**

分光系统的作用是把待测元素的分析线与干扰线分开，让分析光信号进入检测系统。此部分由色散元件（棱镜、光栅）、凹凸镜、狭缝等组成。在现代原子吸收光谱分析仪器中，色散元件一般采用的是分光效果更好的光栅，它是利用衍射原理（图 3–14）使光发生色散的光学元件，色散后的光波按波长顺序排列，只有分析线才能通过狭缝进入检测系统。

分光系统的性能参数主要包括倒线色散率（D）、光谱通带（W）和分辨率（R）等。

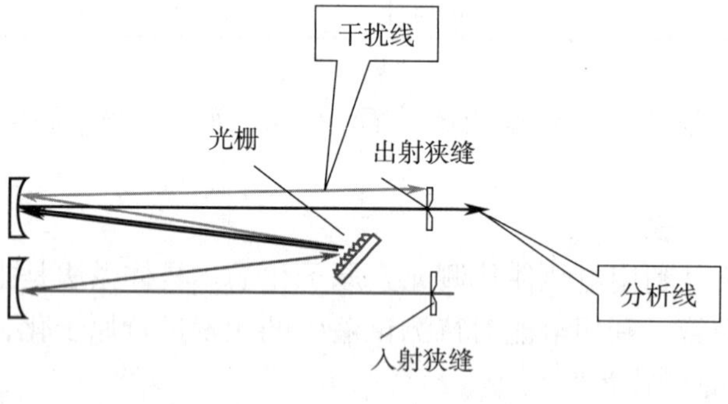

图 3–14　衍射分光原理示意图

（1）倒线色散率（D）

波长差与两条谱线在焦面上距离的比值为倒线色散率，即

$$D = \mathrm{d}\lambda/\mathrm{d}l$$

（2）光谱通带（W）

指通过单色器出射狭缝的辐射光波长范围。当倒线色散率（D）一定时，可通过选择狭缝宽度（S）来确定：

$$W = D \cdot S$$

（3）分辨率

仪器分开相邻两条谱线的能力。用该两条谱线平均波长与其波长差的比值来表示。

$$R = \lambda_{平} / \Delta\lambda$$

4. 检测系统

检测系统的作用是将分析光信号转变为电信号并放大。检测系统主要由光电转换器和放大器组成。光电倍增管是常用的光电转换器（图 3-15）。

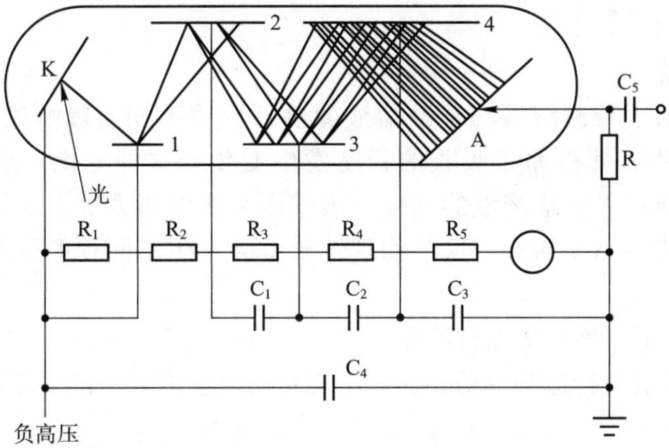

K—光敏阴极；1～4—打拿极；A—阳极；R_1～R_5—电阻；R—电阻；C_1～C_5—电容

图 3-15 光电倍增管的光电倍增原理示意图

让分光后的光照射到光电倍增管的光敏阴极 K 上，轰击出的光电子又射向打拿极 1，轰击出更多的光电子，依次倍增，在最后放出的光电子比最初多到 10^6 倍以上，最大电流可达 10 μA，电流经负载电阻转变为电压信号送入放大器，放大器将光电倍增管输出的较弱信号，经电子线路进一步放大。

5. 信号处理及显示系统

信号处理及显示系统的基本作用是对检测系统得到的信号进行采集、记录、处理、显示和输出。现代原子吸收分光光度计一般都配有工作站，可对各种仪器参数进行自动控制。

四、原子化条件等参数的选择

1. 狭缝宽度的选择

狭缝宽度与进入检测系统的光波的波长宽度和光强度有关。测定时可选择较宽的狭缝，从而使光强增大，提高信噪比。但若吸收线附近有干扰线，应选择较窄的狭缝。

2. 分析线的选择

由于主共振吸收线的分析灵敏度高，常作为分析线使用。当有光谱干扰或样品含量高时，可选择灵敏度较低的其它谱线。

3. 光源灯电流的选择

在保证输出稳定和适宜光强的条件下，尽量选用较低的灯电流。

4. 原子化条件的选择

原子化条件与具体所采用的原子化方法有关。在火焰原子化法中，主要涉及气体的流量、燃助比、燃烧头高度和进样速率的选择，依不同元素而有所不同。

第三节　干扰及其消除方法

一、物理干扰

物理干扰是由于待测溶液与标准溶液的物理性质不同而影响试样的雾化、蒸发、解离等原子化过程，使得原子吸收的程度发生变化。这种变化一般是使测定结果偏低。这些物理性质可以包括溶液的黏度、蒸气压和表面张力等，如果待测溶液中含有大量的基体元素或高黏度的酸，这些物理性质就会发生不同程度的改变，对测定产生干扰。

一般可采取以下三种办法进行消除：

（1）对待测溶液进行适当的稀释，使干扰物质浓度降低，但要保证待测元素有足够的浓度。

（2）采用标准加入法进行定量分析，以消除待测溶液与标准溶液之间的物理性质差异，进而消除干扰。

（3）避免用黏度较大的硫酸或磷酸对样品进行前处理，应尽量采用硝酸和高氯酸来处理样品。

二、化学干扰

由于原子化过程中待测元素与共存组分发生化学反应生成难解离的化合物而使原子化效率降低所引起的干扰。 它是原子吸收光谱法中的主要干扰。如何来消除呢？以下结合实例来说明：

1. 加入释放剂

加入释放剂的目的是使其与干扰物质生成更稳定或更难挥发的化合物，将待测元素释放出来，从而排除干扰。比如，采用原子吸收光谱法测定钙含量的时候，如果溶液中同时存在 PO_4^{3-}，那么，在原子化过程中，随着溶剂的蒸发，Ca^{2+} 和 PO_4^{3-} 的浓度增加从而形成难解离的磷酸盐，导致钙基态原子数减少，原子化效率降低。解决的办法之一就是加入氯化锶，使其与 PO_4^{3-} 生成更稳定的 $Sr_3(PO_4)_2$，抑制了 PO_4^{3-} 与 Ca^{2+} 的作用，Ca^{2+} 被释放出来。因此氯化锶也被称为释放剂。氯化锶和氯化镧都是常用的释放剂。

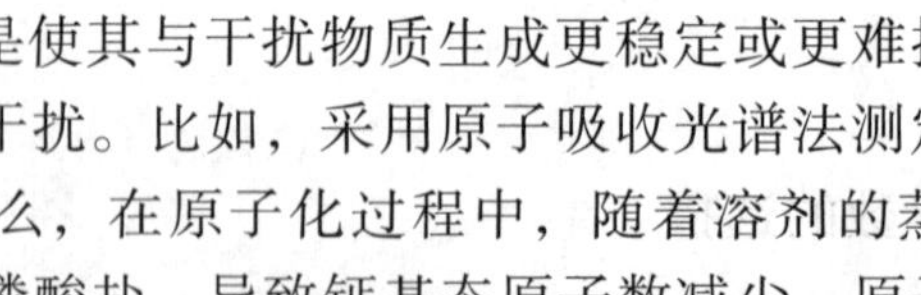

2. 加入保护剂

加入保护剂的作用是与待测元素形成更稳定且更易解离的化合物，把待测元素保护起来，使干扰元素不能与待测元素结合，保证其顺利原子化。例如，测定钙时，也可以加入 EDTA，来有效地防止 PO_4^{3-} 对 Ca^{2+} 测定的干扰。因为 EDTA 是很强的络合剂，可以与 Ca^{2+} 形成更稳定的 EDTA-Ca 络合物，而且 EDTA-Ca 络合物在火焰中又很容易原子化，形成气态的钙基态原子。在这里，EDTA 络合剂又可称为保护剂。

$$Ca^{2+} + PO_4^{3-} \longrightarrow Ca_3(PO_4)_2/Ca_2P_2O_7$$

$$\downarrow$$

$$EDTA \longrightarrow EDTA\text{-}Ca$$

3. 其它措施

还可以通过提高火焰温度，或采取萃取、沉淀、离子交换等措施，来消除共存离子的化学干扰。

三、电离干扰

在原子化过程中，部分所产生的基态原子在高温下会进一步发生电离，而使参加原子吸收的基态原子数减少，导致测定结果偏低，这种干扰称为电离干扰。电离干扰主要发生在电离势较低的碱金属和部分碱土金属中，并随原子化的温度增加而增加。消除的办法是：加入大量易电离的碱金属元素加以抑制，这种试剂也称为消电离剂。

比如，测定钠时，电离干扰就比较严重，因为它属于碱金属，电离电位较低，易于电离。可以加入一定量更易电离的钾盐溶液作为消电离剂，由于钾盐可以电离产生大量的电子，从而使电离干扰被抑制。

$$K(g) \rightleftharpoons K^+(g) + e$$

$$Na(g) \rightleftharpoons Na^+(g) + e$$

四、光谱干扰

在光谱干扰中，又有两种情况，相应的消除办法也不同。

（1）非共振线干扰

主要是由于光谱通带中多一条或儿条的发射线，也就是非共振线。若非共振线无法与待测元素的分析线分开，就会产生干扰。改善和消除这种干扰的办法是缩小狭缝宽度，使多出的发射线不进入检测器。

（2）背景干扰

主要由于分子吸收和光散射所引起。分子吸收是指原子化过程中生成的气态分子对待测元素的分析线产生吸收；光散射是指原子化过程中形成的微小固体颗粒对光产生散射，造成透过光减小，吸收值增加。以上两种情况都会产生假的原子吸收，使测定结果偏高，所以称为背景干扰。在石墨炉原子化法中，背景干扰尤其严重，必须消除。

消除背景干扰的方法，主要包括空白校正法、氘灯校正法和塞曼效应校正法等，这些消除背景干扰的方法也称背景校正。以氘灯校正法（图 3-16）为例来说明一下，背

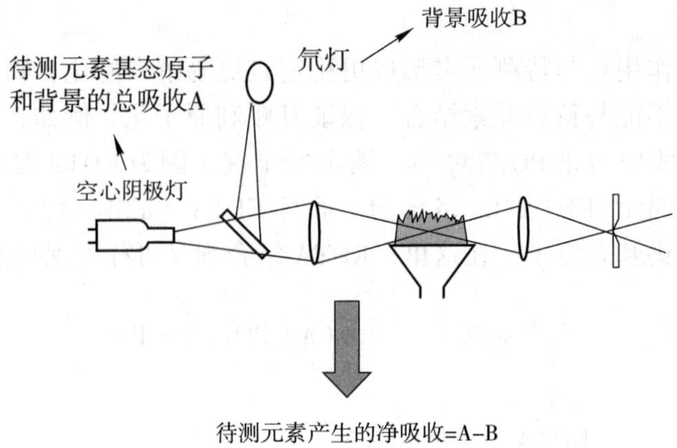

图 3-16　氘灯校正法

景干扰是如何消除的。

在原子吸收光谱仪中，增加一个氘灯光源，让空心阴极灯和氘灯交替通过原子化系统，当空心阴极灯的特征辐射通过原子化系统时，测量的是待测元素基态原子和背景的总吸收 A。当氘灯发射的光通过时，检测到的则只有背景吸收 B，因为氘灯是连续光源，待测元素基态原子对其产生的吸收可忽略。两次测量得到的值相减，就是待测元素的真正吸收或净吸收。

第四节　定量分析方法及应用

一、标准曲线法

配制一系列不同浓度的标准试样，以空白溶液调零，由低到高依次测定其吸光度 A，将获得的吸光度 A 对应于浓度 c 作标准曲线，在相同条件下测定试样的吸光度 A，在标准曲线上查出对应的浓度 c（图 3-17）。也可通过标准曲线的线性方程，计算出试样的浓度 c。

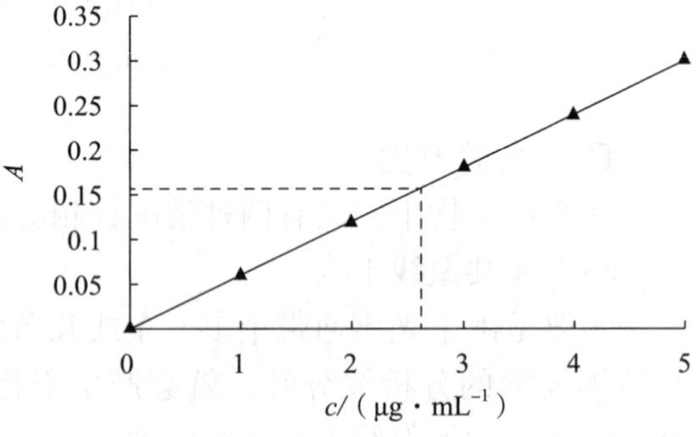

图 3-17　标准曲线法

本方法对于大批量样品测定非常方便，但对个别样品仍需配制标准系列，手续比较麻烦。此外，对于组成比较复杂的试样，由于标准溶液和样品的组成差异大，准确度比较低。

二、标准加入法

取若干份体积相同的试液（c_x），依次加入不同量的标准溶液，定容后标准溶液的浓度依次为：

c_x，c_x+S_1，c_x+S_2，c_x+S_3，c_x+S_4，…；

分别测得吸光度为：A_x，A_1，A_2，A_3，A_4，…。

以 A 对标准溶液浓度 c 做图得一直线，直线反向延长，交横轴负轴于一点，图3–18中 c_x 点即待测溶液浓度。本方法适用于组成复杂样品的准确测定，但步骤繁琐，不适于低浓度或大批量样品的测定。

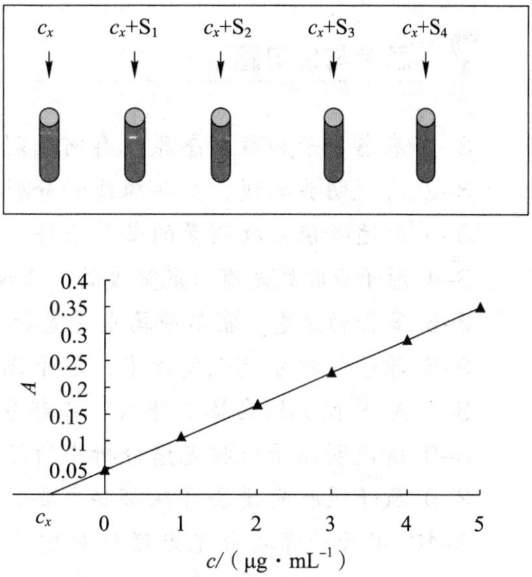

图 3–18　标准加入法

三、特征参数

1. 灵敏度

灵敏度（S）是指测定值（吸光度）的增量（ΔA）与相应待测元素浓度（或质量）的增量（Δc 或 Δm）的比值：

$$S_c=\Delta A/\Delta c \qquad 或 \qquad S_m=\Delta A/\Delta m$$

2. 特征浓度

特征浓度（ρ_c）是指能产生1%吸收或0.004 4吸光度时溶液中待测元素的质量浓度。

$$\rho_c=0.004\,4/S_c \qquad 单位：\mu g\cdot mL^{-1}$$

3. 特征质量

特征质量（m_c）是指能产生1%吸收或0.004 4吸光度值时溶液中待测元素的质量。

$$m_c=0.004\,4/S_m \qquad 单位：g$$

4. 检出限

检出限是指在适当的置信度下，产生一个能够确证试样中存在某元素分析信号所需要的该元素的最小含量。可用空白溶液，经若干次（10 ~ 20次）重复测定，所得吸光度的标准偏差 σ 的3倍求得。

$$D=3\sigma/S \qquad 单位：\mu g\cdot mL^{-1}$$

四、应用

原子吸收光谱法已广泛应用于环境监测、卫生医疗、科学研究、食品、农业、制药、半导体工业、冶金工业、石油化工、教育等行业中金属元素含量的测定。在农业、食品和环境领域，常应用于测定钾、钠、钙、镁、铜、锌、锰、铁、钼、硒、铅、镉、镍、铬、砷、锡、锗等元素的含量。

对于部分非金属元素、化合物或无机阴离子，通常需要采用间接法测定。一般可通过沉淀、络合等反应，把待测物质定量转化为可以直接测定的金属元素。如：

沉淀反应：$Ba^{2+}+SO_4^{2-}=BaSO_4\downarrow$

络合反应：谷氨酸 + Cu^{2+} → 谷氨酸 – 铜络合物

思考与练习题

3–1 基态原子和激发态原子有何区别？它们的比值遵循什么定律？

3–2 请说明共振线、主共振线和分析线之间的区别。

3–3 简述峰值吸收测量的必要条件。

3–4 原子吸收线是有一定宽度的，请说明可用哪些参数对原子吸收线轮廓进行描述？

3–5 多普勒变宽、霍尔兹马克变宽和洛伦兹变宽有何不同？主要影响因素有哪些？

3–6 原子吸收分光光度计中，原子化系统的作用是什么？常用哪些原子化方法？

3–7 AAS 仪器的名称是什么？各部分有何作用？

3–8 请说明原子吸收光谱分析中所涉及的主要仪器操作参数及其对应的仪器部件。

3–9 原子吸收光谱法存在哪些主要的干扰？如何减少或消除这些干扰？

3–10 用原子吸收分光光度计对质量浓度为 1.00 mg/L 的钾标准溶液进行测量，其透光率为 61%，请计算钾产生 1% 吸收时的特征浓度。

数字课程学习

◆教学课件　　◆本章自测　　◆思考题

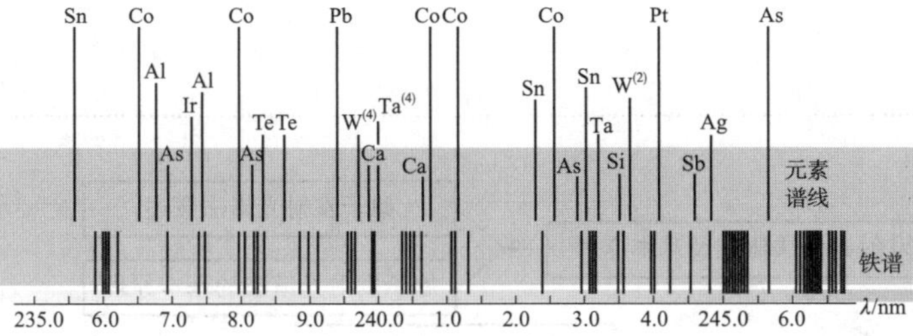

4 原子发射光谱法

● **关键词**

原子发射光谱法，电感耦合等离子体，摄谱法，光致发光，共振荧光

● **目的要求**

掌握原子发射光谱分析法的基本原理；了解发射光谱仪的原理、类型；熟悉等离子体发射光谱仪的各部分组成和作用；了解原子发射光谱法的定性、定量方法及其应用；培养学生的责任意识、综合分析能力和科学思维精神。

● **重点难点**

（1）重点：原子发射光谱产生的基本原理、电感耦合等离子体。

（2）难点：电感耦合等离子体。

知识导图

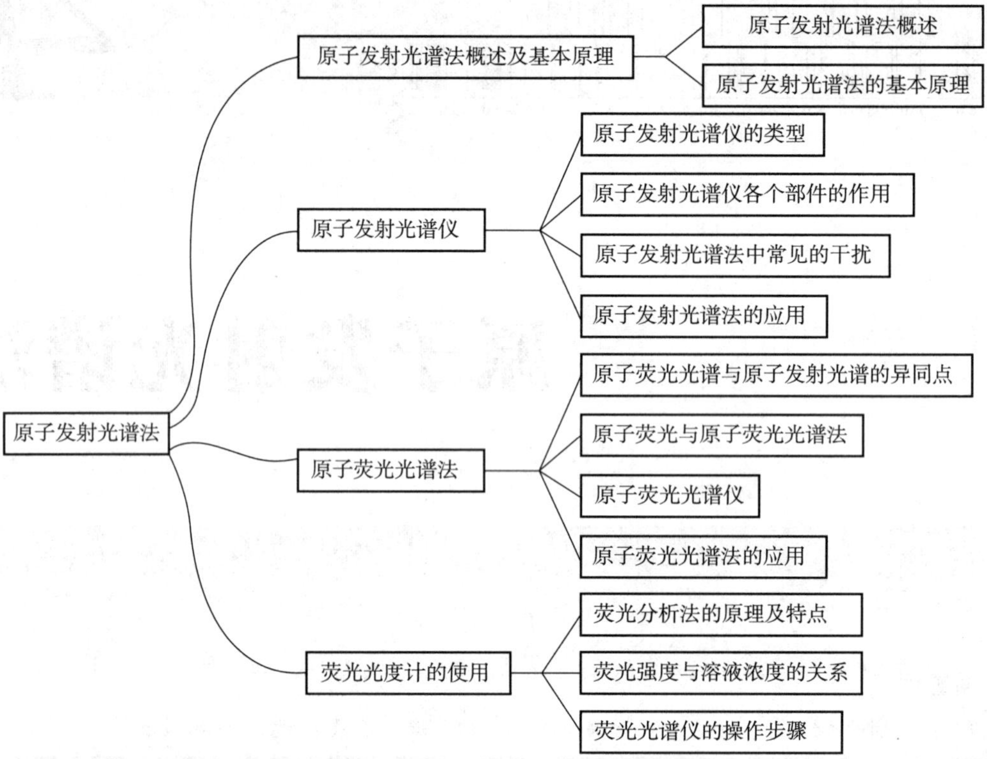

第一节　原子发射光谱法概述及基本原理

一、原子发射光谱法概述

原子发射光谱法（atomic emission spectroscopy，AES）是根据物质原子（或离子）在一定条件下受激后所发射的特征光谱来研究物质的化学组成（定性）及含量（定量）的方法。

原子发射光谱法包括了三个主要的过程：①由激发源提供能量使试样蒸发，形成气态原子，并进一步使气态原子激发而产生光辐射；②将光源发出的复合光经单色器分解成按波长顺序排列的谱线，形成光谱；③用检测器检测光谱中谱线的波长和强度。

1. 原子发射光谱法的分类

根据所使用的仪器设备和检测手段的不同，原子发射光谱法可分为：火焰光度法、原子荧光分析法、目视分析法、摄谱分析法、光电直读法。

（1）火焰光度法：以火焰为激发源，以棱镜或滤光片为单色器，以光电池或光电管为检测器，测量试样元素的辐射光强度，称为火焰光度法。

（2）原子荧光分析法：以光能为激发源的原子发射光谱法。

（3）目视分析法：用眼睛来观察与辨认试样元素被激发时所辐射的焰光颜色及其亮度，粗略地估计试样物质的主要成分及其含量的高低。主要用于钢铁及有色金属的半定量分析。

（4）摄谱分析法：用照相感光板来记录元素的发射光谱图，具有多元素同时测定的能力。

（5）光电直读法：元素特征谱线通过直读光谱仪，由光电读数系统直接显示出来，具有快速、准确等优点。本章主要介绍 ICP 光电直读法。

2. 原子发射光谱法的特点

（1）优点：具有多元素同时检测的能力；分析速度快；选择性高；检出限较低，精密度好；线性范围宽。

（2）局限性：它一般只用于元素总量的分析，而无法确定物质的空间结构和官能团，也无法进行元素的价态和形态分析。目前尚无法用于分析有机物和一些常见的非金属元素，如氧、硫、氮等。

二、原子发射光谱法的基本原理

在通常情况下，原子是处于稳定的状态，即基态，当原子受到外来的能量如光、电、热的作用时，原子中的最外层电子被激发，从基态跃迁到较高能级即激发态。处于激发态的原子或离子是很不稳定的，在极短的时间（一般为 $10^{-10} \sim 10^{-8}$s）内，电子就要从激发态跃迁回基态或能量较低的能态，此时，电子以电磁辐射的形式将多余的能量释放出来，这一现象我们称之为原子发射或发光。这就是原子发射光谱产生的基本原理（图 4–1）。

待测原子的结构不同，因此发射谱线特征不同——定性依据

待测原子的浓度不同，因此发射谱线强度不同——定量依据

1. 定性分析

原子发射光谱法定性分析的依据是：待测原子的结构不同，因此发射谱线特征不同。

光谱的定性分析是根据光谱图中是否有某元素的特征谱线（一般是最后线）出现来判断试样中是否含有某种元素。定性分析方法常有：

（1）纯样光谱比较法：将待测元素的纯物质与试样在相同条件下同时并列摄谱于同一感光板上，然后在映谱仪上进行光谱比较，如果试样中出现与纯物质光谱相同波长的谱线（一般看最后线），则表明试样中有与纯物质相同的元素存在。对于测定复杂组分

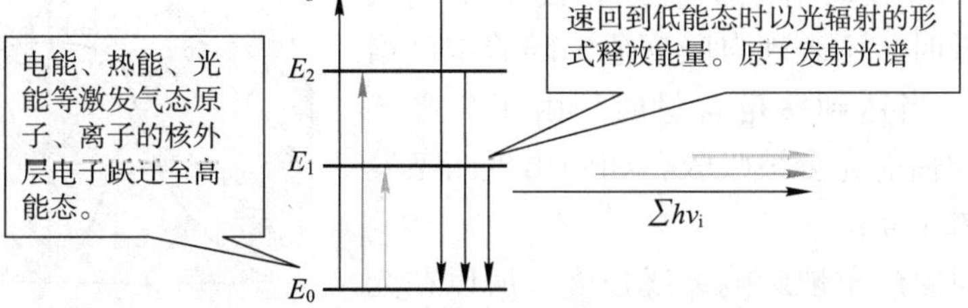

图 4–1　原子发射光谱基本原理示意图

尤其是要进行全定性分析时，就需要用铁光谱比较法。

（2）铁光谱比较法：即元素光谱图法。铁的谱线较多，且分布在相当广的波长范围内（210～660 nm 内有几千条谱线），谱线间相距很近且每条谱线波长都已经精确测定，载于谱线表内。铁光谱比较法是以铁的光谱线作为波长的标尺，将各个元素的最灵敏线按波长的位置标插在铁谱上方的相关位置上，制成元素标准光谱图（图 4–2）。在定性分析时，将待测样品和纯铁同时并列摄谱于同一感光板上，然后在映谱仪上用元素标准光谱图与样品的光谱对照检查。如果待测元素的谱线与标准光谱图中标明的某元素谱线重合，则可认为试样中可能存在该元素。

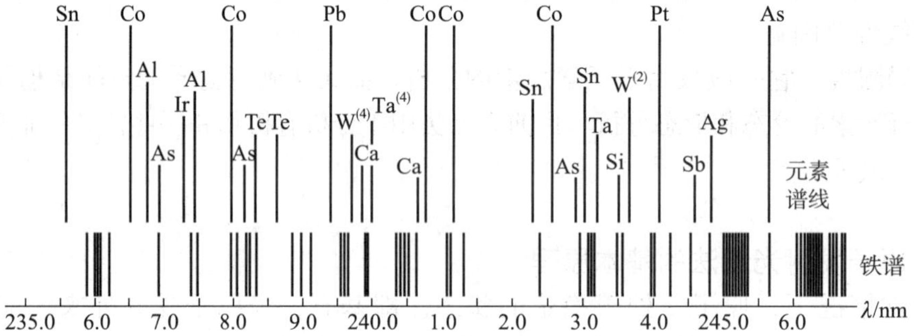

图 4–2 元素标准光谱图

铁光谱比较法是一种最常用的定性分析方法，适宜多元素同时定性鉴定。

特别提示：要给出某一元素存在的肯定结果，至少应该有 2 条该元素的灵敏线出现。

2. 定量分析

原子发射谱线的强度是原子发射光谱法定量分析的依据。

谱线强度 I 与试样中元素浓度 c 的函数关系是：

$$I = ac \quad (4\text{–}1)$$

即在一定的分析条件下，谱线强度与该元素的浓度成正比。式 4–1 中：a 为与谱线性质、实验条件有关的常数。原子发射谱线强度 I_{ij} 与激发态原子数目 N_i 成正比，当试样浓度较大时，将发生自吸现象。

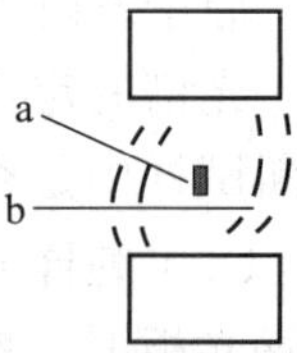

图 4–3 弧焰示意图

（1）自吸：物质在高温下被激发，在中心区域（图 4–3a）激发态原子多，边缘处（图 4–3b）基态及低能态原子较多。这些低能态的同类原子能吸收高能态原子发射出来的光而产生吸收光谱。中心区域发射的辐射被边缘的同种基态原子吸收，使辐射强度降低的现象。

（2）自蚀：自吸对谱线中心处强度的影响很大。元素浓度低时，不表现自吸现象。随着浓度增加，自吸增强，当达到一定含量时，由于自吸严重，谱线中心的辐射完全被吸收，如同出现两条发射线的现象（图 4–4）。

由于自吸现象严重地影响谱线强度，所以在光谱定量分析中，自吸和自蚀是必须要注意的问题。

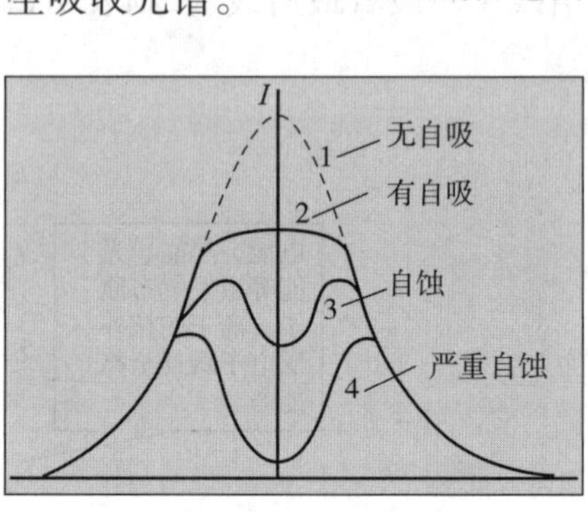

图 4–4 自吸与自蚀谱线轮廓图

考虑到自吸作用的影响时，

$$I = ac^b \quad (4\text{–}2)$$

式 4–2 中：$b = 1$,没有自吸;$0 < b < 1$,有自吸。

（3）原子发射光谱的定量分析的依据是：在一定条件下，元素特征谱线的强度（黑度）随元素在样品中的浓度增大而增强。

试样中待测原子数目与相应的特征谱线的强度变化方向一致，将它与已知含量的谱线强度相比较，即可测定试样中该种元素的含量。

原子发射光谱多采用内标法进行定量分析，即在待测元素谱线中选一条谱线作为分析线，加入固定量的其它元素的谱线中选一条非自吸谱线作为内标线。两条谱线构成分析线对。

第二节 原子发射光谱仪

用来观察和记录原子发射光谱并进行光谱分析的仪器称为原子发射光谱仪。

原子发射光谱仪由激发源、分光系统、检测放大系统和记录显示系统这几个部分组成（图 4–5）。

一、原子发射光谱仪的类型

1. 摄谱仪——利用感光板来记录元素辐射的谱线，对试样元素进行定性、定量分析。

2. 光电直读光谱仪—— 利用光敏元件来接受分析谱线，并将其强度信号转换成电信号，通过读出系统直接读出谱线强度或分析结果。

3. 火焰分光光度计——由火焰激发源、单色器和光电检测器组成（图 4–6）。常用于碱金属、钙等几种简单元素的谱线的测定。

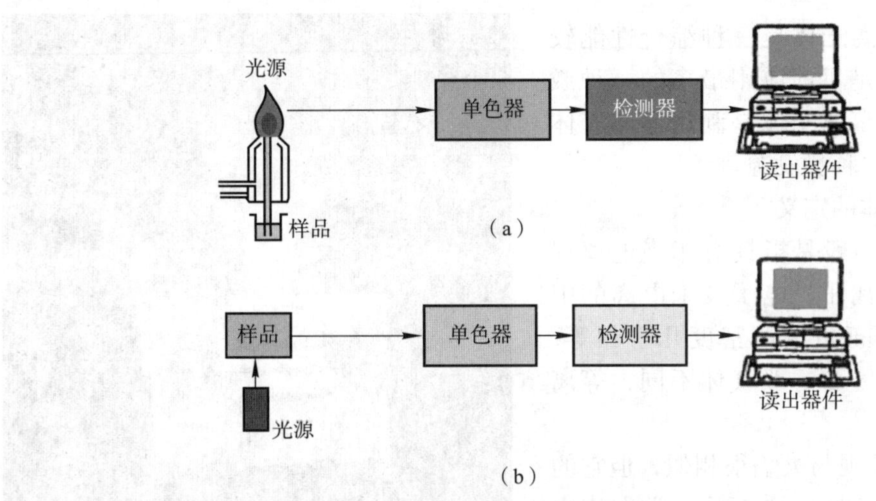

图 4–5 原子发射光谱仪

（a）发射光谱仪 （b）荧光和散射光谱仪

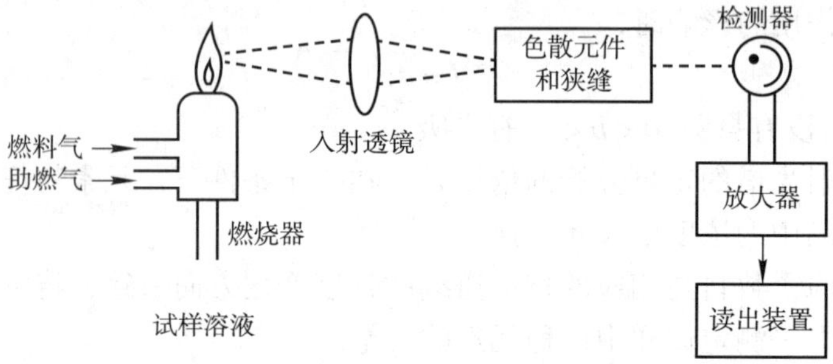

图 4-6 火焰分光光度计结构示意图

二、原子发射光谱仪各个部件的作用

1. 激发源

它是原子发射光谱仪最核心的部件，其作用是：为试样蒸发、解离、原子化和激发发光提供能量，从而产生发射光谱。

激发源的性能直接影响着谱线的数目和强度，因此要求激发源的灵敏度高，稳定性和再现性好，谱线背景低，适应范围广。

原子发射的激发形式主要有：电能激发、热能激发和光能激发。

目前常用的激发源有直流电弧、交流电弧、高压火花、电感耦合等离子体（ICP）等，如表 4-1 所示。

表 4-1 常用激发源及其性能

激发源	蒸发温度	激发温度 /K	放电稳定性	应用范围
直流电弧	高	4 000 ~ 7 000	稍差	定性、矿物、纯物质、难挥发元素定量
交流电弧	中	4 000 ~ 7 000	较好	低含量组分定量分析
高压火花	低	瞬间10 000	好	金属与合金、难挥发元素的定量分析
ICP	很高	6 000 ~ 8 000	很好	溶液定量分析

电感耦合等离子体是一种综合性能较优的激发源，也是目前应用最多的一种激发源。电感耦合等离子体是利用等离子体放电产生高温的一种激发源。

（1）等离子体的定义

等离子体：一般是指具有相当电离程度的气体。它由离子、电子及未电离的中性粒子组成，其正负电荷密度几乎相等，从整体看呈中性。与一般气体不同，等离子体可以导电。

ICP 焰炬的外观与火焰很相似，但它的结构与火焰截然不同。它不是化学燃烧火焰，是氩气放电形成的等离子体（图 4-7）。

图 4-7 ICP 焰炬示意图

ICP 是 20 世纪 60 年代研制出的新型激发源，由于性能优异，70 年代得以迅速发展并获得广泛应用。

（2）ICP 激发源的组成（图 4–8）

目前常见的 ICP 激发源由高频发生器和感应线圈、等离子炬管和供气系统、试样引入系统组成。

如图 4–8 所示，等离子炬管为一个三层同轴石英管，包括：

① 外层：以切线方向引入冷却氩气流。

② 中层：通入辅助气氩气，点燃 ICP（点燃后切断）。

③ 内层：由载气把样品引入等离子体中。（这里使用氩气是因为它性质稳定、不与试样作用、光谱简单）

（3）等离子体的形成过程

ICP 感应焰炬形成的基本过程是：石英管外绕以高频感应线圈，利用高频电流感应线圈将电能耦合到石英管内，用电火花引燃管内气体（氩气）放电，形成等离子体。

当带电离子达到足够的导电率时，就会产生一股垂直于管轴方向的环形涡电流，这股环形涡电流瞬间将气体加热到 9 000 ~ 10 000 K 的高温，在石英管内形成高温火球。当用氩气将火球吹出石英管口，即形成感应焰炬。这样试样被加热到很高的温度而被激发，然后能发射出很强的原子线和离子线。

ICP 的环状结构（图 4–9）造成一个电学屏蔽的中心通道。具有较低的气压、较低

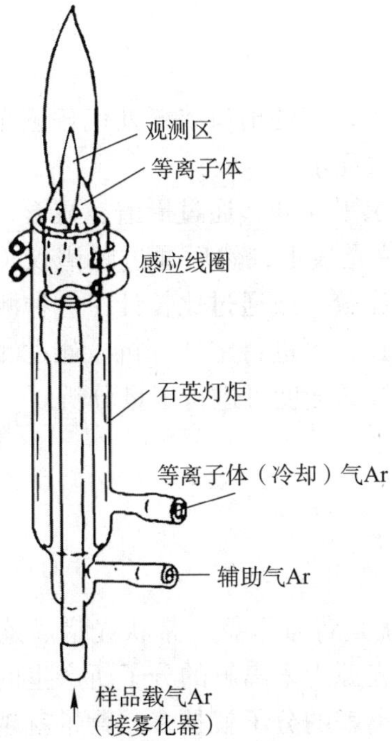

图 4–8 ICP 激发源

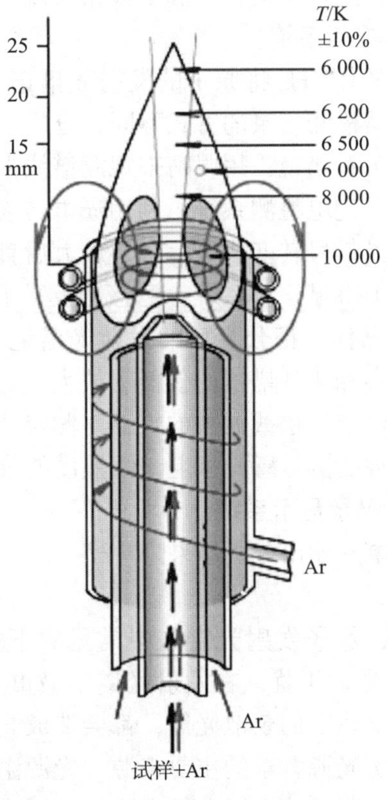

图 4–9 ICP 的环状结构示意图

的温度、较小的阻力，使试样容易进入炬焰，并有利于蒸发、解离、激发、电离以至观测。

（4）等离子体的特点

能产生很高的激发温度，可达 10 000 K 左右的高温；其形成的环状通道，具有较高的稳定性；惰性气氛，电极放电较稳定。

所以 ICP 具有这样一些优点：检出限低；稳定性好，精密度高、灵敏度高；自吸效应、基体效应小；光谱背景小；准确度高，测定相对误差为 1% 左右。工作线性范围宽，可达 4 ~ 6 个数量级。

ICP 局限性在于对非金属元素测定灵敏度低，仪器价格昂贵，维持费用较高。尽管如此，ICP 激发源由于其突出的优点使其应用越来越广泛。

2. 分光系统

它的作用是将样品中待测元素的激发态原子或离子所发射的特征光经分光后得到按波长顺序排列的光谱。

分光系统所采用的分光元件有三种类型：滤光片、棱镜、光栅。

（1）当采用低级烷烃火焰作为激发源时，由于火焰温度较低，只有较少元素的原子能产生较强的发射线，且各自的原子发射光谱波长相差较大，此时只需滤光片便可以使谱线分离。主要用于火焰光度计。光栅和棱镜则具有更高的色散与分辨能力。

（2）棱镜是利用对不同波长的光有不同的折射率来实现分光的。

（3）光栅通常由一个镀铝的光学平面或凹面上刻有等距离的平行沟槽组成。它利用光在光栅上产生的衍射和干涉来实现分光。光栅比棱镜具有更高的色散与分辨能力。

3. 检测系统

它的作用是将原子的发射光谱记录或检测出来，以进行定性定量分析。

根据检测记录的方式不同，分为：

（1）看谱镜：用眼睛来观测谱线强度。

（2）光电检测系统：利用光电转换器连接在分光系统的出口狭缝处代替感光板，将谱线的光信号转变成电信号，放大后直接由指示仪表显示。

（3）摄谱检测系统：把感光板置于分光系统的焦平面处，通过摄谱、显影、定影等一系列操作，把分光后的发射光谱记录和显示在感光板上，然后通过映谱仪（用于放大、观察和辨认谱线的仪器）放大，同标准图谱相比较，或通过比长计（一种测量谱线间距离以求得谱线波长的仪器）测定待测谱线的波长，可进行定性分析。通过测微光度计（一种能测量感光板上谱线黑度的仪器）测定谱线的强度可进行定量分析。

4. 记录显示系统

记录并输出分析结果。

三、原子发射光谱法中常见的干扰

1. 光谱干扰　在发射光谱中最重要的光谱干扰是背景干扰。带状光谱、连续光谱以及光学系统的杂散光等，都会造成光谱的背景。光源中未离解的分子所产生的带状光谱是传统光源背景的主要来源。光源温度越低，未离解的分子就越多，背景就越强。常用的校准背景的方法有校准法和等效浓度法。

2. 非光谱干扰　非光谱干扰主要来源于试样组成对谱线强度的影响，这种影响与试样在光源中的蒸发和激发过程有关，亦被称为基体效应。原子或离子在等离子体温度下被激发，激发温度与光源等离子体中主体元素的电离能有关。等离子区中含有大量低电离能的成分时，激发温度就较低。反之，含电离能愈高的成分时，光源的激发温度也要愈高。

所以激发温度也受试样基体组成的影响，进而影响谱线的强度。在实际工作中，常常向试样和标准样品中加入一些添加剂以减小基体效应，提高分析的准确度，这种添加剂有时也被用来提高分析的灵敏度。

四、原子发射光谱法的应用

采用火花源的发射光谱广泛用于金属和合金的直接分析。常规的ICP发射光谱是一种理想的溶液样品分析技术，它可以分析任何能制成溶液的样品，其应用领域非常广泛，包括石油化工、冶金、地质、环境、生物和临床医学、农业和食品安全、难熔和高纯材料等。通过采用合适的试样引入技术，如试样直接插入、电弧和火花熔融法、电热蒸发、激光熔融法等，ICP发射光谱法还可以用于固体样品直接分析。

第三节　原子荧光光谱法

原子荧光光谱法（atomic fluorescence spectrometry，AFS）是1964年以后发展起来的一种原子光谱分析方法。原子荧光光谱从产生机理上看属于原子发射光谱，但它们又有许多不同。

原子荧光光谱法是利用光能激发产生的原子荧光谱线的波长和强度进行物质的定性和定量分析的方法。它属于光致激发的原子发射光谱法。

一、原子荧光光谱与原子发射光谱的异同点

1. 相同点：均为激发态原子发射的线光谱。

2. 不同点：激发的机理不同。原子发射光谱是电能或热能激发，原子受热运动，各能级激发态原子数遵守玻耳兹曼分布规律，粒子非弹性碰撞而被激发，辐射出原子发射光谱。原子荧光光谱为光致激发，吸收具有选择性，各能级激发态原子分布不遵守玻耳兹曼分布规律。原子荧光光谱发射的谱线较原子发射光谱简单。

二、原子荧光与原子荧光光谱法

1. 原子荧光产生的基本原理

气态自由原子吸收了光谱的特征辐射后，原子的外层电子跃迁到较高能级，然后又返回到基态或较低能级，同时发射出与原激发光波长相同或不同的光辐射，即为原子荧光。原子荧光是光致发光或二次发光。当激发源停止照射后，荧光发射过程立即停止。激发态原子和其它粒子碰撞，有一部分能量变成热运动或其它形式的能量，因而会发生

无辐射的去激发过程，使荧光强度降低，这种现象称为荧光的猝灭。

2. 原子荧光的两种基本类型

（1）共振荧光：气态自由原子吸收共振线被激发后，再发射与原吸收波长相同的荧光，即为共振荧光。共振荧光波长等于吸收光波长。

（2）非共振荧光：荧光与原激发光波长不相同，称为非共振荧光（Stokes 荧光）。非共振荧光波长大于吸收光波长。

3. 原子荧光光谱法的特点

（1）优点：检出限低，灵敏度高。谱线比较简单，干扰较少。原子荧光的发射没有方向，所以可以制作多通道仪器，能实现多元素的同时测定。

（2）缺点：对有些元素灵敏度差，线性范围窄 2～3 个数量级，应用元素范围有限。此外，荧光弱，存在着荧光猝灭效应。

AFS 最成功的分析对象是：易形成冷原子蒸气的 Hg，易形成气态氢化物的 As、Sb、Bi、Se、Te、Ge、Pb、Sn 和可形成气态组分的 Cd、Zn 等 11 种元素。

4. 原子荧光光谱法的干扰

AFS 的干扰基本上与 AAS 相似，只是在程度上有所差别。主要有光谱干扰、物理干扰和化学干扰等。

三、原子荧光光谱仪

1. 原子荧光光谱仪由光源、原子化器、单色器、检测器和数据处理器这几个部件组成。

原子荧光光谱仪与原子吸收光谱仪的基本组成非常相似（图 4-10）。

它们的主要区别是：在原子吸收光谱仪中，光源、原子化器、单色器、检测器设置在一条水平线上，检测器检测的是特征谱线经由原子化器中待测原子吸收后而减弱的程度；在原子荧光光谱仪中，光源和检测器不能在一条水平线上，通常设置成互为直角，

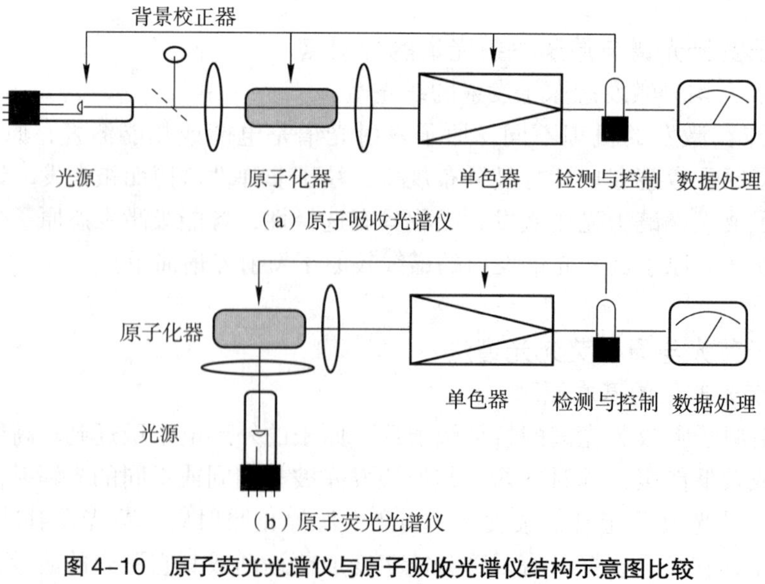

图 4-10 原子荧光光谱仪与原子吸收光谱仪结构示意图比较

这是为了避免激发光源的辐射对原子荧光检测信号的影响，因为荧光总是比较弱的，而直线方向有很强的透射光的干扰。再一个是光源，原子吸收光谱仪必须采用锐线光源，而原子荧光光谱仪可以采用锐线光源（如高压空心阴极灯）也可采用连续光源（如高压氙灯），它的光源必须是高强度光源，因为荧光的强度和光源的强度成正比。

2. 原子荧光光谱仪工作原理：待测试液通过原子化器后转化为原子蒸气，当强光源发出的光辐射射到原子蒸气层时，待测元素的原子吸收其特征波长的光能后由基态激发到高能态，随即由高能态返回基态时，发射出共振荧光。经单色器分离出试样元素所产生的荧光，并由检测器将此光信号转变为电信号后放大，再由数据处理系统输出分析数据。

3. 各部件的作用

（1）激发光源　其作用是提供高强度激发光能，用来激发原子使其产生荧光。激发光源可以采用线光源（如高压空心阴极灯）或者连续光源（如高压氙灯）。激发光源必须是高强度光源，因为荧光总是比较弱，而荧光强度与光源强度成正比。

（2）原子化器　其作用是提供能量将待测元素转化为原子蒸气。根据原子化方式不同，又有火焰原子荧光分析、电热原子荧光分析、X射线荧光分析和氢化物发生法（HG-AFS）。此外也有采用ICP作为原子化器的。

（3）单色器　其作用是将待测元素产生的荧光谱线（即分析线 <400 nm）与邻近谱线（即分析线 >400 nm）有效分开。原子荧光的谱线较简单，因此对色散元件的分辨率要求不高，简易型仪器多采用干涉滤光片为色散元件。

（4）检测器　其作用是将原子共振荧光信号转换为电信号。常采用光电倍增管为检测元件。

（5）数据处理器　其作用是将信号进一步放大，处理数据并显示分析结果。

四、原子荧光光谱法的应用

目前有两种国家标准方法（HG-AFS）：

1. 天然饮用矿泉水和生活饮用水中Se、As、Hg的检测。

2. 食品卫生检验中As、Pb、Hg、Se、Sb、Sn、Ge等的检测。

第四节　荧光光度计的使用

一、荧光分析法的原理及特点

物质在吸收入射光的过程中，光子的能量传递给了物质分子。分子被激发后，发生了电子从较低能级到较高能级的跃迁。跃迁所涉及的两个能级间的能量差，等于所吸收光子的能量。紫外、可见光区的光子能量较高，足以引起分子中的电子发生电子能级间的跃迁。处于这种激发状态的分子，称为电子激发态分子。电子激发态有两种类型：一是激发单重态，用S表示；另一种是激发三重态，用T表示（图4-11）。分子中同一轨道所占据的两个电子必须具有相反的自旋方向，即自旋配对。如果分子中的全部电子都

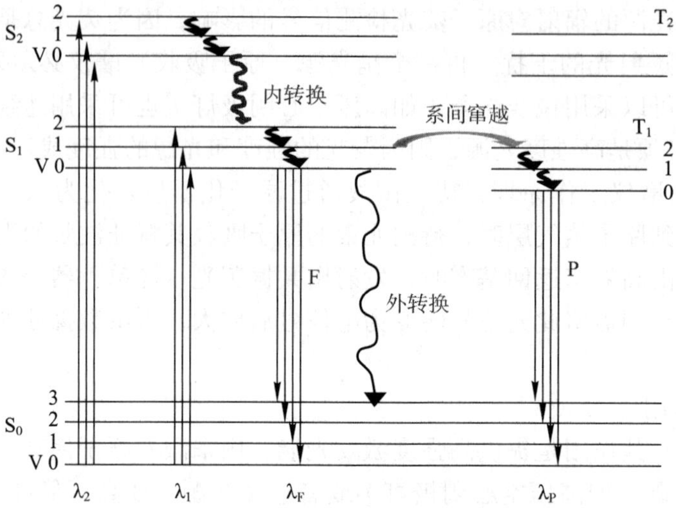

图 4–11 分子内的激发和衰变过程

是自旋配对的，那么该分子便处于单重态，即 S 态。绝大多数分子的基态都是单重态，其激发态也是单重态，也就是在激发过程中，电子自旋方向不改变。可以用符号 S_0、S_1 和 S_2 分别表示分子的基态、第一和第二的电子激发单重态。不同类型的电子能态都有对应的 V=0,1,2 等振动能级。如果电子在跃迁过程中还伴随着自旋方向的改变，这时分子便具有两个自旋不配对的电子，此时分子便处于激发三重态，即 T 态，T_1 和 T_2 则分别表示第一和第二电子激发三重态。处于 S 态和 T 态的分子不稳定，它可能通过辐射跃迁和非辐射跃迁的衰变过程而返回基态。

假设某个分子 S_0 态的电子受到波长为 λ_1 和 λ_2 的入射光的激发后，该分子的基态电子跃迁到能量较高的 S_1 态和 S_2 态。如果 $\lambda_1 > \lambda_2$，则 S_2 态的能量高于 S_1 态。位于 S_2 态高振动能级的电子可通过振动弛豫逐步回到 S_2 态的最低振动能级上，再经过内转换形式（即指相同多重态的两个电子态间的非辐射跃迁过程），从 S_2 态的最低振动能级经非辐射跃迁到 S_1 态的高振动能级，再由 S_1 态的高振动能级经过一系列的振动弛豫回到其最低能级上。此时，位于 S_1 态最低振动能级的电子如果通过辐射光子的形式回到基态（即 S_0 态），那么荧光就产生了。假设荧光的波长为 λ_F，对比激发光和荧光的能量，可以看出有这样的关系：$\lambda_F > \lambda_1 > \lambda_2$。基于此，可以得出一个重要的结论，就是绝大多数情况下，荧光波长要长于激发光的波长，具有这种性质的荧光也称为 Stokes 荧光。但有些情况下，位于 S_1 态最低振动能级的电子也可以通过非辐射外转换的形式（即激发态电子将能量传递给溶液或其它分子而降低能量）回到基态，此时就不会有荧光产生，称为荧光的猝灭。如果激发单重态和三重态之间有部分振动能级的能量相同，单重态电子就有可能通过系间窜越的形式转变成三重态，位于三重态最低振动能级的电子也可以通过辐射光子的形式回到基态，这种形式的光，我们称之为磷光。一般情况下，磷光的寿命要远长于荧光。

荧光分析法之所以发展如此迅速，应用日益广泛，其原因之一是荧光分析法具有很高的灵敏度。在微量物质的各种分析方法中，至今应用最为广泛的仍首推比色法和分光光度法。但在方法灵敏度方面，荧光分析法灵敏度一般要比这两种方法高 2 ~ 3 个数量级。在吸收光度法中，是由吸光度数值来测定试样溶液中吸光物质的含量，而吸光度数值决定于溶液浓度、光程长度和该吸光物质的摩尔吸光系数，几乎与入射光强度无关。在荧光分析中，是由所测得的荧光强度来测定试样溶液中荧光物质的含量，而荧光强度的测量值不仅和被测溶液中荧光物质的本性及其浓度有关，而且与激发光的波长和强度以及荧光检测器的灵敏度有关。加大激发光的强度，可以增大荧光强度，从而提高分析灵敏度。不过，对于光敏物质来说，激发光强度的增大程度应有所限制，否则会加大荧光物质的光解作用。随着现代电子技术的发展，对于微弱光信号检测的灵敏度已大大提高。因此，荧光分析的灵敏度一般都高于吸收光度法。荧光分析灵敏度常可达亿分之几，目前，在与毛细管电泳分离技术结合、采用激光诱导荧光检测法时，已能接近或达到单分子检测水平。荧光分析的另一个优点是选择性高，这主要是指有机化合物的分析而言。吸光物质由于内在本质差别，不一定都会发荧光，此外，不同荧光物质的激发波长和发射波长不一致，通过选择适当的激发波长和荧光测定波长，可达到选择性测定的目的。荧光特性参数较多，除量子产率、激发与发射波长之外，还有荧光寿命、荧光偏振等。因此，也可以通过采用同步扫描、导数光谱、三维光谱、时间分辨和相分辨等一些荧光测定的新技术，进一步提高测定的选择性。

二、荧光强度与溶液浓度的关系

荧光既然是物质在吸光之后所发射的辐射，因而溶液的荧光强度（I_f）应与该溶液吸收的光强度（I_a）及该物质的荧光量子产率（φ_f）有关，即

$$I_f = I_a \varphi_f \quad (4\text{-}3)$$

溶液吸收的光强度 I_a 应为入射光的光强 I_0 与透射光的光强 I_t 之差，即：

$$I_a = I_0 - I_t \quad (4\text{-}4)$$

从朗伯－比尔定律可知 $I_t = I_0 10^{-\varepsilon bc}$，因此

$$I_f = I_a \varphi_f = \varphi_f (I_0 - I_t) = \varphi_f I_0 (1 - 10^{-\varepsilon bc}) = \varphi_f I_0 (1 - e^{-2.303\varepsilon bc}) \quad (4\text{-}5)$$

式 4–5 中：ε 为摩尔吸光系数；b 为样品溶液的光程（即液池的厚度）；c 为样品的摩尔浓度。

而 $e^{-2.303\varepsilon bc}$ 可表示为

$$e^{-2.303\varepsilon bc} = 1 - 2.303\varepsilon bc + (2.303\varepsilon bc)^2/2! - (2.303\varepsilon bc)^3/3! + (2.303\varepsilon bc)^4/4! + \dots \quad (4\text{-}6)$$

当 εbc 非常小时（$\ll 0.05$），$e^{-2.303\varepsilon bc} \approx 1 - 2.303\varepsilon bc$，代入式 4–5，得

$$I_f = 2.303\varphi_f I_0 \varepsilon bc \quad (4\text{-}7)$$

由式（4–7）可以知道，对于某种荧光物质的稀溶液，在一定频率及强度的激发光照射下，当溶液浓度足够小，使得对激发光的吸光度很低时，所测溶液的荧光强度才与该荧光物质的浓度成正比。然而，如果 $\varepsilon bc \geqslant 0.05$，则荧光强度和溶液浓度不呈线性关系，此时应考虑幂级数（式 4–6）中的二次方甚至三次方项。

随着溶液浓度的进一步增大，将会出现荧光强度不仅不随溶液浓度线性增大，甚至随着浓度增大而下降的现象，这是由浓度效应而导致的。这种浓度效应可能由以下几方面的原因造成。

首要原因是内滤效应。当溶液浓度过高时，溶液中杂质对入射光的吸收作用增大，相当于降低了激发光强度。另一方面，浓度过高时，入射光被液池前部的荧光物质强烈吸收

后，处于液池中、后部的荧光物质，则因受到的入射光大大减弱而使荧光强度大大下降；而仪器的探测窗口通常是对准液池中部的，从而导致了所检测到的荧光强度大大下降。

其次，在较高浓度溶液中，可能发生溶质间的相互作用，产生荧光物质的激发态分子与其基态分子的二聚物或与其它溶质分子的复合物，从而导致荧光光谱的改变或荧光强度的下降。当浓度更大时，甚至会形成荧光物质的基态分子聚集体，导致荧光强度更严重的下降。假如荧光物质的发射光谱与其吸收光谱呈现重叠，便可能发生所发射的荧光被部分再吸收的现象，导致荧光强度下降。溶液浓度增大时，会促使再吸收现象加剧。

三、荧光光谱仪的操作步骤

我们以 Edinburgh FS5 荧光光度计（图 4–12）测定苯酚的荧光为例，从开机、开控制软件、放比色皿、参数设置与光谱扫描、数据保存与关机等步骤讲解荧光光度计的使用。

1. 开机

Edinburgh FS5 的荧光光度计的开关按钮位于右侧面板，按下电源按钮，仪器前面板绿色指示灯亮。

2. 开控制软件

双击计算机桌面的 Fluoracle 软件图标，进入控制程序，此时，荧光光度计各硬件部分将初始化，氙灯点亮，仪器前面板的橙色指示灯亮。打开控制软件后，让仪器预热 10 min。

3. 放比色皿

打开样品室盖，将装有待测样品的比色皿垂直插入卡槽中，样品的体积不超过比色皿的 3/4。

4. 参数设置与光谱扫描

进入程序软件后，首先要打开控制面板上的信号比率（signal rate），设置激发光和发射光的带宽（bandwidth），也就是狭缝宽度。带宽越大，信号强度越强，反之越弱。检测器信号强度不可超过 2×10^6，信号强度可以通过检测器信号条幅来观察，如果强度太强，则条幅颜色将变红，这时就需要减小带宽。

图 4–12 Edinburgh FS5 荧光光度计

我们以苯酚为例讲解如何扫描苯酚的发射和激发光谱。如果我们并不知道苯酚的激发和发射波长，那么如何快速找到苯酚的荧光发射峰呢？根据荧光产生的原理，不同的激发波长下，同种物质产生的荧光波长是不变的，如果激发波长改变，发射峰位置也相应改变，那么这个发射光肯定不是荧光。所以，我们可以改变不同的激发波长，来扫描发射谱，如果发射峰的位置重合，则可以肯定是荧光。通过 Emission Map 操作，可以快速找到荧光位置。进入 Emission Map Setup 面板，勾选去除背景、激发和发射校正；在 Emission Map Parameters 中设置激发波长的扫描范围为 200 到 270 nm，扫描步长为 10 nm，表示激发波长从 200 nm 开始，每次增加 10 nm，依次扫描到 270 nm。发射峰的波长要长于激发光的波长，所以发射光的波长可以从 280 nm 扫描到 400 nm，步长设为 2 nm，表示每隔 2 nm 记录一次发射波长。另外在 Emission Map Setup—Emission 中采用默认的勾选模式，这主要是为了避免产生一级及二级的瑞利散射（图 4–13）。通过最后扫描的光谱可以看到在 295 nm 处有一个重合的峰，据此可以判断，此峰一定为苯酚的荧光发射峰。

接下来就可以通过荧光发射峰来确定苯酚的最强荧光激发峰位置。进入 Excitation Scan 模式，在 Excitation Scan Setup—Correction 中勾选去背景和激发校正。Excitation Scan Parameters 中设置扫描范围为 200 到 270 nm，步长为 1 nm。停留时间 Dwell Time 可以是默认值，也可以自己改动，这个值越大，表示检测器对光子的收集时间越长，相应荧光信号也会越强。在 Excitation Scan Setup—Emission 中设置发射波长为 296 nm（图 4–14）。然后开始扫描，就可以得到苯酚的激发谱了。通过激发谱可以看到，其最强激发波长位于 245 nm 处。

接下来就可以通过荧光激发峰来进一步确认最佳发射峰。进入 Emission Scan 模式，在 Emission Scan Setup—Correction 中勾选去背景和发射校正，在 Emission Scan Parameters 中设置扫描范围为 260 到 400 nm，步长为 1 nm。在 Emission Scan Setup—

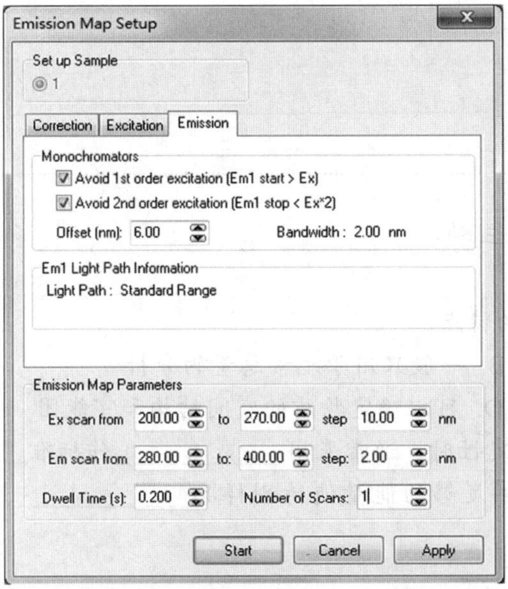

图 4–13 Emission Map 扫描参数设置

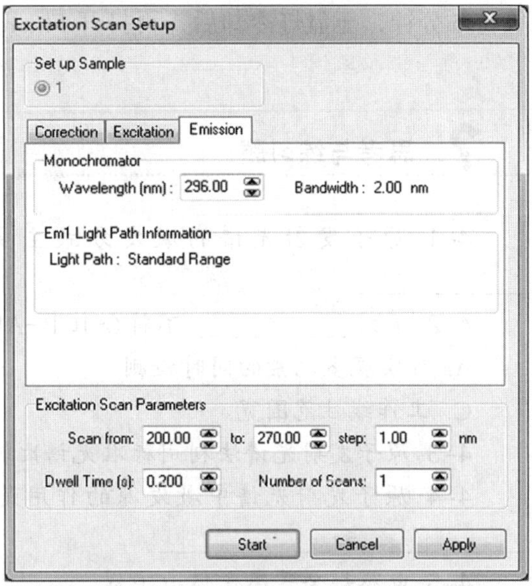

图 4–14 Excitation Scan 扫描参数设置

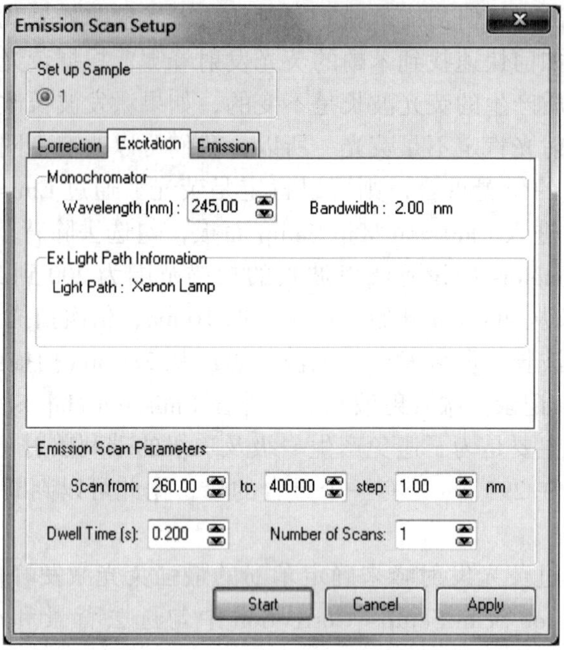

图 4-15 Emission scan 扫描参数设置

Excitation 中设置激发波长为 245 nm（图 4-15）。然后开始扫描，就可以得到苯酚的发射谱了。通过发色谱可以看到，其最强发射峰位于 296 nm 处。

5. 数据保存与关机

在得到谱图后，可以将谱图数据导出为 csv 格式的数据，以便后续的绘图处理，可以通过 file-export to CSV（excel）来实现。然后退出 Fluoracle 程序，最后关闭电源。特别需要指出的是，测试中途，不要退出 Fluoracle 程序，因为一旦退出，就将熄灭氙灯。频繁这样操作，会影响氙灯的稳定性和使用寿命。如果不小心退出了程序，则至少需要等待 5 分钟，至氙灯冷却后，再打开 Fluoracle 程序。

? 思考与练习题

4-1 原子发射光谱的激发方式主要有三种：________、________和________。

4-2 下列________不符合 ICP-AES 的特点。

A. 可实现多元素的同时检测　　B. 一般只用于元素总量的分析

C. 工作线性范围宽　　D. 可以确定物质的空间结构和官能团

4-3 原子发射光谱法利用标准光谱比较法定性时，通常采用________作标准。

4-4 原子发射光谱中激发源的作用是提供足够的能量使待测样品________、________和________。

4-5 电感耦合等离子体 ICP 是________。

A. 正负电荷相等的物质

B. 一种能燃烧产生高温火球的液体

C. 一种具有相当电离程度，能导电产生高温的气体激发源

D. 正负粒子及中性粒子组成的整体呈中性的离子源

4-6 原子荧光光度计中的__________和__________要呈直角配置，以避免对测定的干扰。AFS 与__________互为可逆过程。

4-7 原子荧光分析法属于__________的原子发射光谱法。

A. 生物发光　　B. 电致发光　　C. 光致发光　　D. 化学发光

4-8 ICP-AES 与 HG-AFS 同属于__________光谱，但因__________部件不同，将其仪器分为两类。ICP-AES 是属于__________发光，而 HG-AFS 是属于__________发光。

4-9 原子发射光谱是如何产生的？原子发射光谱法最突出的特点是什么？

4-10 原子发射光谱法的主要局限性有哪些？

4-11 简述原子发射光谱产生的原理，并比较与原子吸收光谱有何不同？

4-12 原子发射光谱法是如何利用元素标准光谱图比较法进行定性分析的？

4-13 原子发射光谱仪中激发源的作用是什么？常用的激发源有哪些？

4-14 什么是等离子体？ICP 的中文名称是什么？其火焰是如何产生的？

4-15 简要叙述 ICP 的工作原理。

4-16 简述背景的产生的原因及消除的方法。

4-17 什么是原子荧光？它有哪几种基本类型？

4-18 说明原子荧光光谱仪的主要结构及其特点。

数字课程学习

◆教学课件　　◆本章自测　　◆思考题

5

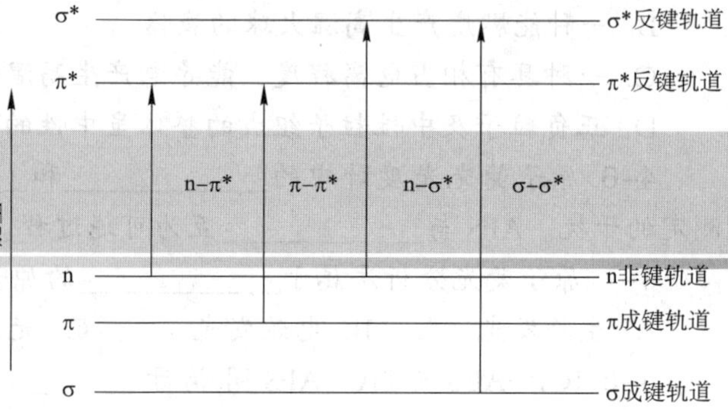

紫外－可见吸收光谱法

● **关键词**

分子轨道、能级结构、吸收曲线、发色团、助色团、吸收带

● **目的要求**

了解紫外－可见吸收光谱的产生及影响因素；掌握紫外－可见分光光度计的分类、组成、结构、原理；掌握紫外－可见吸收光谱法的定性、定量分析方法及其应用；培养学生的责任意识、综合分析能力和科学思维精神。

● **重点难点**

（1）重点：仪器的各主要部件及其作用、发色团、助色团、吸收带。

（2）难点：分子轨道、能级结构、吸收曲线。

知识导图

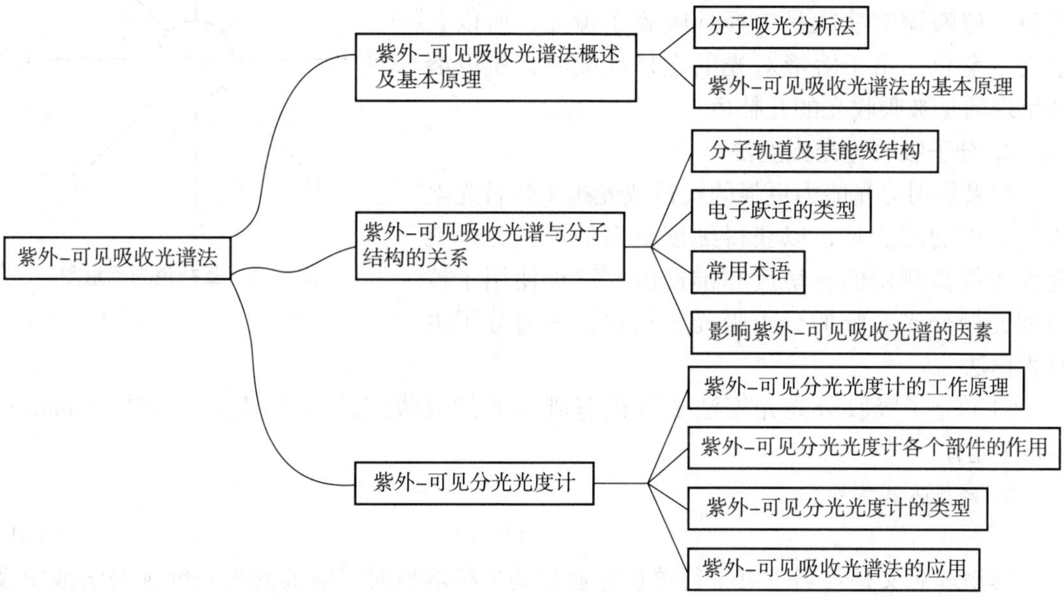

第一节　紫外－可见吸收光谱法概述及基本原理

紫外－可见吸收光谱法（ultravilet and visible spectrophotometry，UV–Vis）是指利用紫外－可见分光光度计测量物质对紫外－可见光的吸收程度（吸光度）和利用紫外－可见吸收光谱来确定物质的组成、含量，推测物质结构的分析方法。它属于分子吸光分析法。

一、分子吸光分析法

分子吸光分析法是指基于物质分子对光的选择性吸收而建立的分析方法，包括比色法和分子吸收分光光度法。

1. 比色法

对于一有色溶液，其颜色的深浅与溶液的浓度有关，浓度越高，对光的吸收越多，颜色就越深；反之，溶液颜色就越浅。通过显色反应，然后比较待测溶液与标准溶液深浅来确定待测物质含量。

（1）目视比色法：以日光照射待测溶液，用肉眼比较溶液颜色的深浅。

（2）光电比色法：用稳定的白炽灯代替日光，让光源发出的光经过合适的滤光片（以获得待测溶液吸收较多的波段范围的光）后，通过待测试液，再用光电池代替肉眼来检测试液对光的吸收程度。

当适当颜色的两种光按一定比例混合就能得到白光，这两种颜色的单色光称为互补色光（图 5–1）。

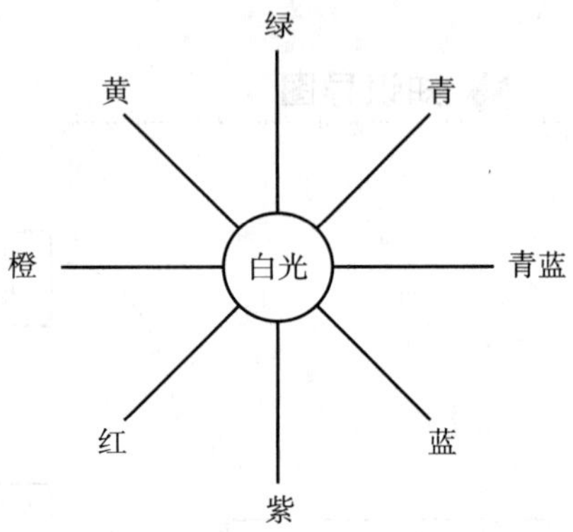

图 5–1　互补色光示意图

例如：蓝色和黄色为互补色。若溶液对黄光选择性吸收了，那么溶液呈现的就是被吸收光的互补色蓝色。硫酸铜溶液就是选择性吸收了黄光，所以它呈现为蓝色。由于溶液对光的选择性吸收，所以溶液呈现的是被吸收光的互补色。

2. 分子吸收分光光度法

如果采用分光能力更强的棱镜或光栅来代替光电比色法中的滤光片，以获得纯度更高的单色光，就会大大提高测定的灵敏度和准确度。这种使用了棱镜和光栅分光系统的分子吸光分析法，称为分子吸收光谱法。

（1）分子吸收分光光度法的理论基础是光的吸收定律，即朗伯 – 比尔（Lambert-Beer）定律。

数学表达式为：

$$A = \varepsilon cL \qquad (5\text{–}1)$$

其物理意义是：当一束平行单色光通过均匀稀溶液时，溶液的吸光度 A 与溶液中吸光物质的浓度 c 及液层厚度 L 的乘积成正比。

式 5–1 中：A 为吸光度；ε 为摩尔吸光系数，单位为 $L \cdot mol^{-1} \cdot cm^{-1}$；$c$ 为浓度，单位为 $mol \cdot L^{-1}$；L 为液层厚度（光程），单位为 cm。摩尔吸光系数 ε 与入射光波长有关，它是某一温度下光吸收物质的一个特征常数，是物质对光吸收能力的量度。

（2）光吸收的加和性原理：假设各组分的吸光质点之间不发生相互作用，那么，如果在一试样溶液中有多个组分对同一波长的光有吸收作用，则总吸光度 A 等于各组分的吸光度之和。即 $A = A_1 + A_2 + \cdots + A_n$。

（3）溶液的吸光度 A 与浓度 c 成正比，即 A 与 c 呈直线关系，但实际分析中 A–c 标准曲线往往不在一条直线上，这种现象称为偏离朗伯 – 比尔定律，其主要原因有：

① 入射光不是严格意义上的单色光；

② 溶液的不均匀性；

③ 溶液中发生了如解离、配位等化学变化。

3. 紫外 – 可见吸收光谱法的特点

（1）灵敏度高：适于微量组分的测定，可以测定 $10^{-7} \sim 10^{-4}$ $g \cdot mL^{-1}$ 的微量组分。

（2）准确度较高：相对误差一般在 1% ~ 5%。

（3）方法简便：仪器设备简单，容易操作。

（4）应用广泛：主要用于有机、无机化合物的定量分析及配合物的组成和稳定常数的测定；也能用于有机化合物的鉴定及结构分析（鉴定有机化合物中的官能团）。

二、紫外 – 可见吸收光谱法的基本原理

1. 紫外 – 可见吸收光谱法的基本原理

紫外 – 可见吸收光谱是由待测物质分子的外层价电子能级跃迁产生的，它叠加在分

子的振动能级和转动能级之上，是具有一定频率范围的带状光谱。分子光谱是连续光谱，原子光谱是线状光谱。

（1）电子能级：能级差为 1～20 eV 之间，相当于紫外－可见光的能量，在这个能级跃迁所产生的光谱称为紫外－可见光谱；

（2）振动能级：能级差是电子能级差的 1/20 左右，在 0.05～1 eV 之间，相当于近、中红外光的能量，又称为红外光谱；

（3）转动能级：能量差最小，在 0.05～0.005 eV 之间，是振动能级差的 1/10～1/100，相当于远红外光甚至于微波的能量，又称为远红外光谱。

2. 吸收曲线

物质对光的吸收特征可以用吸收曲线来描述（图 5-2）。紫外－可见吸收光谱图通常以波长 λ 为横坐标，吸光度 A 为纵坐标作图，得到 A-λ 曲线。

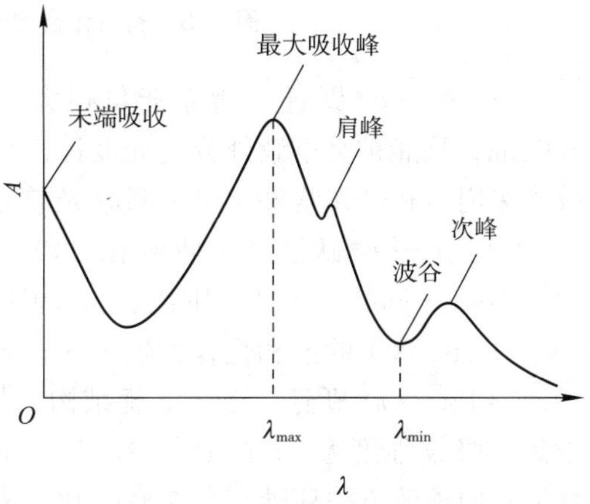

图 5-2　紫外－可见吸收光谱示意图

定量分析时，我们一般选择 λ_{max} 下测定吸光度 A。这样即使被测物质浓度低时，也可得到较大的吸光度，以提高分析灵敏度。λ_{max} 也可以作为定性分析的依据之一。

3. 紫外－可见吸收光谱的特征

（1）物质不同，其分子结构不同，吸收光谱曲线也不同，可根据吸收光谱曲线对物质进行定性和结构分析；

（2）不同浓度的同一物质，吸收曲线形状相同，λ_{max} 不变，只是相应的吸光度大小不同；

（3）紫外－可见吸收曲线一般都是宽峰，这是由于电子能级跃迁与振动转动能级跃迁的能量变化相叠加所导致，所以分子的紫外－可见吸收光谱是带状光谱。

第二节　紫外－可见吸收光谱与分子结构的关系

一、分子轨道及其能级结构

紫外－可见吸收光谱是由待测物质的分子外层电子能级跃迁产生的，分子的外层有三种电子，即形成单键的 σ 电子、形成双键的 π 电子和不参与成键的孤对电子 n 电子。

当两个原子成键结合成分子时，组成一个能量较低的成键轨道（σ 轨道或 π 轨道）和一个能量较高的反键轨道（σ* 轨道或 π* 轨道）。相对于非键轨道 n，它们的能量大小依次是：$\sigma < \pi < n < \pi^* < \sigma^*$。

二、电子跃迁的类型

分子外层电子主要产生 4 种电子跃迁类型（图 5-3）：$\sigma \rightarrow \sigma^* > n \rightarrow \sigma^* \geq \pi \rightarrow \pi^* > n \rightarrow \pi^*$。

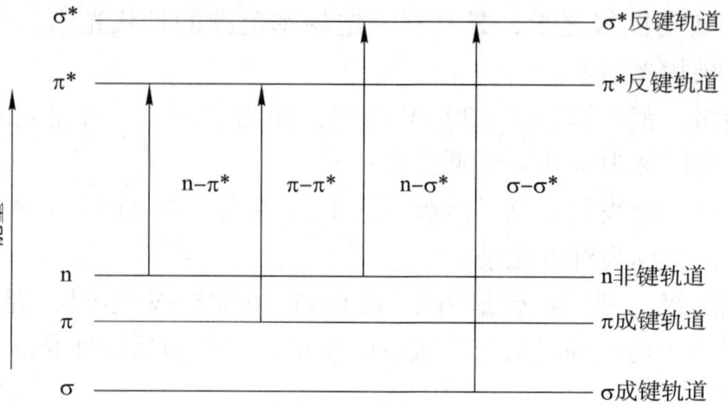

图 5-3 有机化合物分子中的电子能级和跃迁类型

（1）σ → σ* 跃迁 所需能量很大，相当于远紫外光的辐射能，吸收峰波长小于 200 nm，只能被真空紫外分光光度计检测到。由单键构成的饱和烃能产生 σ → σ* 跃迁，故常采用饱和烃作紫外 – 可见吸收光谱分析时的溶剂（如己烷、环己烷、正庚烷）。

（2）n → σ*跃迁 吸收峰在 200 nm左右（150 ~ 250 nm），吸收概率较小，ε在 $10^2 \sim 10^3$ L · mol^{-1} · cm^{-1} 范围内，属于中等强度吸收。一般含有未共用电子对的杂原子（N、O、S、X）的饱和化合物发生 n → σ* 跃迁。

（3）π → π* 跃迁 若无共轭结构，与 n → π* 跃迁所需能量相近，吸收峰在 200 nm 附近，吸收强度大，ε 在 $10^4 \sim 10^5$ L · mol^{-1} · cm^{-1}，属于强吸收。若有共轭体系，吸收峰波长向长波方向移动，在 200 ~ 700 nm 的紫外 – 可见光区。含不饱和键的化合物发生 π → π* 跃迁。

（4）n → π* 跃迁 吸收峰在 200 ~ 400 nm 左右，吸收强度小，ε通常小于10^2 L · mol^{-1} · cm^{-1}，属于弱吸收。一般含杂原子的双键不饱和有机化合物产生这类跃迁。n → π* 跃迁比 π → π* 跃迁所需能量小，吸收波长更长。但它吸收强度较弱。

总结一下电子跃迁与分子结构的关系：

（1）紫外光谱电子跃迁主要有 n → π* 和 π → π* 两种类型。

（2）饱和化合物无紫外吸收。

（3）电子跃迁类型与分子结构及存在基团有密切联系：可以根据分子结构来推测可能产生的电子跃迁类型；也可以根据吸收谱带波长和电子跃迁类型来推测分子中可能存在的基团（分子结构鉴定）。

三、常用术语

1. 生色团（发色团）：指含有不饱和键（提供 π 轨道），能吸收紫外 – 可见光产生 π → π* 或 n → π* 跃迁的基团，如 >C=C<，—C≡C—，>C=O，—COOH 等。

2. 助色团：含有未成键 n 电子，本身无紫外吸收，但与发色团相连时，能使发色团的吸收峰向长波方向移动、吸收强度增强的杂原子基团称为助色团，如—OH，—OR，—NH_2。

3. 红移（长移，图 5-4）：由于化合物结构变化（如共轭、引入助色团取代基等）或采用不同溶剂后吸收峰位置向长波方向的移动。

4. 蓝移、紫移（短移，图 5–4）：吸收峰位置向短波方向的移动。

5. 增色效应（图 5–4）：吸收强度 ε_{max} 增大的效应称为增色效应。

6. 减色效应（图 5–4）：吸收强度 ε_{max} 减小的效应称为减色效应。

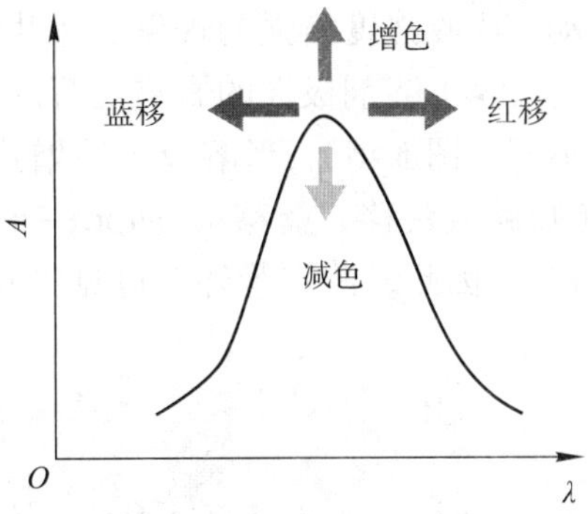

图 5–4　红移与蓝移、增色与减色

7. R 带：$n\rightarrow\pi^*$ 跃迁产生的吸收带。是由含杂原子的不饱和基团（如 C═O、—N═O、—NO_2 等发色基团）的 $n\rightarrow\pi^*$ 跃迁所产生。其特点是吸收峰位于 200 ~ 400 nm，吸收强度很弱，$\varepsilon < 10^2\ L\cdot mol^{-1}\cdot cm^{-1}$。

8. K 带：共轭双键 $\pi\rightarrow\pi^*$ 跃迁产生的吸收带。其特点是吸收峰通常在 217 ~ 280 nm，吸收强度大，$\varepsilon > 10^4\ L\cdot mol^{-1}\cdot cm^{-1}$。K 带是紫外－可见吸收光谱中应用最多的吸收带，用于判断化合物的共轭结构。

9. B 带：苯环的 $\pi\rightarrow\pi^*$ 跃迁产生的吸收带。是芳香族化合物的精细结构吸收带。其特点是吸收峰在 230 ~ 270 nm，中心在 256 nm 左右，$\varepsilon\approx 10^2\ L\cdot mol^{-1}\cdot cm^{-1}$。B 带为一宽峰，在非极性溶剂中出现精细结构，在极性溶剂中精细结构消失。

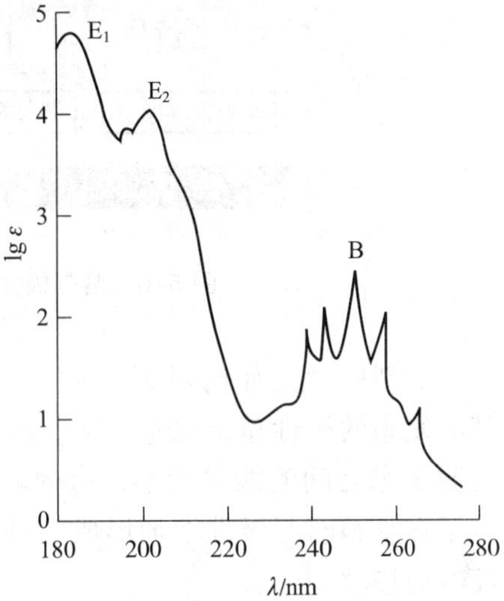

图 5–5　苯的紫外吸收光谱图（苯溶于异丙烷）

10. E 带：苯环中烯键 π 电子的 $\pi\rightarrow\pi^*$ 跃迁产生的吸收带。是芳香族化合物的特征吸收带。E 带分为 E_1 带和 E_2 带。E_1 带出现在 184 nm，为强吸收，$\varepsilon > 10^4\ L\cdot mol^{-1}\cdot cm^{-1}$。$E_2$ 带出现在 204 nm，为中等强度吸收 $\varepsilon > 10^3\ L\cdot mol^{-1}\cdot cm^{-1}$。

例如：苯的紫外吸收光谱图（图 5–5），它的 E_1 带和 E_2 带，吸收较强。B 带是它在异丙烷介质中的精细结构吸收带。

四、影响紫外－可见吸收光谱的因素

紫外－可见吸收光谱主要取决于分子中价电子的能级跃迁但分子的内部结构和外部环境都会对紫外－可见吸收光谱产生影响。

内部结构影响因素，如：共轭效应、助色效应和超共轭效应。

外部环境影响因素，如：溶剂效应。

（1）共轭效应　发色团的 π 电子共轭形成大 π 键，使吸收峰向长波方向移动、吸收强度增强的现象。

（2）助色效应　助色团的 n 电子与发色团的 π 电子共轭，使吸收峰向长波方向移动、吸收强度增强的现象。

（3）超共轭效应　烷基的 σ 电子与共轭体系的 π 电子共轭，使吸收峰向长波方向移动，吸收强度增强的现象。超共轭效应对吸收峰的影响远远小于共轭效应。

（4）溶剂极性的影响　溶液极性对 n → π* 与 π → π* 两类跃迁所产生吸收峰的影响不同（图 5-6）。当溶液极性增强时，n → π* 跃迁所产生的吸收峰通常向短波方向移动（短移或紫移、蓝移），而 π → π* 跃迁所产生的吸收峰通常向长波方向移动（长移或红移）。因此，测定紫外 - 可见吸收光谱时应注明所使用溶剂。

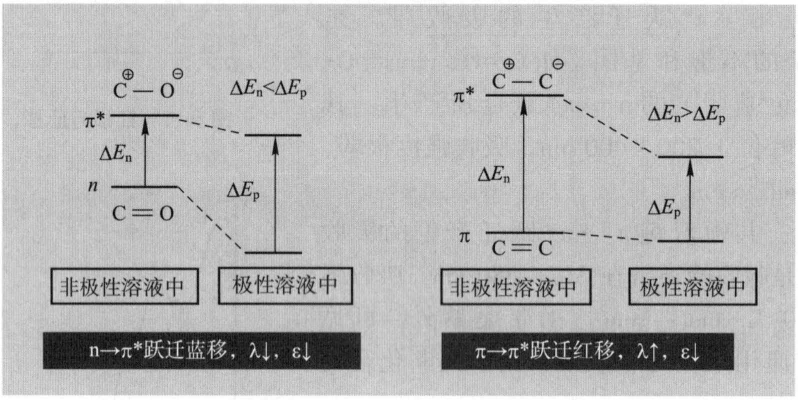

图 5-6　溶剂极性对 n → π* 与 π → π* 跃迁的影响示意图

溶剂极性是如何对 π → π*、n → π* 产生影响的：大多数发生 π → π* 跃迁的分子，其激发态的极性总是比基态大，故激发态与极性溶剂发生作用所降低的能量大，使基态与激发态之间的能量变小，吸收峰向长波方向移动。对于 n → π* 跃迁，未成对的孤对电子在基态时与极性溶剂形成氢键，降低了基态的能量，使跃迁能量增加，吸收峰向短波方向移动。

（5）溶剂 pH 的影响　由于在不同的溶剂中，酸性或碱性物质有不同的存在形式，使分子中的共轭效应发生变化，从而产生红移或蓝移。因此，测定紫外 - 可见光谱时应注明所使用的溶剂。

在紫外 - 可见光谱分析中通常要将待测样品配制成均匀的溶液，那就要选择合适的溶剂。常用的溶剂有：环己烷、95% 乙醇、甲醇、1,4- 二氧六环等。测定非极性化合物，多用环己烷作溶剂，尤其是芳香族化合物，在环己烷中能显示精细结构。测定极性化合物，多用甲醇或乙醇作溶剂。

第三节　紫外 - 可见分光光度计

用于测量和记录待测物质对紫外 - 可见光的吸光度及紫外 - 可见吸收光谱，并进行定性定量及结构分析的仪器称为紫外 - 可见分光光度计。它由光源、单色器、吸收池、检测器、数据显示器这几个部件构成（图 5-7）。

一、紫外 - 可见分光光度计的工作原理

由光源发出的连续的具有足够强度和稳定的紫外及可见光，经过单色器色散成单色

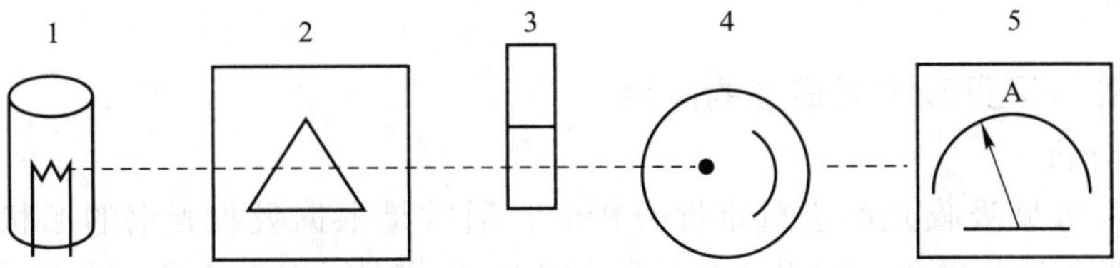

1. 光源；2. 单色器；3. 比色槽；4. 检测器；5. 数据显示。

图 5–7　紫外－可见分光光度计结构示意图

光，并分选出所需波长的单色光，射到被测样品待测试液中，部分光被选择性吸收，透过样品到达检测器的光强度减弱，产生吸收信号，经检测器将光信号转变成电信号后，再放大、数据处理，显示分析数据或吸收光谱图。

二、紫外－可见分光光度计各个部件的作用

1. 光源：它的作用是提供稳定的具有一定强度的光辐射能。

可见光区的波长范围为 400 ~ 760 nm。常用光源为钨灯。

紫外光区：①近紫外光区的波长范围为 200 ~ 400 nm。常用光源为氘灯。②远紫外光区（真空紫外区）的波长范围为 10 ~ 200 nm。

2. 单色器：它的作用是将光源辐射的复合光色散成单色光，并分选出所需波长的单色光用于分析。常用色散元件是棱镜和光栅。

3. 吸收池：又叫比色皿（杯），用于盛放分析试样。

UV/Vis——石英玻璃吸收池；Vis——普通玻璃吸收池。

4. 检测器：它的作用是利用光电效应将透过吸收池的光信号变成可测的电信号。常用的有光电池、光电管、光电倍增管和光电二极管阵列检测器。

5. 信号显示系统：将检测器输出的信号作进一步放大，然后用计录仪记录下来。

三、紫外－可见分光光度计的类型

1. 按测定波长范围划分有：可见分光光度计和紫外－可见分光光度计。

2. 按光路划分有：单光束分光光度计、双光束分光光度计、双波长分光光度计。

（1）单光束分光光度计只有一个光通道，交互测定样品池和参比池，结构简单，适用于测定特定波长的吸收，进行定量。但仪器受电源、光源、检测器等波动的影响较大，空白样品和待测样品单独测量，每换一个波长都要用空白溶液重新校正，不能准确地扣除空白值。

（2）双光束分光光度计的优点是一次测量可同时得到样品溶液相对空白溶液的透光度，因此双光束仪器可以消除光源强度变化和电源不稳定可能引起的误差，并且可以方便地对全波段进行扫描。缺点是仪器较单光束仪昂贵，要求待测样品与参比以及它们的吸收池完全匹配。

（3）双波长分光光度计的优点是不需要用参比吸收池，因此可以消除参比池与样品池的不同而引起的误差；对混浊样品进行测定时，可自动消除不同混浊度所引起的背景吸收；适当选择波长，简化混合组分同时测定过程。

四、紫外－可见吸收光谱法的应用

1. 定性分析

以紫外－可见吸收光谱进行定性分析时，通常是根据吸收光谱的形状、吸收峰的数目、最大吸收波长的位置以及相应的摩尔吸收系数进行定性鉴定。通常采用比较光谱法，即在相同的测定条件（仪器、溶剂、pH 等）下，比较待测物与已知标准物的吸收光谱，如果它们的吸收光谱完全等同（λ_{max} 及相应的 ε_{max} 均相同），则可以认为是同一物质。但紫外光谱仅能反映分子中共轭体系的特征，不能反映整个分子结构，特别是对在近紫外区无吸收的分子（如饱和烷烃）无能为力，必须配合其它波谱分析法（红外光谱、核磁共振谱、质谱等）才能完成结构鉴定。紫外光谱可以提供 λ_{max} 和 ε_{max} 值这两个重要数据及其变化规律，在结构研究中可以解决很多问题。

根据化合物的紫外－可见吸收光谱推测化合物所含的官能团：

（1）在 200 ~ 760 nm（紫外－可见区）没有吸收带，范围内没有吸收带说明此化合物是饱和烃或它们的衍生物，也可能是单烯烃或孤立多烯（共轭烯烃吸收峰发生红移）。

（2）在 220 ~ 250 nm 范围内有强吸收带，说明有共轭的两个不饱和键存在，此吸收带为 $\pi \rightarrow \pi^*$ 跃迁产生，该化合物为共轭双烯或不饱和醛酮。

（3）在 270 ~ 350 nm（近紫外区）范围内有弱吸收带，则该吸收带由醛酮中 C═O 的 $n \rightarrow \pi^*$ 跃迁产生。

（4）在 260 ~ 300 nm（近紫外区）范围内有中等强度吸收带，则该化合物可能为单个苯环或某些杂环。

（5）若在大于300 nm或延伸到可见光区有高强度的吸收，说明待测物可能有稠环芳烃、稠环杂芳烃或其衍生物存在。

2. 定量分析

（1）单组分定量方法

紫外－可见吸收光谱法定量分析的依据是朗伯－比尔定律，即在一定波长处被测定物质的吸光度与其浓度呈线性关系，故通过测定溶液对一定波长入射光的吸光度，就可求得该溶液的浓度和含量。

实际工作中最常用的定量方法是标准曲线法。首先配制一系列已知浓度的标准溶液，在 λ_{max} 处分别测得标准溶液的吸光度，作 A–c 标准曲线。在完全相同的条件下测定试液的吸光度，并从曲线上求得相应的试液浓度。

（2）多组分定量方法

根据吸光度具有加和性的特点，在同一试样中可以测定两种或两种以上的组分，可无需分离而直接测定。

假设试样中含有 X 和 Y 两种吸光组分，X 和 Y 两组分各自的吸收光谱的重叠情况有三种：

① X、Y 吸收光谱不重叠。如图 5–8（a）所示，可按单组分的测定方法分别测定。

② X、Y 吸收光谱单向重叠。如图 5–8（b）所示，可先在 λ_1 处测定溶液的吸光度 A_{λ_1} 并求得 X 组分的浓度。再在 λ_2 处测定溶液的吸光度 $A_{\lambda_2}^{X+Y}$ 以及纯组分 X 和 Y 的 $\varepsilon_{\lambda_2}^{X}$ 和 $\varepsilon_{\lambda_2}^{Y}$，根据吸光度加和性原则，可得

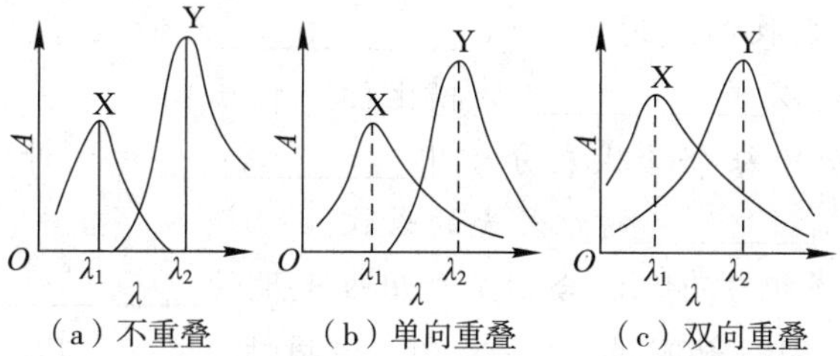

图 5-8　组分 x 和组分 y 吸收光谱的重叠情况

$$A_{\lambda_2}^{X+Y}=\varepsilon_{\lambda_2}^{X}bc_X+\varepsilon_{\lambda_2}^{Y}bc_Y \qquad (5-2)$$

由式（5-2）即可求得组分 Y 的浓度 c_Y。

③ X、Y 吸收光谱双向重叠。如图 5-8（c）所示，这时先在 λ_1 处测定混合物吸光度 $A_{\lambda_1}^{X+Y}$ 以及纯组分 X 和 Y 的 $\varepsilon_{\lambda_1}^{X}$ 和 $\varepsilon_{\lambda_1}^{Y}$。再在 λ_2 处测定溶液的吸光度 $A_{\lambda_2}^{X+Y}$ 以及纯组分 X 和 Y 的 $\varepsilon_{\lambda_2}^{X}$ 和 $\varepsilon_{\lambda_2}^{Y}$，根据吸光度加和性原则，可得

$$\begin{aligned} A_{\lambda_1}^{X+Y}&=\varepsilon_{\lambda_1}^{X}bc_X+\varepsilon_{\lambda_1}^{Y}bc_Y \\ A_{\lambda_2}^{X+Y}&=\varepsilon_{\lambda_2}^{X}bc_X+\varepsilon_{\lambda_2}^{Y}bc_Y \end{aligned} \qquad (5-3)$$

通过解方程组（5-3）即可得 c_X 和 c_Y。

应该指出，随着测量组分的增多，实验结果的误差也将增大，准确度降低。

3. 测量条件的选择

（1）入射光波长的选择一般以最大吸收波长 λ_{max} 为测量的入射光波长。因为在 λ_{max} 处 ε 最大，测定的灵敏度最高。

（2）吸光度读取范围的选择一般应控制待测液的吸光度在 0.2～0.7（T 为 20%～65%），A=0.434 时测定的相对误差最小。可以通过改变称样量、稀释溶液或选择不同厚度的吸收池来控制吸光度 A。

（3）参比溶液的选择原则是使试液的吸光度能真正反映待测物的浓度，作用是消除因溶剂或吸收池对入射光吸收和反射带来的误差。

4. UV-Vis 在农、林、水及其它学科的应用

（1）在土壤和植物分析中的应用

如在农业和林业上一些有重要意义的元素（NH_4^+ 中的 N、NO_3^- 中的 N、P、K、Ca、Mg、Si、S）以及微量元素（Fe、B、Mn、Cu、Zn 等）都可进行定量分析。

（2）污染物的成分及含量测定

如农药残留、空气污染物、食品污染物等的分析测定。

（3）动植物生物成分的分析

如动植物中蛋白质、氨基酸、DNA 的测定。

? 思考与练习题

5-1　紫外－可见吸收光谱是由待测物质分子中__________能级跃迁产生，红外光谱则是由待测物质分子的__________能级和__________能级跃迁产生。

5-2 紫外－可见吸收曲线通常是以____________为横坐标、____________为纵坐标，而标准工作曲线是以____________为横坐标。

5-3 UV-Vis 谱图中每个峰代表分子中____________对紫外－可见光的吸收，IR 谱图中每个峰代表____________对红外光的吸收。

5-4 光度法测定多组分有色混合物是利用吸光度的____________。

A. 加和性　　B. 兼容性　　C. 通用性　　D. 分配性

5-5 紫外－可见吸收光谱是由分子中____________、____________、____________这几种价电子在外层电子能级跃迁产生的。

5-6 在 UV-Vis 中，下列不属于影响吸收峰位置的内部因素是____________。

A. 溶剂效应　　B. 助色效应　　C. 共轭效应　　D. 超共轭效应

5-7 在紫外光区常用的光源为____________，在可见光区常用的光源为____________。

5-8 什么是分子吸光分析法？物质的紫外－可见吸收光谱如何表示？

5-9 物质为什么会有颜色？分子吸光分析法的理论基础是什么？

5-10 紫外－可见吸收光谱是如何产生的？常见的电子跃迁类型有哪些？

5-11 什么是发色团？什么是助色团？

5-12 影响紫外－可见吸收光谱的主要内部因素和外部因素是什么？

5-13 何为溶剂效应？为什么溶剂的极性增强时，$\pi \rightarrow \pi^*$ 跃迁的吸收峰发生红移，而 $n \rightarrow \pi^*$ 跃迁的吸收峰发生蓝移？

5-14 某化合物在己烷中的 λ_{max}=305 nm，在己醇中的 λ_{max}=307 nm。试问该吸收是由 $n \rightarrow \pi^*$ 还是由 $\pi \rightarrow \pi^*$ 跃迁引起的？

5-15 分光光度法的定量误差主要来自什么？采用哪些方法可以减小误差？

5-16 按顺序画出紫外－可见吸收光谱仪的结构简图，并说明各部件的作用。

5-17 有一种标准的 Pb^{2+} 溶液，质量浓度为 16.0 μg/L，显色后测得吸光度为 0.25；另含有 Pb^{2+} 试液，在同样条件下显色，测得吸光度为 0.32，求：1）试液中 Pb^{2+} 浓度；2）若 L=1.0 cm，求铅的摩尔吸收系数。（铅的分子量为 207）

5-18 1.0×10^{-3} mol/L 的 $K_2Cr_2O_7$ 溶液在波长 450 nm 和 530 nm 处的吸光度 A 分别为 0.200 和 0.050，1.0×10^{-4} mol/L 的 $KMnO_4$ 溶液在 450 nm 处无吸收，在 530 nm 处吸光度为 0.420。今测得某 $K_2Cr_2O_7$ 和 $KMnO_4$ 混合液在 450 nm 和 530 nm 处吸收光度分别为 0.380 和 0.710。试计算该混合液中 $K_2Cr_2O_7$ 和 $KMnO_4$ 的浓度。假设吸收池长为 10 mm。

数字课程学习

◆教学课件　　◆本章自测　　◆思考题

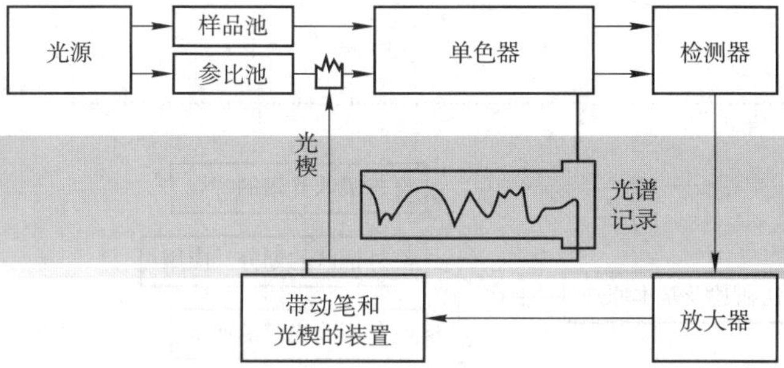

6

红外吸收光谱法

- **关键词**

红外吸收光谱，特征峰，相关峰，傅里叶变换

- **目的要求**

掌握红外吸收光谱的基本原理及红外吸收的必要条件；了解红外吸收光谱的影响因素；熟悉主要有机化合物在特征区和指纹区的特征吸收带；熟悉红外光谱仪的基本结构以及应用；培养学生的责任意识、综合分析能力和科学思维精神。

- **重点难点**

（1）重点：红外吸收光谱产生原理、特征峰、相关峰。

（2）难点：FT-IR、红外吸收光谱图。

知识导图

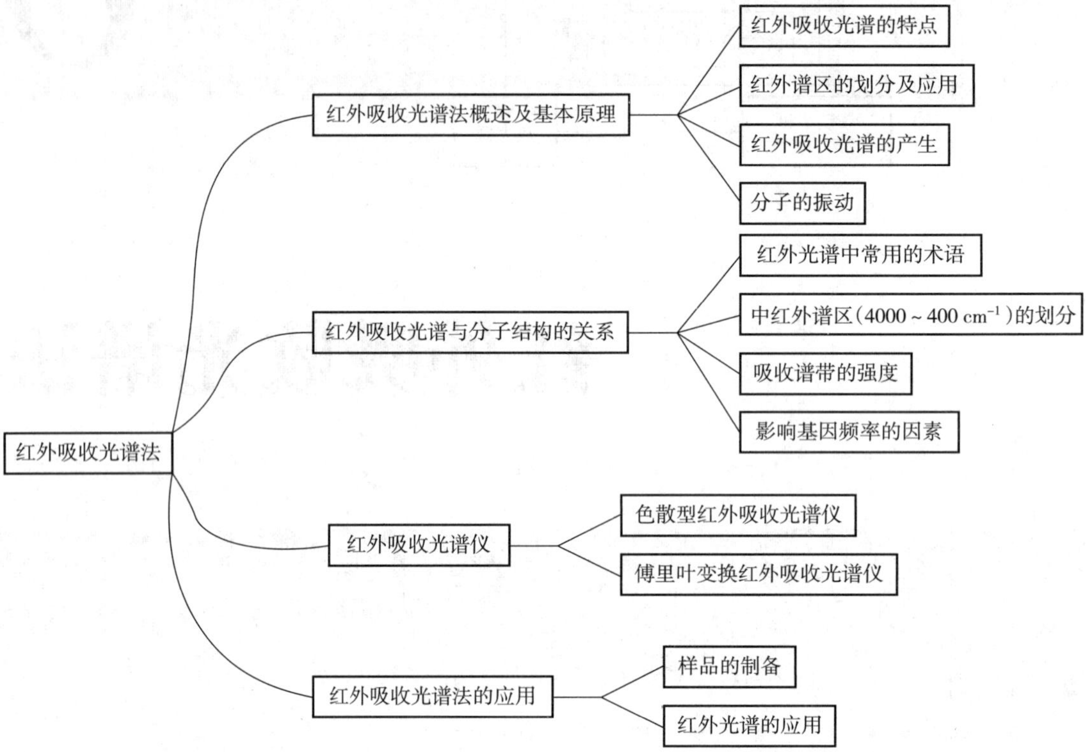

第一节　红外吸收光谱法概述及基本原理

红外吸收光谱（infrared absorption spectrum，IR）是利用物质分子对红外辐射的特征吸收来鉴别分子结构或定量的方法。它是分子内部原子间的相对振动以及分子转动带来的，是分子振动能级跃迁同时伴随着分子转动能级跃迁而产生的，因此红外光谱的吸收峰是有一定宽度的吸收带，为带状光谱。

红外吸收光谱（图 6-1）和紫外 - 可见吸收光谱（图 6-2）都是带状光谱。紫外 - 可见吸收光谱多以宽峰组成，图谱简单，特征性不明显；红外吸收光谱多以尖峰组成，图谱复杂，具有高度的特征性。通常紫外 - 可见吸收光谱的纵坐标为吸光度 A，横坐标为波长 λ（nm），即 A-λ 曲线；红外吸收光谱的纵坐标为透光率 T，横坐标为波长 λ（μm）或波数 σ（cm^{-1}），即 T–λ 或 T–σ 曲线。

一、红外吸收光谱的特点

1. 红外吸收光谱法的优点

（1）应用广泛，可分析各种形态的样品（所需能量低）；

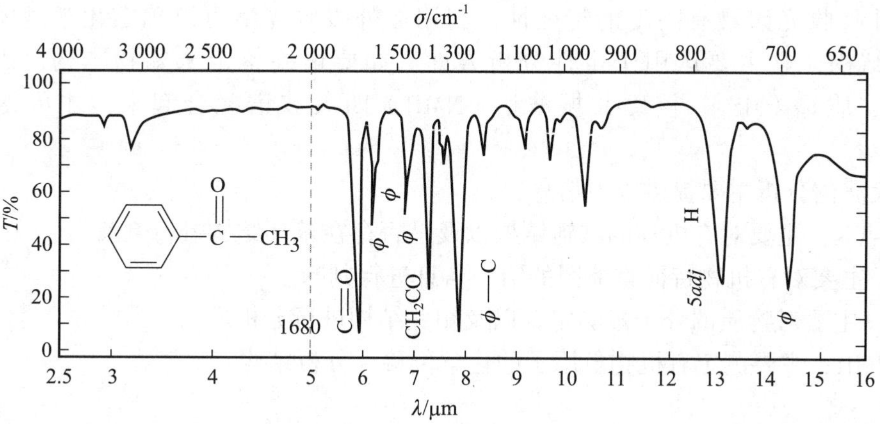

图 6-1 红外吸收光谱图

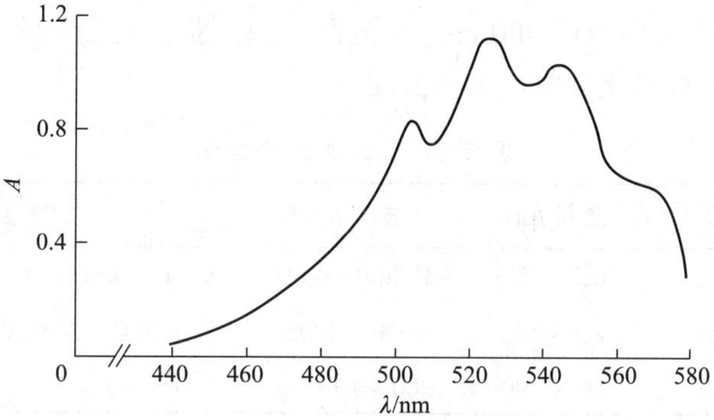

图 6-2 紫外 - 可见吸收光谱图

（2）高度的特征性，每个吸收峰代表某个基团的特定振动形式；

（3）样品用量少，可回收，属非破坏性分析，分析速度快；

（4）仪器构造较简单，价格较低，操作方便，容易普及应用。

2. 红外吸收光谱法的缺点

（1）虽然可以分析各种形态的样品，但要求样品纯度在 98% 以上。不太适用于水溶液及含水物质的分析。

（2）难以准确判断复杂化合物。

红外吸收光谱与紫外 - 可见吸收光谱虽然同属分子吸收光谱，但在光谱产生、研究对象、分析功能等方面并不相同（表 6-1）

表 6-1 红外吸收光谱与紫外 - 可见吸收光谱的比较

比较项目	红外吸收光谱	紫外 - 可见吸收光谱
光谱产生	分子振转能级的跃迁	电子能级的跃迁
研究对象	在振动中伴随着偶极距变化的化合物	不饱和化合物尤具是具有共轭体系的有机化合物
分析功能	既可定性又可定量及结构分析，非破坏性分析	既可定性又可定量，有时是试样破坏性分析

红外吸收光谱具有高度的特征性，利用红外吸收光谱可以确定化学基团和鉴定未知物结构，它主要运用于定性分析方面。如要最终鉴定未知物结构，需将UV-Vis、IR、质谱（MS）、核磁共振波谱（NMR）四大波谱配合起来，才可得出准确结论。

四大波谱分析主要提供以下信息：

UV-Vis：主要对有机物的共轭结构以及是否存在苯环结构进行判断。

IR：主要对有机物特征官能团的结构信息进行判断。

MS：主要对物质的分子量测定，以及相关结构进行分析。

^{1}HNMR：主要测定有机物氢原子的化学位移，分析结构。

二、红外谱区的划分及应用

为了研究应用的方便，我们把红外谱区划分成近红外区、中红外区、远红外区（表6-2）。其中中红外区（4 000 ~ 400 cm^{-1}）是目前应用最为广泛的红外光谱区。IR最重要的应用是中红外区有机化合物的结构鉴定。

表6-2　红外谱区的划分

分区类型	区域名称	波长/μm	波数/cm^{-1}	能级跃迁类型
近红外区	泛频区	0.78 ~ 2.5	12 800 ~ 4 000	X—H（X=C、O、N）键的倍频吸收
中红外区	基本振动区	2.5 ~ 50	4 000 ~ 400	分子振动/伴随转动
远红外区	分子转动区	50 ~ 1 000	200 ~ 10	分子转动

三、红外吸收光谱的产生

红外吸收光谱是分子振动能级跃迁同时伴随分子转动能级跃迁而产生的，是分子内部原子间的相对振动以及分子转动带来的。分子的振动能量比转动能量大，当分子发生振动能级跃迁时，不可避免地伴随着分子转动能级的跃迁。分子的振动－转动光谱称为红外光谱，它是具有一定频率范围的带状光谱。

物质分子产生红外吸收必须满足以下两个条件：

1. 红外辐射能量刚好等于振动跃迁所需能量。

2. 只有偶极矩发生变化的振动形式才能吸收红外辐射，即辐射与物质间有相互偶合作用。

（1）一般非极性完全对称双原子分子：没有偶极矩，辐射不能引起共振，无红外活性，如N_2、O_2等。

（2）对称多原子分子：没有偶极矩，但某些振动形式可以产生偶极矩变化，具有红外活性，如CO_2等。

（3）非对称分子：有偶极矩，具有红外活性，如HCl等。

除了对称分子外，几乎所有具有不同结构的化合物都有不同的红外光谱，谱图中的吸收峰与分子中各基团的振动特性相对应。所以，红外吸收光谱是确定化学基团、鉴定未知物结构的最重要的工具之一。

四、分子的振动

由于振动能量变化是量子化的，分子中各基团之间、化学键之间会相互影响，即分子振动的波数与分子结构和所处的化学环境有关。

1. 双原子分子的振动

先以最简单的双原子分子的纯振动来讨论。量子力学证明，分子振动的总能量为

$$\Delta E = h\nu \tag{6-1}$$

式 6-1 中：h 为普朗克常数；ν 为振动频率；c 为光速。

双原子分子中，两个原子以平衡点为中心，以很小的振幅作周期性伸缩振动。最简单的化学键振动非常类似于连接两个小球的弹簧，可以近似地看成沿键轴方向的简谐振动。根据胡克定律，它所吸收的红外光的波数 σ 为：

$$\sigma = \frac{1}{2\pi c}\sqrt{\frac{k}{\mu}} \approx 1307\sqrt{\frac{k}{\mu}} \tag{6-2}$$

式 6-2 中：σ 的单位为 cm^{-1}；k 为化学键力常数，是指将两个原子由平衡位置伸长至单位长度时的恢复力，与键能和键长有关，单位为 $N \cdot cm^{-1}$；μ 为双原子的折合质量，$\mu = m_1m_2/(m_1+m_2)$。

对于简单双原子分子的振动，可以通过公式计算出它的波数，大致知道它所吸收的红外光的位置。实际上，原子间距离是随着振动而改变，化学键力常数也会改变，分子振动并不是严格的简谐振动，故计算出的波数通常是大于实测值的。

振动能级跃迁能量：取决于化学键两端原子的折合质量和键的力常数，即取决于分子的结构特征。

化学键键强越强（即键的力常数 k 越大），原子折合质量越小，化学键振动频率越大，吸收峰在高波数区。

2. 多原子分子的振动

双原子分子只有一种振动方式——沿键轴方向（水平方向）的伸缩振动，而对于多原子分子则有多种振动方式——伸缩振动和弯曲振动。

（1）伸缩振动：原子沿键轴方向伸缩，键长发生变化而键角不变。一般出现在高波数区，又分为对称伸缩和不对称伸缩。不对称伸缩运动产生的吸收峰波数高于对称伸缩运动产生的吸收峰波数。

（2）弯曲振动（变形振动）：分子发生原子间的相对振动运动时，如果基团的键角发生变化而键长不变，这种振动称为弯曲振动或变形振动。一般出现在低波数区，分为面内变形和面外变形。变形振动的力常数比伸缩振动的力常数小，对于同一基团而言，变形振动产生的吸收峰的波数小于伸缩振动产生的吸收峰的波数。

（3）多原子分子振动形式的多少用振动自由度 N 表示。

① 非线型分了振动自由度 $N=3n-6$，如 H_2O 中 $N=3n-6=3\times3-6=3$，有 3 个自由度。

② 线型分子振动自由度 $N=3n-5$，如 CO_2 中 $N=3n-5=3\times3-5=4$，有 4 个自由度。（n 为组成分子的原子总数）。

红外吸收峰数目与分子振动自由度 N 有关。实际上大多数化合物的红外光谱图上出

现的吸收峰数目要小于理论计算数。其原因是：

① 偶极矩变化 $\Delta\mu=0$ 的振动，不产生红外吸收；

② 能量相同的振动，简并为一个吸收峰；

③ 由于仪器的分辨率、灵敏度或检测波长范围不够，有些谱峰观察不到。

第二节 红外吸收光谱与分子结构的关系

一、红外光谱中常用的术语

1. 特征峰：在有机化合物分子中，组成分子的各基团（官能团）都有自己特定的红外吸收区域。通常把能代表某种基团存在并具有较高强度的吸收峰称为特征吸收峰。

2. 相关峰：一个基团除了特征峰外，还有许多其它形式的吸收峰，它与特征峰可相互依存，又可相互佐证，这样的吸收峰叫相关峰。如：基频吸收峰、倍频吸收峰、合频吸收峰、泛频吸收峰等。

3. 基频吸收峰：分子由基态振动能级向第一振动激发态跃迁，这种跃迁发生的概率最大，吸收峰强度最强，称为基频吸收峰。一般特征吸收峰都是基频吸收峰。

4. 倍频吸收峰：分子由基态振动能级向第二、第三等振动激发态跃迁所产生的吸收峰。倍频吸收峰往往不是基频吸收峰波数的整倍数，而是略小些。

以盐酸为例，说明基频吸收峰与倍频吸收峰的关系（表 6–3）。基频吸收峰最强，从二倍到五倍频吸收峰的波数并不是基频吸收峰的整数倍，而是略小些。产生跃迁的概率逐渐减小，所以吸收峰的强度也逐渐减弱，甚至不能测出。我们主要是研究各基团的基频吸收峰。

表 6–3 盐酸的基频吸收峰与信频吸收峰

吸收峰类型	波数 /cm^{-1}	能量强度
基频吸收峰	2 885.9	最强
二倍频吸收峰	5 668.0	较弱
三倍频吸收峰	8 346.9	很弱
四倍频吸收峰	10 923.1	极弱
五倍频吸收峰	13 396.5	极弱

5. 合频吸收峰：在两个以上基频吸收峰波数之和或差处出现的吸收峰。

6. 泛频吸收峰：由倍频吸收峰与合频吸收峰组成。

二、中红外谱区（4 000 ~ 400 cm^{-1}）的划分

红外谱区中的中红外谱区（4 000 ~ 400 cm^{-1}）是研究应用最广泛的区域，常见的有机物官能团在此区域会产生吸收带。以中红外谱区为例来了解基团特征频率与红外光谱的关系。

按红外光谱与分子结构的关系，将中红外谱区分为：特征区（4 000 ~ 1 300 cm^{-1}）

和指纹区（1 300 ~ 400 cm^{-1}）。

1. 特征区也称官能团区：将 4 000 ~ 1 300 cm^{-1} 区域称为官能团区，有机化合物主要官能团的特征吸收峰多在此区域。该区吸收峰较稀疏，容易辨认。通过对该区域特征峰的查找，可以判断是否有某官能团存在。

官能团区又可划分为 4 个区域：

（1）4 000 ~ 2 500 cm^{-1}　X—H 伸缩振动区（X=O、N、C、S）

（2）2 500 ~ 2 000 cm^{-1}　三键、累积双键伸缩振动区

（3）2 000 ~ 1 500 cm^{-1}　双键伸缩振动区

（4）1 500 ~ 1 300 cm^{-1}　X—H 变形振动区

2. 指纹区：将 1 300 ~ 400 cm^{-1} 区域称为指纹区，含 C 单键伸缩振动、各种变形振动在这个区域。该区域内吸收峰密集，多变复杂，犹如人的指纹。通过在该区域查找相关吸收峰，可以进一步确定官能团的存在。指纹区的主要价值是它可表征整个分子的结构特征，常用于分析有关基团所处环境或比较化合物同一性和鉴定同分异构体。

同样地，指纹区也可划分为 2 个区域：

（1）1 300 ~ 900 cm^{-1}，X—C 伸缩振动区（X=C、O、N、P、S）

（2）900 ~ 400 cm^{-1}，苯环面外弯曲振动区

三、吸收谱带的强度

1. 偶极矩是否变化决定分子能否产生红外吸收，偶极矩变化大小决定红外吸收谱带的强度。根据量子化学理论，红外吸收谱线强度与分子偶极矩变化的平方成正比。

偶极矩变化与振动对称性有关：对称性越高，振动中分子偶极矩变化越小，谱带强度也就越弱。

偶极矩变化与固有偶极矩有关：一般极性较强的基团（如 C═O，C—X 等）振动，吸收强度较大；极性较弱的基团（如 C═C、C—C、N═N 等）振动，吸收较弱。

2. 红外光谱的吸收强度一般定性地用很强（vs）、强（s）、中强（m）、弱（w）和极弱（vw）等表示。按摩尔吸光系数 ε 大小划分吸收峰强弱等级。

$\varepsilon \geqslant 100\ L \cdot mol^{-1} \cdot cm^{-1}$：极强峰（vs）

$20\ L \cdot mol^{-1} \cdot cm^{-1} \leqslant \varepsilon < 100\ L \cdot mol^{-1} \cdot cm^{-1}$：强峰（s）

$10\ L \cdot mol^{-1} \cdot cm^{-1} \leqslant \varepsilon < 20\ L \cdot mol^{-1} \cdot cm^{-1}$：中强峰（m）

$1\ L \cdot mol^{-1} \cdot cm^{-1} \leqslant \varepsilon < 10\ L \cdot mol^{-1} \cdot cm^{-1}$：弱峰（w）

四、影响基团频率的因素

如前所述，基团频率主要由基团中原子的质量和原子间的键力常数决定，还受分子的内部结构和外部因素影响。各种化合物中，相同基团的特征吸收并不总在一个固定频率上。影响基团特征吸收频率的内部因素有诱导效应、共轭效应、空间效应、氢键效应；影响基团特征吸收频率的外部因素有物态效应、溶剂效应。

1. 影响基团频率的内部因素

（1）诱导效应：它引起基团中电荷分布的变化，从而引起化学键力常数的变化，改变了基团的特征频率。随着取代基电负性的增大及取代数目的增多，诱导效应增强，吸

收峰向高波数方向移动的程度越显著。一般吸电子基团使吸收峰向高波数方向移动，推电子基团使吸收峰向低波数方向移动。

（2）共轭效应：它使共轭体系中的电子云密度平均化，使原来双键电子云密度下降，力常数减小，吸收峰向低波数方向移动。

（3）空间效应：包括空间位阻效应、环张力效应等。当共轭体系的共平面性被偏离或破坏时，空间位阻增大，体系不能很好地共平面，吸收频率向高波数方向移动。对于环状化合物，环内双键和环外双键的影响不同。环内双键随环张力增加而减弱，其伸缩振动频率降低；相反，环外双键随环张力增加而增强，其伸缩振动频率增高，峰强度也增加。

（4）氢键效应：氢键（分子内氢键和分子间氢键）对峰位、峰强产生极明显影响，氢键使电子云密度平均化，参与氢键的原化学键力常数降低，吸收频率向低波数方向移动，谱带变宽。

2. 影响基团频率的外部因素

（1）物态效应：同一物质物态不同，峰的数目、峰形、峰位、峰强都有明显变化。固态试样红外光谱的吸收峰尖锐且多，定性最可靠。

（2）溶剂效应：溶质分子中的极性基团的伸缩振动频率常随溶剂极性增加而降低，峰强增大。因此在测定溶液的红外光谱时，应尽量在非极性稀溶液中测定。红外光谱测定中常用的溶剂是 CS_2、CCl_4 和 $CHCl_3$。

第三节　红外吸收光谱仪

用于测量和记录待测物质的红外吸收光谱并进行定性、定量及结构分析的仪器称为红外吸收光谱仪。

红外吸收光谱仪主要有两种类型：色散型和干涉型（傅里叶变换型）。

一、色散型红外吸收光谱仪

色散型红外光谱仪与紫外－可见光谱仪结构类似，也是由光源、样品池、单色器、检测器和记录系统等部分组成。它们最基本的区别是：色散型红外光谱仪的参比和样品也是放在光源和单色器之间，而紫外－可见光谱仪则是放在单色器的后面。这是因为红外辐射能量较小，不会引起试样的光化学分解，同时可使来自试样和吸收池的杂散辐射减至最低。色散型红外吸收光谱仪是指用棱镜或光栅作为色散元件的红外光谱仪，最常见的是双光束自动扫描色散型红外吸收光谱仪（图 6–3）。

1. 工作原理

从光源发出的红外光被分为等强度的两束光，一束通过参比池，一束通过样品池；两束光由斩光器交替单色器色散，扫描电机控制光栅或棱镜的转角，使色散光按频率由高至低依次通过单色器的出射狭缝，聚焦在检测器上；扫描电机以光栅或棱镜的转动速率同步转动记录纸，使其横轴记录单色光的频率。若两束光光强相等，即样品没有吸收，检测器上没有交变信号的输出；若样品有吸收，检测器即产生一个交变信号。交变信号经放大、整流后，驱动伺服电机同步带动记录笔和光楔上下移动，在记录纸上画出

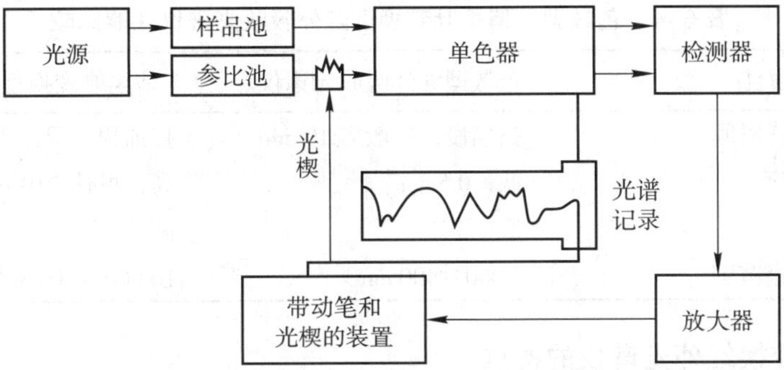

图 6-3 双光束色散型红外吸收光谱仪

吸收峰强度随频率变化的曲线，即红外吸收光谱。

2. 仪器的基本构成

（1）光源 其作用是发射高强度连续红外辐射。常用光源有能斯特灯和硅碳棒。能斯特灯是用氧化锆、氧化钇和氧化钍烧结而成的中空棒或实心棒，特点是在高波数区有更强的发射强度，稳定性好，使用寿命长，但机械强度差，价格贵。硅碳棒是由碳化硅烧结而成的实心棒，坚固耐用，操作方便。

（2）单色器 其作用是把进入的复合光色散为单色光。用光栅作为单色器，目前多采用分辨率高、价格便宜的复制闪耀光栅。

（3）吸收池 其作用是用于放置试样。由于玻璃和石英对中红外光有强烈吸收，红外吸收池须使用可透过红外光的岩盐，如 KBr、NaCl、CsI 等制成窗片。在实际操作中，须保持恒湿，且试样干燥，以避免盐窗吸潮模糊。

（4）检测器 其作用是将经色散的红外光谱的各谱线强度转变成电信号。分为热检测器（真空热电偶、热释电检测器和气体 Golay 检测器）和光检测器（硒化铅 PbSe）。光检测器比热检测器灵敏，但需要液氮低温冷却。

（5）记录系统 其作用是将电信号经放大器放大后，获得红外吸收光谱图。

二、傅里叶变换红外吸收光谱仪

傅里叶变换红外吸收光谱仪（FT-IR）是一种新型的红外光谱仪（图 6-4）。它的工作原理跟色散型红外吸收光谱仪截然不同（表 6-4）。傅里叶变换红外吸收光谱仪没有单色器，取而代之的是干涉仪。光源辐射的光经过干涉仪转变为干涉光通过试样，光信息经傅里叶变换，解析成普通光谱图。傅里叶变换红外光谱仪由迈克尔孙干涉仪替代了单色器，产生干涉图。

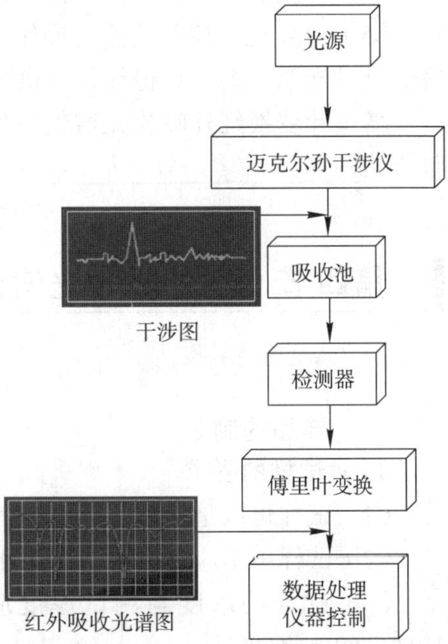

图 6-4 傅里叶变换红外吸收光谱仪

表 6-4 色散型、傅里叶变换型红外吸收光谱仪性能比较

比较项目	色散型红外吸收光谱仪	傅里叶变换型红外吸收光谱仪
测定图谱时间	扫描慢，一般需 10 min	扫描快，只需 1 s 甚至更短
波数精度	低，0.5 cm^{-1}	高，可达 0.01 cm^{-1}
灵敏度	低	高
测定光谱范围	4 000 ~ 400 cm^{-1}	10 000 ~ 10 cm^{-1}

1. 傅里叶变换红外光谱仪的特点

（1）优点：扫描速度极快（1 s），适合与色谱仪器联用；分辨率高，波数精度可达 0.01 cm^{-1}；不需要分光，仪器小巧，测定光谱范围宽（10 000 ~ 10 cm^{-1}）；灵敏度与信噪比高，检出限可达 10^{-9} ~ 10^{-12} g。

（2）缺点：结构复杂，价格昂贵。

2. 傅里叶变换红外光谱仪的工作原理

将样品放入光路中，样品吸收了其中某些频率的红外光，就会使干涉图的强度发生变化。很明显，这种干涉图包含了红外光谱的信息，但不是我们能看懂的红外光谱。经过计算机进行复杂的傅里叶变换，就能得到吸光度或透光率随频率（或波数）变化的普通红外光谱图了。

3. 傅里叶变换红外光谱仪各个部件的作用

（1）光源　其作用是发射出稳定、高强度的连续红外光，一般为硅碳棒或高压汞灯。

（2）迈克尔孙干涉仪　由定镜、动镜、分束器和探测器组成，核心部件是分束器。

（3）吸收池　分为液体池和气体池，固体样品常与溴化钾混匀压成片状测定。

（4）检测器　分为热检测器和光检测器两大类。

（5）计算机　控制仪器的操作，从检测口截取干涉谱数据，对其进行傅里叶变换计算，处理光谱数据，获得红外光谱图。

傅里叶变换红外吸收光谱仪与色散型红外吸收光谱仪的最主要区别就在于干涉仪和计算机两部分。

第四节　红外吸收光谱法的应用

一、样品的制备

1. 对试样的要求

（1）试样可以是液态、固态、气态，但要求试样有较高的纯度（高于98%）。

（2）试样中不应含有水，因为水本身会有红外吸收，并会侵蚀盐窗。

（3）试样的浓度与测试厚度应适当，以使光谱图中大多数吸收峰的透射比在10% ~ 80%之间。

2. 制样方法

样品可以是气、液、固态，以固态样品最为方便。固体样品主要采用 KBr 压片法制样。KBr 压片法是这样操作的。取 1 ~ 3 mg 固体样品与 300 mg 光谱纯的 KBr 干燥粉末，共同置于玛瑙研钵中，充分研磨并在红外灯下烘干，混匀，制成薄片，放在光路中测定。由于 KBr 在 4 000 ~ 400 cm^{-1} 谱区无吸收，因此可得到全波段的红外光谱图。

二、红外光谱的应用

1. 定性分析

红外吸收光谱法广泛用于有机化合物的定性鉴定。

对简单化合物的鉴定，通常是将试样谱图与标准谱图对照或与相关文献上的谱图对照。如果制样方法、测定条件都相同，记录到的红外光谱图的吸收峰位置、形状和强度都一样，即可判定试样和标样为同一物质。目前最常用、最方便的比较方法是用计算机进行检索，计算机谱图库有数万张各种类别物质的谱图，可以自动检索。

2. 定量分析

物质对红外光的吸收符合朗伯 – 比尔定律，能对单一组分和多组分进行定量测定，并不受样品状态的限制（试样无需进行前处理）。但用红外光谱进行定量测定的灵敏度较低，实验误差较大，不适于微量组分的测定。

3. 未知物结构的测定

应用红外光谱测定有机化合物的结构是红外光谱法定性分析的一个重要用途，但鉴定复杂的化合物结构，需要将红外光谱和紫外 – 可见光谱、质谱、核磁共振谱及化学分析相结合进行。红外光谱解析原则如下：

（1）了解与试样性质有关的资料和数据

了解试样来源、元素分析值、分子量、熔点、沸点、溶解度、折射率、旋光率等，作为定性分析的旁证。

（2）计算不饱和度

根据试样的元素分析值及分子量得出化学式并计算化合物的不饱和度（Ω）：

$$\Omega=1+n_4+(n_3-n_1)/2 \qquad (6\text{-}3)$$

式（6-3）中，n_4、n_3、n_1 分别为分子中所含的四价、三价和一价元素原子的数目。通常规定双键（C═C、C═O 等）和饱和环状结构的 Ω=1；三键（C≡C、C≡N 等）、两个双键、一个双键和一个环、两个环的 Ω=2；苯环的 Ω=4。需要指出，二价原子如氧、硫等不参与计算。

（3）图谱解析

解析图谱一般先从官能团区（4 000 ~ 1 300 cm^{-1}）开始，找出化合物可能含有的官能团，判断不可能含有的官能团。再根据指纹区（1 300 ~ 670 cm^{-1}）的谱带进一步验证，找出可能含有该官能团的相关峰，用一组相关峰证实该官能团的存在，并进一步确定官能团在分子中的结构细节。

几种红外标准谱图：

① Sadtler（萨特勒）标准红外光谱图；

② Aldrich 红外谱图库；

③ Sigma Fourier 红外光谱图库。

4. 红外吸收光谱法的应用

（1）在有机分析方面的应用

（2）在无机分析方面的应用

（3）利用红外光谱研究络合物

（4）在高分子化合物上的应用

（5）在农业中及在食品检测中的应用

例如：在食品加工和贮藏过程中组成变化的监控和动力学行为的研究。

——检测粮食储存过程中水分、蛋白质、氨基酸的变化；

——测定牛奶、肉品中蛋白质和脂肪含量；

——测定果蔬的品质参数（甜度、酸度、脆度以及内部有无病虫害等）。

思考与练习题

6-1 红外吸收光谱给出分子结构的信息是____________。

A. 分子量　　B. 骨架结构　　C. 官能团　　D. 连接方式

6-2 中红外光谱区中，____________ cm^{-1} 区域的吸收峰是由伸缩振动产生的，基团的特征吸收一般位于此范围，它是鉴别最有价值的区域，称为____________区；____________ cm^{-1} 区域中，当分子结构稍有不同时，该区域的吸收就会有细微的不同，称为____________区。

6-3 红外光谱中官能团区和指纹区是如何划分的？有何实际意义？

6-4 紫外－可见分光光度计和红外分光光度计的光路设计是____________。

A. 都是先分光后吸收　　B. 前者是先分光后吸收，后者是先吸收后分光

C. 都是先吸收后分光　　D. 前者是先吸收后分光，后者是先分光后吸收

6-5 红外吸收光谱仪可分为色散型和傅里叶变换型两大类型，分别从测定速度、灵敏度、分辨率、测定范围等方面比较说明二者性能的差异。

6-6 红外光谱是如何产生的？红外光谱区波段是如何划分的？

6-7 产生红外吸收的条件是什么？是否所有的分子振动都会产生红外吸收光谱？为什么？

6-8 影响红外吸收光谱峰位置的主要因素有哪些？

6-9 试说明影响红外吸收峰强度的主要因素有哪些？

6-10 分别在 905 g/L 乙醇和正己烷中测定 2- 戊酮的红外吸收光谱，试预计 $\nu_{C=O}$ 吸收带在哪一溶剂中出现的频率较高？为什么？

6-11 什么是基频峰、倍频峰、合频峰、泛频峰？

6-12 顺 -1，2- 环戊二醇的 CCl_4 稀溶液在 3 620 cm^{-1} 及 3 455 cm^{-1} 处出现两个吸收峰，为什么？

6-13 红外吸收光谱对待测样品有何要求？液体或固体试样一般都必须制成什么形式，再放在光路中进行测定？

6–14 根据下述键力常数 k 的数据，计算各化学键的振动频率（波数）：

（1）乙烷的 C—H 键，k=5.1 N/cm；（2）乙炔的 C—H 键，k=5.9 N/cm；（3）苯的 C═C 键，k=7.6 N/cm；（4）甲醛的 C═O 键，k=12.3 N/cm；由所得计算值，你认为可以说明一些什么问题？

6–15 HF 中键的力常数约为 9 N/cm。

（1）计算 HF 的振动吸收峰频率；（2）计算 DF 的振动吸收峰频率；

6–16 傅里叶变换红外光谱仪的突出优点是什么？

数字课程学习

◆教学课件　　　◆本章自测　　　◆思考题

7

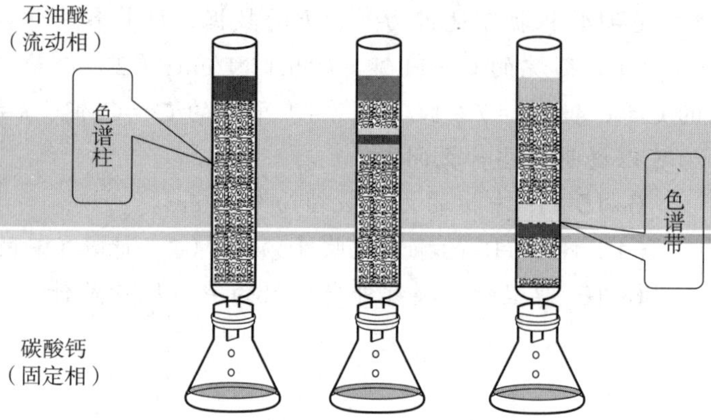

色谱分析法导论

● **关键词**

色谱法，色谱分析法，色谱图，塔板理论，速率理论，色谱定性分析，色谱定量分析

● **目的要求**

了解色谱法的分类、色谱流出曲线和有关术语；理解分离度的含义；了解色谱法的基本理论；掌握色谱基本的定性和定量分析方法；培养学生分析问题、解决问题的综合能力；培养学生的责任意识；培养学生精益求精的工匠精神。

● **重点难点**

（1）重点：色谱分离过程、色谱基本的定性和定量分析方法。

（2）难点：塔板理论、速率理论（范第姆特方程）。

▶▶ 知识导图

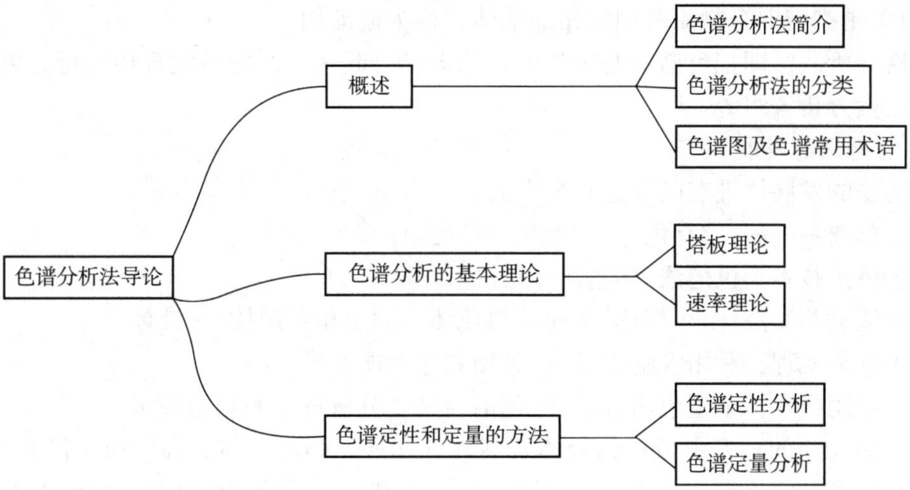

第一节 概述

一、色谱分析法简介

1. 色谱法的创立

色谱法是将待分析混合物中各组分在两相（即流动相 + 固定相）中进行分离的方法（图 7-1）。

色谱法是一种分离技术，它是由俄国植物学家茨维特于 1906 年创立的。他在研究植物叶中的色素时，先用石油醚浸提植物叶中的色素，然后将浸提液注入一根填充 $CaCO_3$ 的直立玻璃管的顶端，再用石油醚自上而下进行淋洗，淋洗结果使玻璃管内的植

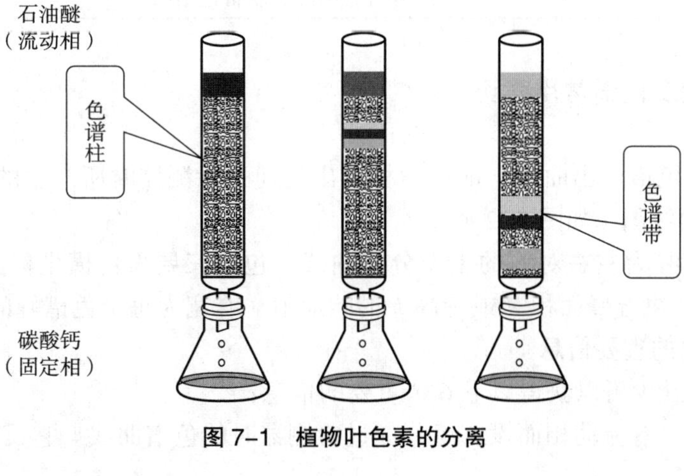

图 7-1 植物叶色素的分离

物色素被分离成具有不同颜色的谱带。

茨维特把这种分离方法称为色谱法，把这根玻璃管称为色谱柱。可以看到，任何色谱法都包含两相：管（柱）内填充物（碳酸钙）是固定不动的，称为固定相；而淋洗剂（石油醚）是携带混合物流过固定相的液体，称为流动相。

色谱分析法，即把色谱法与适当的检测器结合起来，既能对混合物进行分离，又能定性与定量分析各组分。

2. 色谱法的发展

色谱法的发展体现在以下这几个方面：

（1）分离物类型："有色"→"无色"待测液。

（2）色谱技术：色谱法 → 色谱分析法。

（3）流动相：液体 → 气体 → 超临界流体；固定相：固体 → 液体。

（4）分离机理：利用吸附差异 → 利用其它性能差异。

（5）联用技术：单型色谱分析 → 色谱与其它分析技术的联用分析。

其中流动相的相态由最初的液体发展到气体和超临界流体，即构成了液相色谱法、气相色谱法和超临界流体色谱法；色谱法还能与其它仪器分析法联用，优势互补，构成了新的联用分离分析法。

二、色谱分析法的分类

色谱分析法可以从不同角度进行分类，如表 7–1 所示。其中，按分离原理的差异，可分为吸附色谱、分配色谱、离子交换色谱、凝胶色谱等四种基本类型，而事实上现已派生出亲和色谱、手性色谱等 10 种色谱法。

表 7–1　色谱分析法的分类

分类依据	色谱名称
流动相状态	气相色谱、液相色谱、超临界流体色谱
固定相状态	气固色谱、气液色谱 、液固色谱、液液色谱
操作形式	柱色谱、平板色谱（纸色谱和薄层色谱）
分离原理	吸附色谱、分配色谱、离子交换色谱、凝胶色谱
分析目的	分析色谱法、制备色谱法

三、色谱图及色谱常用术语

1. 色谱图

色谱图又叫色谱流出曲线，即色谱柱流出物通过检测器时所产生的信号强度（mv）对时间（t）的曲线图（如图 7–2 所示）。

正常的色谱峰为左右对称的正态分布曲线。包含三要素：横坐标为组分出峰时间（min）；纵坐标为组分峰面积 A 或峰高 h 的响应值；峰宽为每个色谱峰的柱效。

2. 色谱图中的重要信息

从色谱图中至少可以获得以下 6 个重要的信息：

（1）基线，只有流动相而没有组分通过检测器时的色谱曲线。它反映了检测器稳定

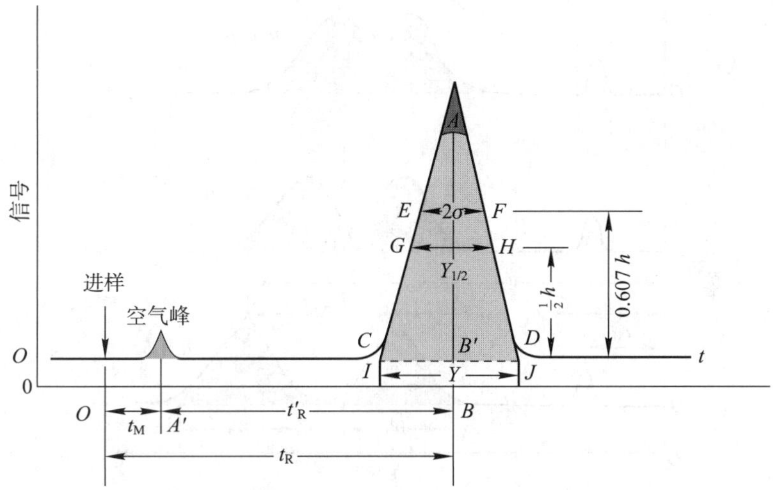

图 7–2 色谱流出曲线

性随时间变化而变化的情况，正常的基线是一条平稳的直线。

（2）保留时间 t_R 或保留体积 V_R，是指组分从进样到出现峰最大值时所需的时间（t_R）或所消耗的流动相的体积（V_R）。可作为色谱定性的指标。

死时间 t_M，不能被固定相滞留的组分从进样到出现峰最大值时所需的时间。

调整保留时间 t'_R，扣除死时间后的保留时间。

相对保留值 $\gamma_{2,1}$ 或 $\gamma_{i,s}$，在相同操作条件下，组分 2（或 i）与参比组分 1（或 s）的调整保留时间之比。

$$\gamma_{2,1}=\frac{t'_{R(2)}}{t'_{R(1)}}$$

（3）峰高 h 或峰面积 A，峰高 h 是从峰的最大值到峰底的距离；峰面积 A 是指色谱峰与峰底之间的面积。它们都是色谱定量的指标。

（4）峰形（峰宽 Y），是评价色谱柱分离效能（简称柱效）的依据。峰形（或峰宽）越窄，说明柱效越高。

在图 7–2 中，$Y=4\sigma$，其中 σ 为标准偏差。

（5）分离度 R，能表明色谱柱对各组分的选择性，是评价色谱分离条件的选择是否适宜的指标。

分离度 R 定义为相邻两色谱峰的保留时间之差与两峰宽度平均值之比。

$$R=\frac{2\left(t_{R_2}-t_{R_1}\right)}{Y_1+Y_2}$$

如图 7–3 所示，当 $R<1$ 时，两峰未能完全分离；当 $R=1$ 时，两峰之间还有 2% 的重叠；而 $R=1.5$ 时可以认为两峰完全分离了。

（6）色谱峰的个数，根据色谱峰的个数，可以判断样品中所含组分的最少个数。

3. 色谱分配平衡

分配平衡，即色谱分析中，在一定温度下，组分在固定相和流动相之间所达到的平衡。通常采用分配系数 K 和分配比 k' 这两个热力学因子来表示。

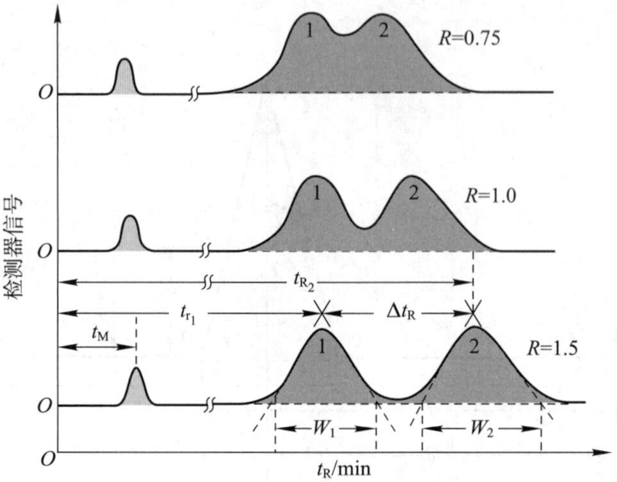

图 7–3 不同分离度时色谱峰分离的程度

（1）分配系数 K，是指组分在两相之间分配达到平衡时，该组分在固定相和流动相中的浓度之比。即

$$K=\frac{\text{组分在固定相中的浓度}}{\text{组分在流动相中的浓度}}=\frac{c_s}{c_m}$$

所以当分配系数 K 大时，保留时间 t_R 也长，两者呈正比关系。

（2）分配比（也称为容量因子 k'），是指组分在两相中分配达到平衡时，组分在固定相与流动相中的质量之比（或称为分子数之比，也是热力学因子）。即

$$k'=\frac{\text{组分在固定相中的分子数}}{\text{组分在流动相中的分子数}}=\frac{N_s}{N_m}$$

分配系数 K 与容量因子 k' 也呈正比关系。

分配比与保留时间的关系也可表示为：

$$k'=\frac{t'_R}{t_M}=\frac{t_R-t_M}{t_M}$$

（3）混合组分的色谱分离过程，如图 7–4 所示。由物质 A 和 B 组成的混合物随着流动相进入色谱柱，在柱内，A、B 都时刻在两相（固定相和流动相）之间进行着分配过程。由于 A、B 两组分的分配系数不同（即 $K_A \neq K_B$），它们与固定相的作用力就不同，导致它们在柱中的前进速率不同，A、B 两组分彼此分离开，先后流出色谱柱，在记录仪上出现了两个保留值不同的色谱峰。

由此我们可以得出，色谱分离实际是色谱体系热力学过程和动力学过程的综合表现。其中热力学过程是指与组分在体系中分配系数相关的过程，即各组分应具有不同的 K 值，这是实现色谱良好分离的内因。

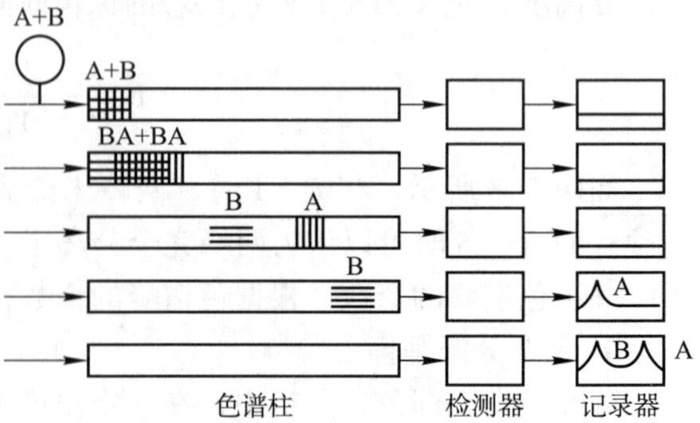

图 7–4 色谱分离过程示意图

而动力学过程是指组分在该体系两相间扩散和传质的过程。它决定了分离效能，所以柱效要高。

除此之外，还需要流动相的不间断流动，这是实现色谱良好分离的外因。

第二节 色谱分析的基本理论

一、塔板理论

是把（整个）色谱柱比拟为一座分馏塔，将连续的色谱分离过程分割成多次的平衡过程的重复，有 4 个基本假设，即迅速平衡假设、间歇前进假设、无纵向扩散假设和分配系数恒定假设。塔板理论想象柱中有若干层的塔板，如果色谱柱的总长度为 L，每一块塔板高度为 H，则色谱柱中的塔板（层）数为

$$n=\frac{L}{H}$$

塔板数 n 和板高 H 可以作为描述柱效能的指标。因此塔板数 n 越大，板高 H 就越小，柱效能就越高，分离得越好。

由于 t_M 不直接参与分配过程，所以计算出来的 n 和相应的 H 实际上是理论塔板数和理论塔板高度。塔板数 n 与色谱峰的宽度 Y 和 $Y_{1/2}$ 有如下的关系：

$$n=5.54\left(\frac{t_R}{Y_{1/2}}\right)^2=16\left(\frac{t_R}{Y}\right)^2$$

用扣除 t_M 因素的 t'_R 来计算 n，得到的塔板数和塔板高度可作为有效的塔板数和有效的塔板高度。

$$n_{有效}=5.54\left(\frac{t'_R}{Y_{1/2}}\right)^2=16\left(\frac{t'_R}{Y}\right)^2$$

$$H_{有效}=\frac{L}{N_{有效}}$$

塔板理论的贡献在于，提出了 n 和 H 可作为有效评价色谱柱效的指标。而塔板理论的不足点在于，这个理论是建立在一系列的基本假设之上，而且某些假设是不严格的。

所以它无法解释为什么同一色谱柱在不同流速下的柱效不同，同时未能指出影响柱效的因素及提高柱效的途径和方法。

二、速率理论

速率理论的贡献在于，在塔板理论的基础上，结合了影响板高的动力学因素，提出了范第姆特方程，并根据方程式进一步得到柱效能与流速的关系曲线（H–u 曲线）。

1. 范第姆特方程

$$H=A+B/u+Cu \qquad (7\text{–}1)$$

方程 7–1 给出了影响板高 H 的三项主要因素是，涡流扩散项 A、分子扩散项 B/u 和传质阻力项 Cu。由此可见，只有在 A、B、C 三项较小的情况下，板高 H 才可能小，峰形才可能变窄，柱效能才会提高。

（1）涡流扩散项 A　图 7–5 是一张色谱柱的剖面图，它形象地描述了流动相中的组分分子在固定相中运行的情况。组分分子随着流动相在柱中向前运行时，总会碰到固定相的小颗粒，使前进受阻，即改变前行方向而形成类似“涡流”的垂直方向的流动。涡流的产生使组分分子未能同步前进，最终的结果表现为到达检测器有先有后，使色谱峰变宽。

显然，涡流扩散的严重程度取决于柱子的填充不均匀因子 λ 和固定相的平均颗粒大小 d_p（$A = 2\lambda d_p$）。要减小 A 值，需要提高固定相颗粒的细度和填充的均匀性。

空心毛细管柱 $A=0$，柱效较高。

（2）分子扩散项 B/u　待测组分在柱子中由于浓差梯度而形成纵向扩散，使组分分子不能同时到达检测器，引起峰形变宽（图 7–6）。

方程式中系数 $B=2\gamma D$（其中 γ 为弯曲因子，D 为组分在流动相中的扩散系数，D_g 则为组分在气相中的扩散系数），B 等于弯曲因子乘以组分在气相中的扩散系数。组分分子在气相中的扩散要比在液相中的扩散严重得多，因此在液相色谱中，分子纵向扩散的影响可以忽略。

又因组分在气相中的扩散系数 $D_g \propto (M_{载气})^{-1/2}$，如果要减小纵向扩散的影响，应

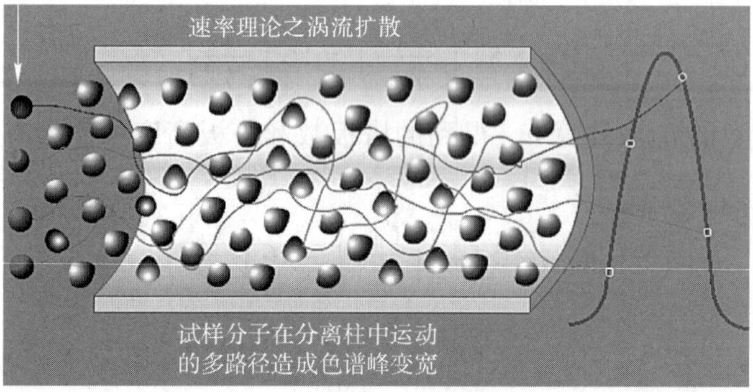

图 7–5　涡流扩散示意图

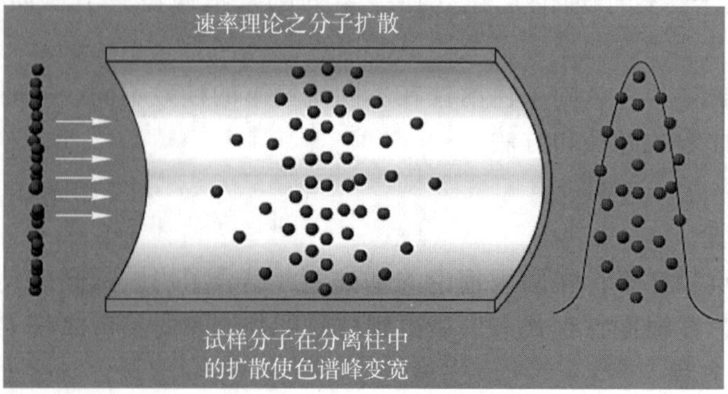

图 7–6　分子扩散示意图

采用较高的载气流速，并选择分子量较大的气体作为载气。

（3）传质阻力项 Cu　这一项中的系数 C 包括流动相传质阻力系数 C_m 和固定相传质阻力系数 C_s（即 $C = C_m+C_s$）（图 7–7）。

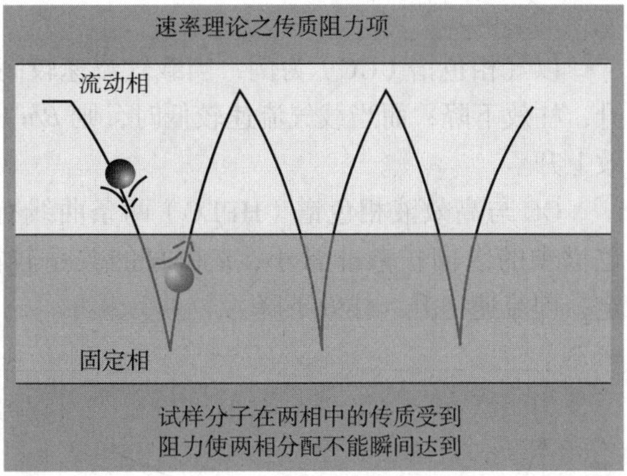

图 7–7　传质阻力示意图

C_m 是指组分分子从流动相移向固定相表面进行两相之间的质量交换时所受到的阻力（即流动相传质阻力）。

C_s 指组分分子随流动相进入固定相之后，扩散到固定相内部，达到分配平衡后，又回到界面，再逸出界面，被（新的）流动相带走这一过程所受到的阻力（即固定相传质阻力）。

对于气液色谱，系数 C 包括气相传质阻力系数 C_g 和液相传质阻力系数 C_l，（即 $C=C_g + C_l$）。

$$C_g = \frac{0.01k^2}{(1+k)^2} \cdot \frac{{d_p}^2}{D_g} \qquad (7\text{–}2)$$

从式 7–2 可以看出，C_g 与固定相粒度 d_p 成正比，而与扩散系数 D_g 成反比。所以要降低流动相的传质阻力 C_g，应采用颗粒细小（d_p 小）的固定相；其次应选用扩散系数 D_g 大（即分子量小）的气体（如氢气）做载气。

$$C_l = \frac{2}{3} \cdot \frac{k}{(1+k)^2} \cdot \frac{d_f^2}{D_l} \qquad (7\text{–}3)$$

从式 7–3 可以看出，C_l 与固定相的液膜厚度 d_f 成正比，而与扩散系数 D_l 成反比。要降低液相的传质阻力 C_l，应该减小固定相的液膜厚度 d_f，增大组分在固定相中的扩散系数 D_l（这点可以借助提高柱温来实现）。

由图 7–8 和图 7–9 可知，速率理论的要点，即 A、B、C 三项因素是造成色谱峰扩展、柱效下降的主要原因。因此，范第姆特方程是指导选择分离操作条件的依据。

2. 柱效能与流速的关系

根据速率理论方程式，测定不同流速下的塔板高度 H，进一步得到了柱效能与流速的关系（H-u）曲线。如图 7–10 所示，其中涡流扩散项 A 是常数项，不受（流动相）

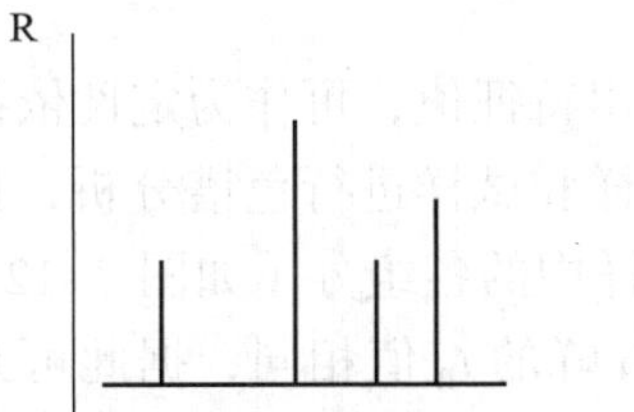

图 7–8　样品“塞子”状进样图

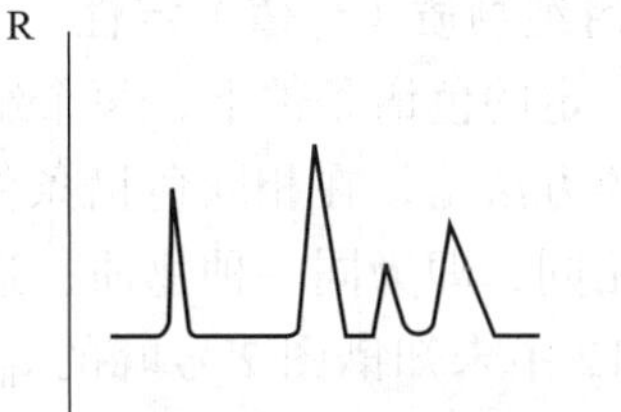

图 7–9　样品实际色谱分离图

流速的影响。

以气相色谱（GC）为例，当载气流速较高时，Cu 是影响柱效的主要因素，即流速上升，柱效下降；而当载气流速较低时，则 B/u 成为影响柱效的主要因素，即流速上升，柱效上升。

GC 与高效液相色谱（HPLC）两条曲线有相同之处也有不同之处（图 7–11），液相色谱中的纵向扩散非常小，u 和 H 的关系较简单，所以 H 主要由传质阻力项 Cu 来决定，即流速上升，柱效下降。

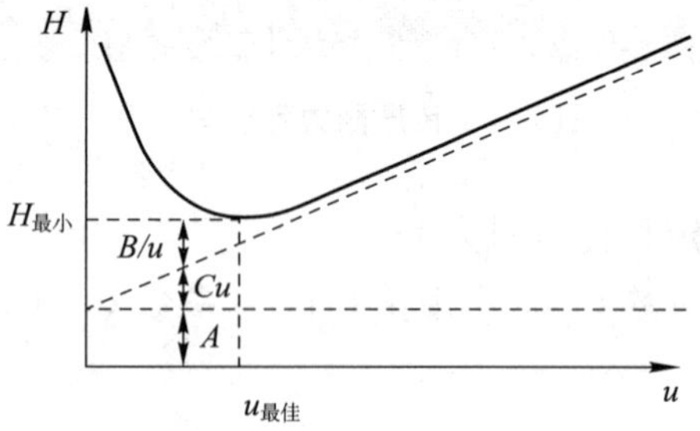

图 7–10　范第姆特方程中 H–u 的关系

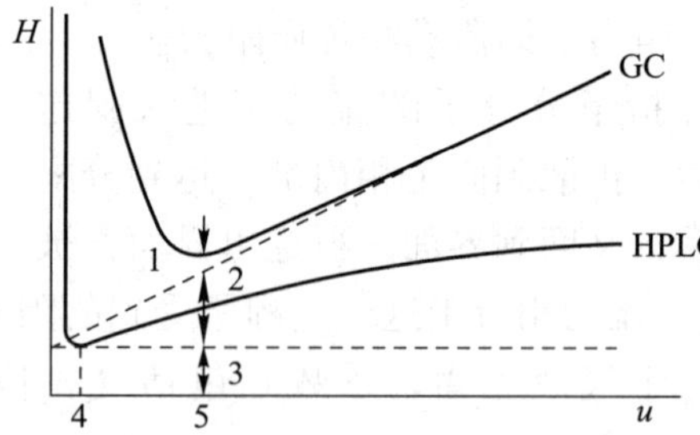

1. B/u　2. Cu　3. A　4. HPLC 的 $u_{最佳}$　5. GC 的 $u_{最佳}$

图 7–11　GC 和 HPLC 的典型的 H-u 曲线

GC 中的最佳流速（$u_{最佳}$）和最小板高（$H_{最小}$）可以通过实验和计算方法求得，将式 7–1 微分得

$$u_{最佳}=\sqrt{\frac{B}{C}}$$

$$H_{最小}=A+2\sqrt{BC}$$

第三节　色谱定性和定量的方法

一、色谱定性分析

色谱定性分析的方法有三种：利用纯物质（t_R 值）定性；与其它方法或仪器联合定性；利用检测器的选择性定性。

1. 利用纯物质（t_R 值）定性

即在一定的色谱条件下，每个组分的 t_R 值表现出特征值，可作为定性依据。

定性的方法是，在相同色谱条件下，分别将标样和试样进行色谱分析，比较两者 t_R 值，如果相同，即为同一种物质，进而可以确定试样中的各组分（如图 7–12 所示）。

图 7–12 中未知谱图 2 号峰的 t_R 值与标准谱图 a 峰的 t_R 值相同，据此可判断未知谱图中 2 号峰为甲醇，以此类推。而未知谱图中 1、5、6、8 号峰由于没有相应的对照物，无法做出定性分析，这是利用纯物质（t_R 值）定性方法的不足点。

2. **与其它方法或仪器联合定性**

如色谱分别与质谱仪、傅里叶红外光谱仪、核磁共振波谱仪联用，即综合利用色谱仪的高分辨能力与质谱仪等联用仪器的高鉴别能力，发挥两种仪器各自的优点。

3. **利用检测器的选择性定性**

是利用各类化合物在不同的检测器上的灵敏度差别进行初步的分类定性。比如 GC-FID 只对碳氢化合物产生信号；GC-FPD 对含磷、硫化合物具有高度响应值；GC-ECD 只对具有电负性的卤素物质有响应。

如图 7-13 所示，可以将气相色谱 GC 的不同检测器串联或分别进样。即可分别得到在不同检测器上的色谱图。根据不同检测器对同一个样品的响应值不同，可作出初步的分类定性。

图 7-14 提示我们，因为在 ECD 和 FPD 两张图上没有响应信号峰，所以，可以判

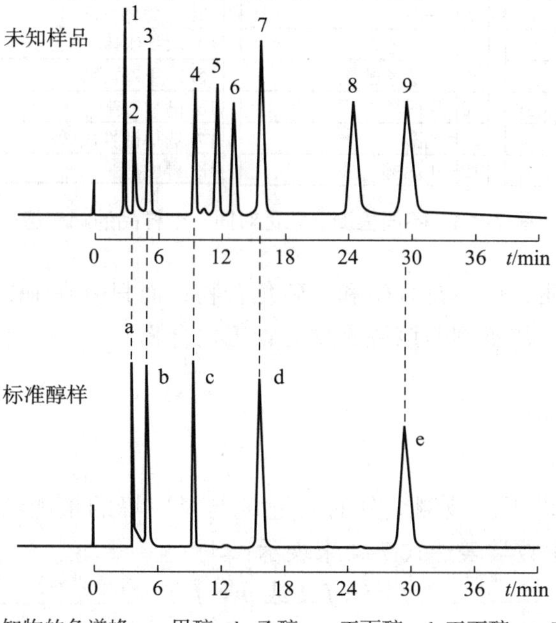

1 ~ 9. 未知物的色谱峰；a. 甲醇；b. 乙醇；c. 正丙醇；d. 正丁醇；e. 正戊醇。

图 7-12 利用纯物质（t_R 值）定性示意图

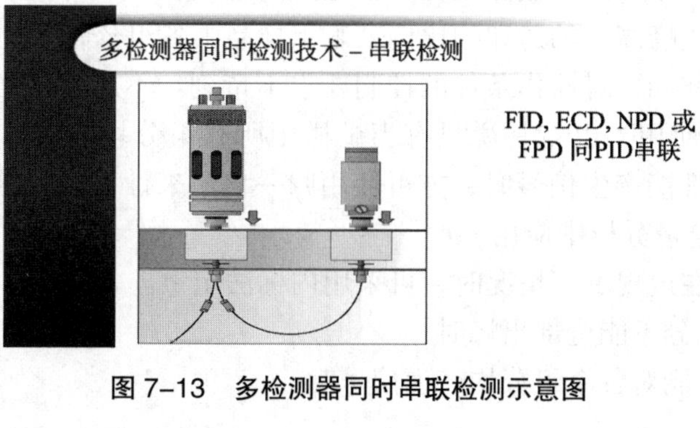

图 7-13 多检测器同时串联检测示意图

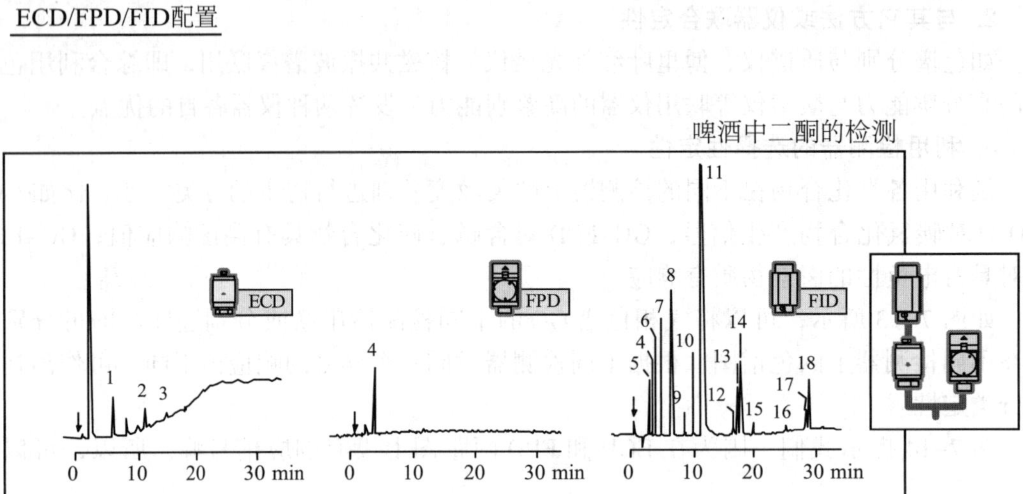

1	四氯化碳+三氯乙烷	7	丙酮	13	乙酸异戊酯
2	丁二酮(95 ppb)	8	乙酸乙酯	14	庚酮(内标. 5 ppm)
3	2,3-戊二酮(30 ppb)	9	丙酸乙酯	15	2-甲基丙醇
4	二甲基硫化合物(50 ppb)	10	甲醇	16	己酸乙酯
5	乙醛	11	乙醇	17	选择活性戊醇
6	甲酸乙酯	12	正丙醇	18	异戊醇

图 7-14　不同检测器配置对同一个样品的响应值

断待测物不含卤素物质，也不是含磷和含硫化合物；而只有在 FID 检测器上具有响应值并产生信号，据此可以初步判断该待测物为碳氢化合物。

二、色谱定量分析

1. 定量依据

在相同的色谱条件下，被测组分的质量 m 与对应峰的检测器响应值（峰面积 A 或峰高 h）成正比，可用数学表达式 7-4 来表示：

$$m = f\,A \text{ 或 } m = f\,h \tag{7-4}$$

式 7-4 中：f 为校正因子。

2. 色谱定量方法

色谱的定量方法有归一化法、内标法和外标法。

（1）归一化法。以样品中被测组分经校正过的峰面积（或峰高）占样品中各组分经校正过的峰面积（或峰高）的总和的比例来表示样品中各组分含量的定量方法。

优点是简便、准确，对操作条件的控制要求不苛刻。不足在于当试样中 n 个组分不能全部出峰时不能使用。也就是说只有当试样中所有组分均能流出色谱柱，且完全分离，并在检测器上都能产生信号时，方可使用归一化法来计算组分的含量。所以，归一化法一般只在 GC 定量分析中应用。

（2）内标法。在出现下列情况时，可采用内标法定量。

① 当样品中组分不能全部出峰时；

② 当检测器不能对各个组分均产生信号时；

③ 当只需测定样品中的某几个组分时。

在出现这三种情况时，可以根据式 7–5 求出某组分的含量 w_i，

即
$$\frac{m_i}{m_s}=\frac{A_i f_i}{A_s f_s}$$

$$w_i=\frac{m_i}{m}=\frac{A_i f_i m_s}{A_s f_s m} \tag{7–5}$$

式 7–5 中：f_s 和 f_i 分别是内标物和待测组分的相对校正因子，其中 f_s=1；而 f_i 可以通过标样测得，或通过内标标准曲线直接校正，所以内标法也称为内标标准曲线法。

在选择内标物时也应考虑三点：

① 内标物应是试样中不存在的纯物质；

② 其含量应与待测组分含量接近；

③ 内标物的出峰位置应在待测组分附近，但又能与待测组分完全分离开。

优点是定量准确，操作条件对测定准确度影响不大。但这个方法仍有不足点，必须准确称量试样和内标物；而且选择合适的内标物比较困难。所以此法常用于定量要求较高的测定中。

（3）外标法。优点是不需要校正因子，适合测定大批量样品；但不足点是对操作条件的稳定性和进样量的重现性要求较高。

外标法包括单点校正法和多点校正法，其中多点校正法在光谱分析中已作介绍，这里主要介绍单点校正法。

当各试样之间待测组分的浓度或质量变化范围不大时，可用单点校正法（也称为比较法）来定量。

如图 7–15 所示，配制一个和被测组分浓度接近的标准溶液（如组分 A 的标准浓度为 100 mg/L），定量进样，测得相应的峰面积（如 1000），通过原点作标准曲线，由被测组分和外标组分的峰面积 A（或峰高 h）的比值来求算被测组分的浓度，即

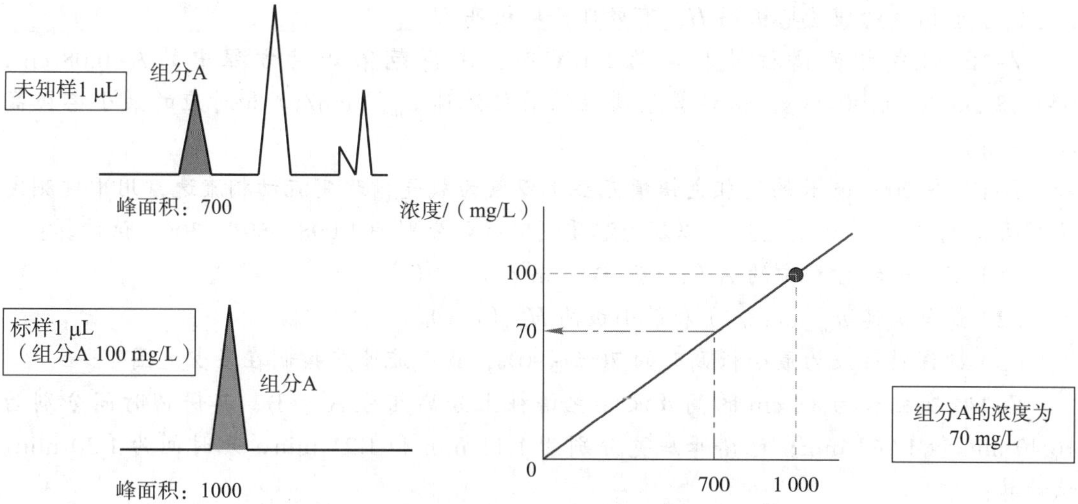

图 7–15 外标法（单点校正法）定量

$$c_i = c_s \times \frac{A_i}{A_s} \tag{7-6}$$

式 7-6 中：c_i 和 c_s 分别是被测组分和标准溶液的浓度；A_i 和 A_s 分别是被测组分和标准溶液相应的峰面积。

思考与练习题

7-1 在色谱流出曲线上，两峰间距离决定于相应两组分在两相间的分配系数还是扩散速度？为什么？

7-2 某人制备一根填充柱，用组分 A 和 B 为测试样品，测得该柱理论塔板数为 4 500，因而推断 A 和 B 在该柱上一定能得到很好的分离，该人推断正确吗？简要说明理由。

7-3 利用保留值定性的依据是什么？

7-4 何谓色谱热力学因素？分析它们对分离的影响。

7-5 何谓色谱动力学因素？分析它们对分离的影响。

7-6 色谱峰的峰形（峰宽）可以用来说明柱效的高低，为什么？

7-7 当用苯测定某分离柱的柱效能时，结果表明该柱有很高的柱效，用它来分离混合醇试样时，能否分离完全？请说明原因。

7-8 请解释茨维特（Tswett）利用色谱法分离植物叶色素的原理。

7-9 色谱分析归一化法定量有何优点？在什么情况下不能采用归一化法？

7-10 色谱定性的主要方法有哪些？多机联用有什么优越性？

7-11 在长为 2 m 的气相色谱柱上，死时间为 1 min，某组分的保留时间 18 min，色谱峰半宽度为 0.5 min，试计算：

（1）此色谱柱上的理论塔板数 N，有效理论塔板数 $N_{有效}$。

（2）每米柱长的理论塔板数。

（3）色谱柱的理论塔板高 H，有效理论塔板高 $H_{有效}$。

7-12 设气相色谱柱的柱温为 180℃时，求得范第姆特方程中的 A=0.08 cm，B=0.18 cm^2/s，C=0.03 s，试计算色谱柱的最佳流速 μ_{opt}（cm/s）和对应的最小塔板高 H_{min}（cm）。

7-13 在 200 cm 长的气相色谱填充柱上以氮为载气，改变流动相流速，用甲烷测定死时间 t_M 为 100 s，50 s，25 s，以苯为溶质测定柱效分别为 1 098，591，306。试计算：

（1）范第姆特方程中的 A（cm），B（cm^2/s），C（s）。

（2）最佳流速 μ_{opt}（cm/s）和最小板高 H_{min}（cm）。

（3）欲保持柱效为最小板高时的 70%～90%，载气流速应控制在多少范围？

7-14 在柱长为 18 cm 的高效液相色谱柱上分离组分 A 和 B，其保留时间分别为 16.40 min 和 17.63 min；色谱峰底宽分别为 1.11 min 和 1.21 min，死时间为 1.30 min。试计算：

（1）色谱柱的平均理论塔板数 N。

（2）平均理论塔板高度 H。

（3）两组分的分离度 R 和分离所需的时间。

（4）欲实现完全分离，即分离度 $R=1.5$，需柱长多少？

数字课程学习

◆教学课件　　◆本章自测　　◆思考题

8

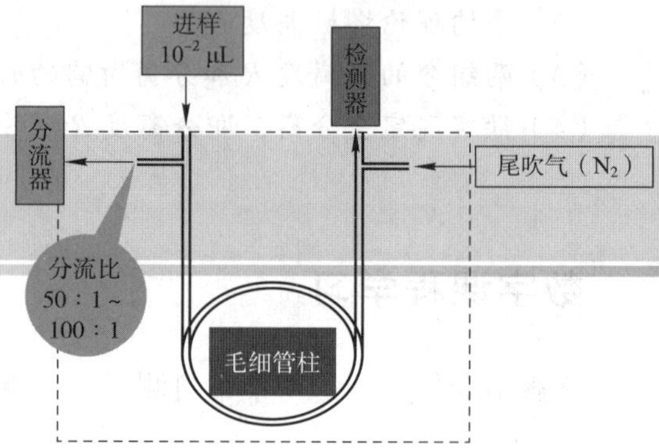

气相色谱法

● **关键词**

气相色谱法，填充柱气相色谱仪，毛细管柱气相色谱仪，程序升温气相色谱

● **目的要求**

了解气相色谱法的优点及其不足；掌握气相色谱分析仪器各部分的组成和作用；进一步了解常用检测器的选择性与适用范围，以及气相色谱法操作条件的选择及其应用；熟悉 Agilent 公司生产的 7890B 型气相色谱仪的操作步骤；掌握内标法进行定量分析的方法；培养学生的责任意识、综合分析能力和科学思维精神。

● **重点难点**

（1）重点：毛细管柱气相色谱系统、GC 的操作方法。

（2）难点："程序升温"技术及其它操作条件的选择。

知识导图

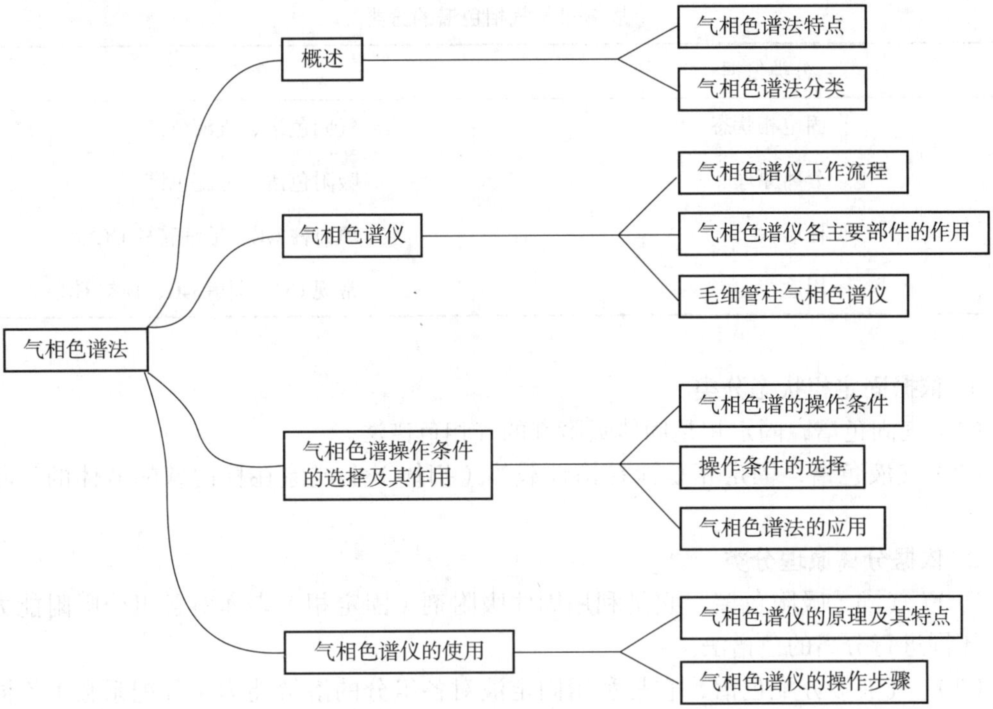

第一节　概述

一、气相色谱法特点

以气体作为流动相的色谱分析法称为气相色谱法（gas chromatography，GC）。

GC 具有以下优点：

（1）高分离效能，例如，一根 60 米长的毛细管柱，一次性就能分离出 200 多个组分。

（2）高选择性，能分离分析性质极为相近的物质。

（3）高灵敏度，可以分析 $10^{-11} \sim 10^{-13}$ g 的物质，非常适合于微量和痕量分析。

（4）分析速度快，一般只需几分钟到几十分钟便可完成一个分析周期。

（5）应用范围广，能直接分析气体、易挥发的液体和固体样品。

但 GC 也有以下不足之处：

（1）缺乏标样或标准谱图时，定性分析较为困难。

（2）不能直接分析难挥发和受热易分解的物质，但可以通过化学衍生的方法，使其转化为热稳定和高挥发性的衍生物，再进行 GC 分离和分析。

二、气相色谱法分类

GC 仍然可以从不同角度进行分类，如表 8-1 所示。

表 8-1　气相色谱的分类

分类依据	色谱名称
固定相状态	气固色谱、气液色谱
分离原理	吸附色谱、分配色谱
柱形状	填充柱 GC、毛细管柱 GC
用途	常规 GC、裂解 GC、顶空 GC

1. 依据固定相状态分类

（1）气固色谱，固定相是固体吸附剂的气相色谱法。

（2）气液色谱，固定相是涂在惰性载体（担体）上或涂在柱内壁的液体的气相色谱法。

2. 依据分离原理分类

（1）（气固）吸附色谱，它是利用固体吸附剂（固定相）表面对各组分吸附能力强弱的不同进行分离的色谱法。

（2）（气液）分配色谱，它是利用固定液对各组分的溶解能力（分配系数）不同进行分离的色谱法。

3. 依据色谱柱形状分类

（1）填充柱气相色谱，其固定相是填充于玻璃或金属管内的气相色谱。

（2）毛细管柱气相色谱，其固定相是附着或键合在管的内壁上，中心是空的气相色谱。

气相色谱柱分为填充柱和毛细管柱二种，毛细管柱形状细长而填充柱比较粗短（图 8-1）。

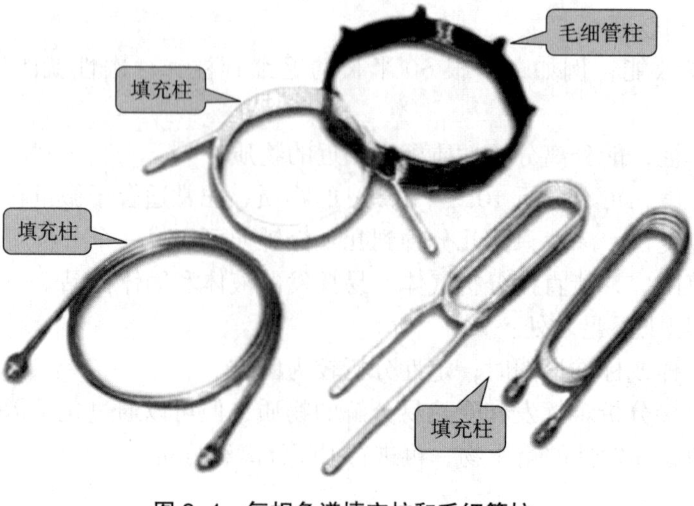

图 8-1　气相色谱填充柱和毛细管柱

表 8-2 填充柱与毛细管柱的特点比较

参数	内径 /mm	长度 /m	柱效	柱材料	峰容量	固定相
填充柱	2～5	1～3	10^3	玻璃、不锈钢	10^4 ng 级	担体 + 固定液
毛细管柱	0.1～0.53	10～60	10^5	熔融石英	小于100 ng	固定液

表 8-2 中，毛细管柱除了形状细长外，还具有峰容量小的特点（一般只有填充柱的百分之一）；而且柱内是空心的，因此也称为空心毛细管柱或开管柱。毛细管柱内的固定相为液体，通过不同的涂渍方法涂在柱内表面（图 8-2）。

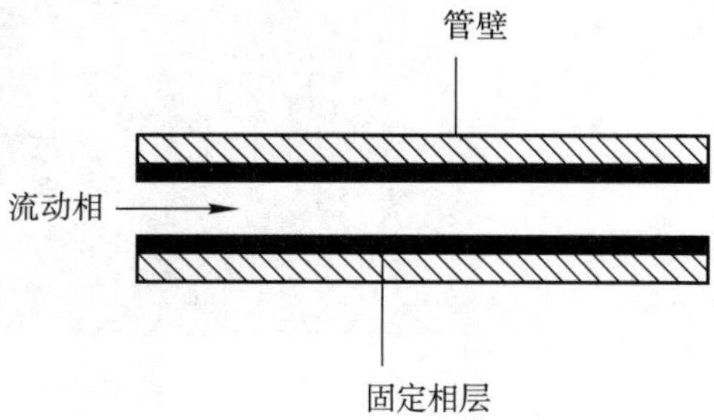

图 8-2 气相色谱毛细管柱剖面图

由于毛细管柱具有这些特点，因此毛细管柱气相色谱法具有高渗透率、高柱效和低柱容量等特点。

为何毛细管柱气相色谱的总柱效高呢？可以通过色谱塔板理论和速率理论给予解释。

从塔板理论得知，因为柱长，L 大，$n = L/H$，塔板数 n 也大，柱效能就高。

从速率理论得知，因为毛细管柱内是空心的，$A = 0$，$H = A + B/u + Cu$，所以板高 H 较小，柱效能较高。

4. 依据用途分类

（1）常规气相色谱，使用常规气相色谱仪，应用于各种样品的分离分析。

（2）裂解气相色谱，是在热裂解和气相色谱两种技术基础上发展起来的。即在严格控制操作条件下，加热高分子化合物，使其迅速裂解成可挥发的碎片并直接用 GC 分析和鉴定裂解碎片，从裂解指纹色谱图的特征来推断样品的组成、结构和性质。主要应用于合成聚合物和微生物的分类。

（3）顶空气相色谱，是指对液体或固体中的挥发性成分进行 GC 分析的一种间接测定法，它是在热力学平衡的蒸气相与待测样品同时存在于一个密闭系统中进行的。主要应用于食品中挥发性物质的分析、体液中的苯类化合物分析、血样中的酒精分析、饮用水中的有机物分析以及固体样品中的挥发性有机物分析等几个方面。

第二节 气相色谱仪

一、气相色谱仪工作流程

如图 8-3 所示，高压钢瓶中的载气经减压和调速后流入进样器。待测样品从进样器注入气化室后，立即气化（成为样品蒸气）并被载气带入色谱柱。由于各组分的热力学性质不同，它们在柱中与固定相之间经过反复多次的作用后，彼此得到分离，并依次进入检测器。检测器将其转变为电信号，经放大后送入记录仪记录下来，即得到色谱图。

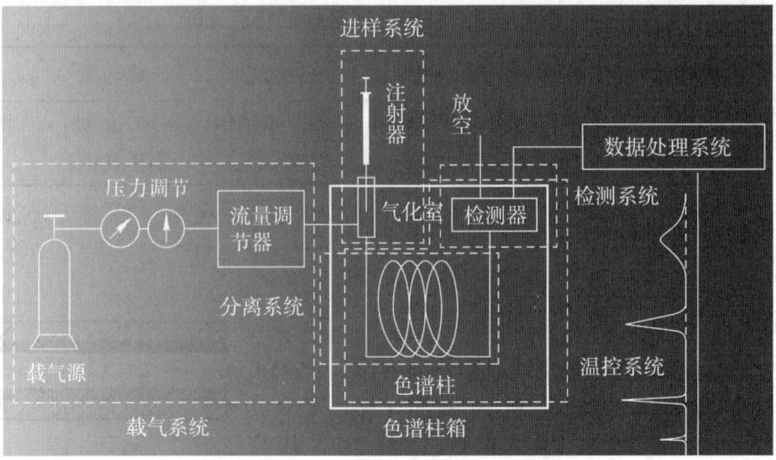

图 8-3 气相色谱工作流程示意图

温控系统分别对气化室、色谱柱和检测器等三个部件的温度进行控制。

二、气相色谱仪各主要部件的作用

由图 8-3 得知，气相色谱仪主要由气路系统、进样系统、分离系统、检测系统、信号处理与显示系统以及温控系统等 6 个基本单元组成。

1. 气路系统

提供连续运行并具有恒定流速的纯净载气和辅助气。常用的载气是 N_2，辅助气是 H_2 和空气。

2. 进样系统

能定量引入试样并使试样瞬间气化（包括气化室和进样装置）。气、液、固体样品应分别采用不同的进样器。其中，固体样品必须采用裂解气相色谱（Py-GC）进样，而气体一般采用六通阀进样，液体样品则采用微量注射器进样。

3. 分离系统

主要指色谱柱，是色谱仪的“心脏”，其作用是将混合组分分离成单一组分，包括两种类型。

（1）气固（吸附）色谱柱，其柱内填充固体固定相，一般采用固体吸附剂，主要用于分离永久性气体及一些低沸点物质，如气态烃。

（2）气液（分配）色谱柱，其柱内装填液体固定相，是由载体（即惰性固体颗粒）和固定液（即高沸点有机物）组成。目前，一般是利用化学反应将有机分子键合到载体表面上，形成化学键合柱。固定液也可以通过涂渍将有机分子固定到载体表面上。

4. 检测系统

好比色谱仪的“眼睛”，是将色谱柱后流出物的浓度或质量信号转化为易被检测的电信号的装置。根据检测原理不同分为浓度型和质量型两种检测器。

表 8-3 常用气相色谱检测器的性能比较

检测器	TCD	FID	ECD	FPD
类型	浓度型	质量型	浓度型	质量型
选择性	对有机物和无机物均有响应	只对有机物有响应	只对电负性物质有响应	只对含磷及硫化合物有响应
最小检测量	10^{-6} g	10^{-9} g	10^{-12} g	10^{-12} g
对组分的破坏性	不破坏组分	破坏组分	破坏组分	破坏组分
适用范围	常量分析微量分析	微量分析痕量分析	痕量分析	痕量分析

常用气相色谱检测器有 4 种（表 8-3）。浓度型检测器有热导检测器（thermal conductivity detector，TCD）和电子捕获检测器（electron capture detector，ECD）；质量型检测器有氢火焰离子化检测器（flame ionization detector，FID）、火焰光度检测器（flame photometric detector，FPD）和质谱检测器（mass spectrometric detector，MSD）。以 FID 检测器为例介绍其检测原理（图 8-4）。

当待测组分由载气携带从色谱柱流出，进入火焰（氢气 + 空气）后，在 2 000 ℃左右的高温火焰下发生离子化反应，生成许多正离子和电子，并在外电场作用下，向两极（收集极和极化极）定向移动，形成微电流，而微电流的大小与待测组分含量成正比。

5. 信号处理与显示系统

进行信号放大、记录与数据处理，并显示测定结果。目前多采用计算机装配色谱工作站。

6. 温控系统

为主要的辅助系统，气化室、色谱柱恒温箱和检测器都需要加热和控温。气化室控温，以保证待测组分迅速完全气化；柱温控制，可加速混合组分的分离；检测器控温，以防止色谱柱流出物在检测器内冷凝而污染检测器。

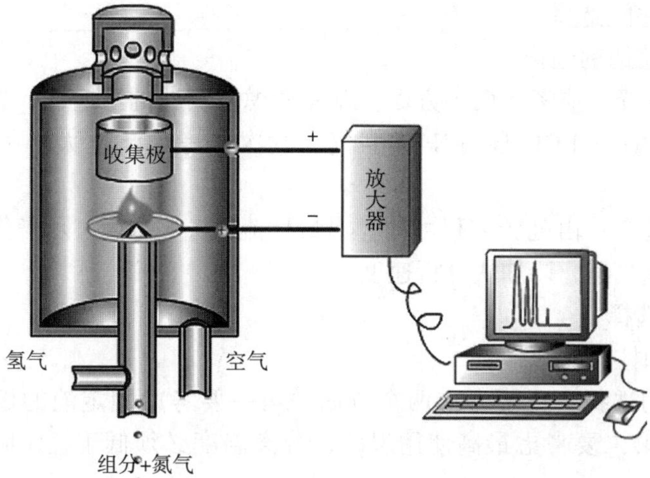

图 8-4 氢火焰离子化检测器示意图

三、毛细管柱气相色谱仪

毛细管柱与填充柱的色谱系统基本相同，但由于毛细管柱的柱容量较低（一般只有填充柱的百分之一），所以对毛细管柱气相色谱仪的系统设计有些特殊的要求。

如图 8-5 所示，毛细管柱与填充柱色谱系统的最大不同点在于，柱前增加了分流器，而柱后增加了尾吹气路。

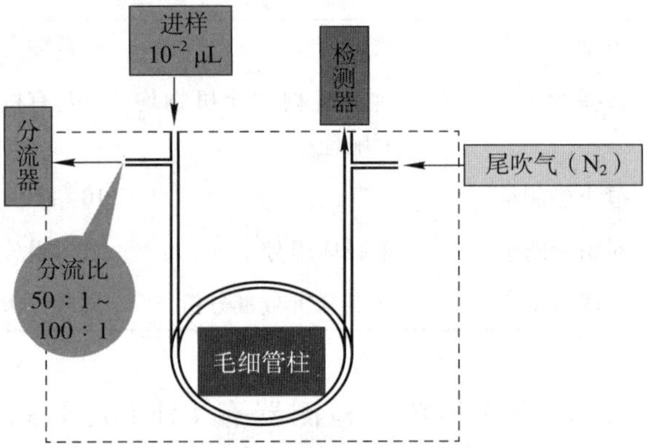

图 8-5　毛细管柱气相色谱仪的流路

第一个不同点，是因为毛细管柱的柱容量小，液体试样的进样量一般只有 10^{-2} μL，很难采用常规进样方式准确进样，因此毛细管柱气相色谱采用分流进样方式。放空量与入柱量之比称为分流比，通常控制在 50∶1 至 100∶1。

第二个不同点，是由于毛细管柱载气体积流速较小，进入检测器后，因检测器内腔体积增大而突然减速，引起色谱峰扩张，因此需在色谱柱出口加一个辅助尾吹气加速试样通过检测器，以减少组分的柱后扩张。

第三节　气相色谱操作条件的选择及其应用

一、气相色谱的操作条件

气相色谱的操作条件包括载气及其流速、色谱柱、检测器、温度以及进样条件等 5 个。

二、操作条件的选择

1. 载气及其流速的选择

（1）载气的选择：应考虑两个方面。首先考虑检测器的适应性，TCD 常用 H_2 和 He 作载气；FID、FPD 和 ECD 常用 N_2 作载气。其次要考虑流速大小（参见第七章第二节所述内容）。

（2）流速的选择：由范氏方程可计算出最佳流速（u_{opt}），实际操作中一般采用稍高于最佳流速的载气流速，以加快分析速度。

2. 色谱柱的选择

包括固定相和柱长的选择。

（1）固定相的选择：也要考虑两个方面。第一要考虑固定液的极性，按极性相似相溶原则选择；第二要考虑最高使用温度，分离温度必须低于柱（固定液）最高使用温度。

固定液的选择一般根据“相似相溶”原则，而出峰顺序则根据“不相似则不相溶”

的原则。比如，非极性组分应选择非极性固定液，则沸点低的物质先出峰。

（2）柱长的选择：在一定的分离度 R 条件下应使用尽可能短的柱子。可通过实验测定两组分的 R，然后代入公式 8–1 来确定达到所期望分离度 R 的柱长 L。

$$\frac{L_2}{L_1}=\left(\frac{R_2}{R_1}\right)^2=\frac{n_2}{n_1} \tag{8–1}$$

3. 检测器的选择（参见本章第二节所述内容）

检测器的主要技术指标有灵敏度、检出限和线性范围。

（1）灵敏度（S），单位浓度（或质量）的物质通过检测器时所产生的响应信号的大小，S 值越大，说明检测器越灵敏。

浓度型检测器的灵敏度（单位为 mV · mL/mg 或 mV · mL/mL），如公式 8–2 所示。

$$S=\frac{c_1AF_0}{c_2m} \tag{8–2}$$

式 8–2 中：A 为色谱峰面积（cm^2）；F_0 为载气流速（mL/min）；c_1 为记录仪的灵敏度（mV/cm）；c_2 为记录仪纸速（cm/min）；m 为进入检测器的某组分的量（mg 或 mL）。

质量型检测器的灵敏度（mV · s/g），如公式 8–3 所示，与载气流速无关。

$$S=\frac{60c_1A}{c_2m} \tag{8–3}$$

式 8–3 中：m 为进样量（g）。

（2）检出限（D），指某组分产生响应信号为三倍噪声时，单位体积（或时间）通过检测器的量，如公式 8–4 所示。

$$D=\frac{3R_N}{S} \tag{8–4}$$

式 8–4 中：R_N 为检测器噪声（mV）；S 为灵敏度；D 为检出限，单位由 S 而定。对于浓度型检测器，D 的单位为 mg/mL；对于质量型检测器，D 的单位为 g/s。D 值越小，检测器越灵敏。

4. 温度的选择

包括柱温、气化室和检测器等三个温度的选择。

（1）柱温的选择：根据柱温控制方式不同，分为恒温气相色谱和程序升温气相色谱。

恒温气相色谱：是指在一个 GC 分析周期内，柱温恒定在某一个温度值。（此时）柱温应选择各组分的平均沸点或更低。

程序升温气相色谱：即在一个 GC 分析周期内，柱温随分析时间的延长呈线性或非线性地升高，使沸点不同的各组分都能在最佳柱温下流出色谱柱，改善了分离效果，缩短了保留时间。

图 8–6 是同一个烷烃混合物分别利用恒温和程序升温 GC 分离的色谱图。由图 8–6 可知，当利用恒温 GC（柱温 150℃）来分离这个混合物时：C_9 之前的低碳烷烃组分因柱温太高拥挤地出峰；而 C_{15} 烷烃组分则因柱温太低，直到 90 min 后才出峰，导致色谱峰扩张，峰形变宽、拖尾，影响了分离效果。

由图 8–6 还可看出，当利用程序升温 GC（柱温从 50℃按程序逐步升温到 250℃）来分离同一个混合物时：C_9 之前的低碳烷烃组分彼此分离良好，从而改善了分离度；

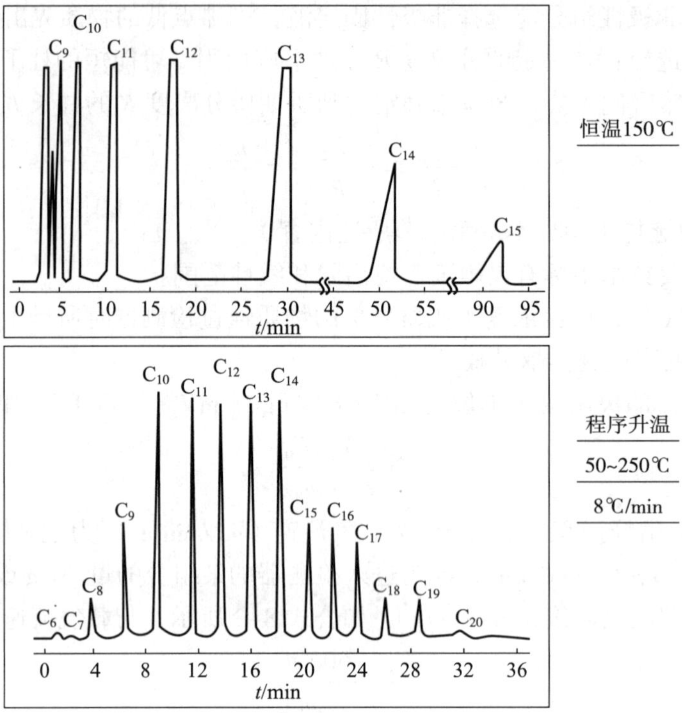

图 8–6 烷烃恒温和程序升温色谱图比较

而 C_{15} 烷烃组分则在 20 min 左右就出峰，又缩短了保留时间。

表 8–4 恒温气相色谱和程序升温气相色谱的比较

比较项目	恒温气相色谱	程序升温气相色谱
组分沸点范围（沸程）	限于 100℃以内	80 ~ 400℃
峰容量	小于或等于10 个组分	大于10 个组分
分析速度	慢	快

由表 8–4 可知，当组分沸点范围（即沸程）大于 100℃或者混合物含有 10 个以上组分时，应选择程序升温气相色谱法，可兼顾高低沸点组分的分离效果和保留时间。

（2）气化室温度的选择：取决于样品的挥发性、沸点及稳定性，可等于样品的沸点或稍高于沸点，以保证待测组分迅速完全气化。但一般不要超过沸点 50℃，以防分解。

（3）检测器温度的选择：为了使色谱柱流出物不在检测器中冷凝而污染检测器，其温度需高于柱温（30 ~ 50℃），或等于气化室温度。如 FID、FPD 温度应大于 100℃，以防水分积存；而 ECD 温度不能大于其中放射源的最高使用温度。

5. 进样条件的选择

进样速度必须快（尽可能在 1 s 内完成进样），使试样能立即汽化并被带入柱中。最大允许进样量应控制在半峰宽基本不变，而峰高 *h*（峰面积 *A*）与进样量呈线性关系为宜。

总之，色谱分离条件的优化，是在保证组分分离度和灵敏度的前提下，尽可能地实现快速分析。

如何来判断一张色谱图中色谱条件是否选得好呢？要看两个指标：是否满足足够的分离度（R）和较短的保留时间（t_R）。

三、气相色谱法的应用

1. 在生物科学中的应用

如生物体中的氨基酸、维生素和糖等组分的分离分析。气相色谱法在这个领域中的应用不如液相色谱法广泛。

2. 在农药残留量检测中的应用

气相色谱法在这个领域中的应用非常广泛，可以检测农副产品、食品、土壤、沉积物以及水资源中残留量在 10^{-6} ~ 10^{-9} g/mL 级的农药（图 8–7）。

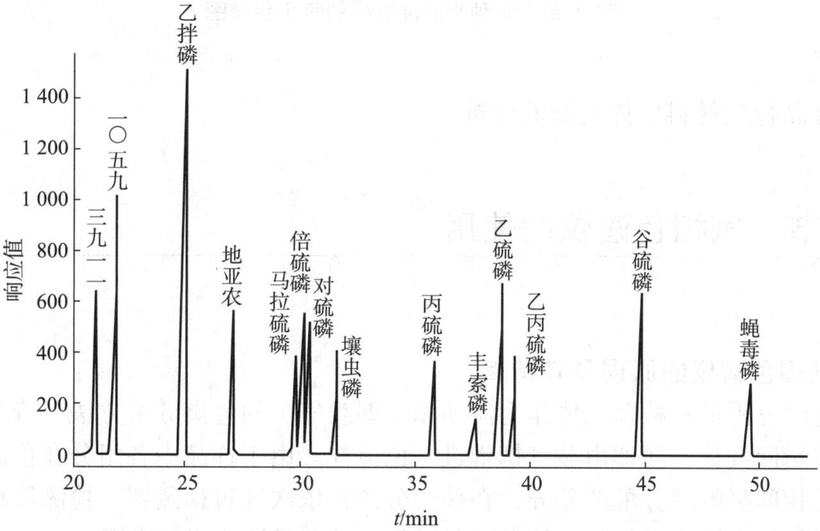

图 8–7　EPA 方法对有机磷农药分析色谱图

3. 在环保监测中的应用

包括大气污染成分分析（如卤化物、氮化物、硫化物以及芳香族化合物等，其含量在 10^{-6} ~ 10^{-9} g/L 水平）；饮用水中（多环芳烃、农药残留、有机溶剂）或水资源（淡水、海水、废水）中的有机污染物的分析（图 8–8）；固体废弃物分析。

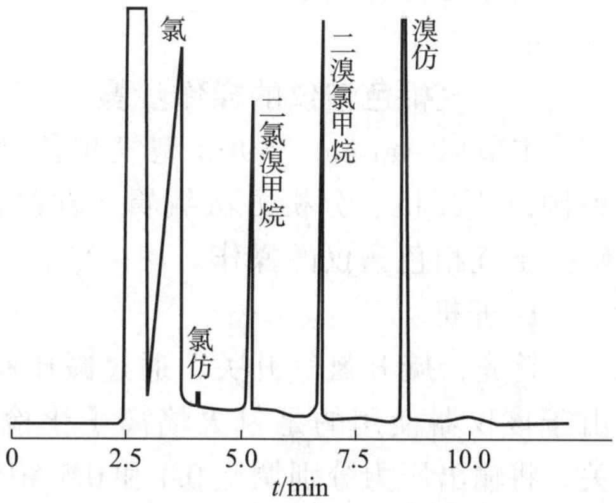

图 8–8　饮用水中三卤甲烷色谱图

4. 在食品分析中的应用

包括食品中营养成分分析，如脂肪、蛋白、糖、香精、香料、茶叶香气以及挥发性组分的分析（图 8–9）；食品污染物分析、各种添加剂（防腐剂、抗氧化剂等）、农药残

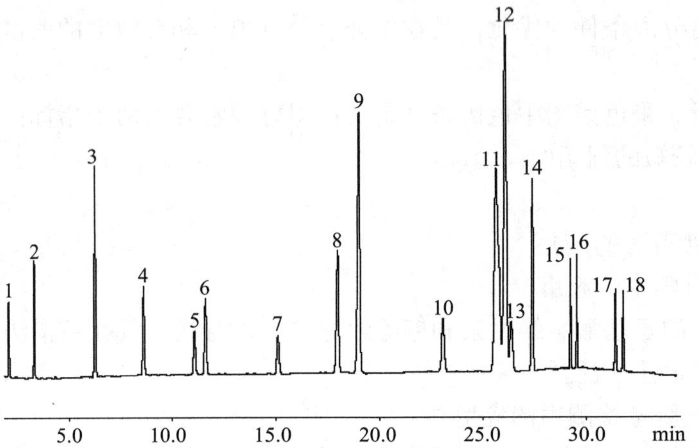

1—$C_{8:0}$；2—$C_{10:0}$；3—$C_{12:0}$；4—$C_{13:0}$；5—$C_{14:1}$；6—$C_{14:0}$；7—$C_{15:0}$；8—$C_{16:1}$；9—$C_{16:0}$；10—$C_{17:0}$；11—$C_{18:2}$；12—$C_{18:1}$；13—$C_{18:1}$；14—$C_{18:0}$；15—$C_{20:0}$；16—$C_{20:1}$；17—$C_{22:0}$；18—$C_{22:1}$

图 8-9　18 种脂肪酸标样的气相色谱图

留量以及食品包装材料中挥发物的分析。

第四节　气相色谱仪的使用

一、气相色谱仪的原理及其特点

气相色谱分析是一种以气体作为流动相（即载气）的色谱分析方法。待测样品进入气化室后被瞬间气化，随即由载气携带进入色谱柱。由于样品中各组分在色谱柱中的流动相和固定相间吸附或分配的差异，在柱中分离并依次通过检测器。检测器将各组分的浓度或质量信号转换为电信号，并送至色谱数据处理系统绘出色谱图。

气相色谱仪具有“三高一快一广”的特点，即选择性高、灵敏度高、分离效能高、分析速度快、应用范围广，但由于需将试样气化，不适用于沸点高、热不稳定、腐蚀性能和反应性能较强的物质。

二、气相色谱仪的操作步骤

本节以 Agilent 7890B 型气相色谱仪（图 8-10）测定藿香正气水中乙醇的含量为例，从开机、分析方法编辑、样品信息编辑、数据处理和关机等 5 个方面重点讲解一下气相色谱仪的操作。

1. 开机

首先，旋开氮气开关，通过减压阀调节压力表读数为 0.5 MPa（图 8-11）。另外，由于该仪器使用的是氢火焰离子化检测器，即 FID，所以，还需打开氢气和空气开关，将输出压力分别调至 0.4 和 0.5 MPa。然后，用检漏液检查柱及管路是否漏气（图 8-12）。最后，打开色谱仪的电源开关，开启电脑主机及显示器，双击显示屏上“FID

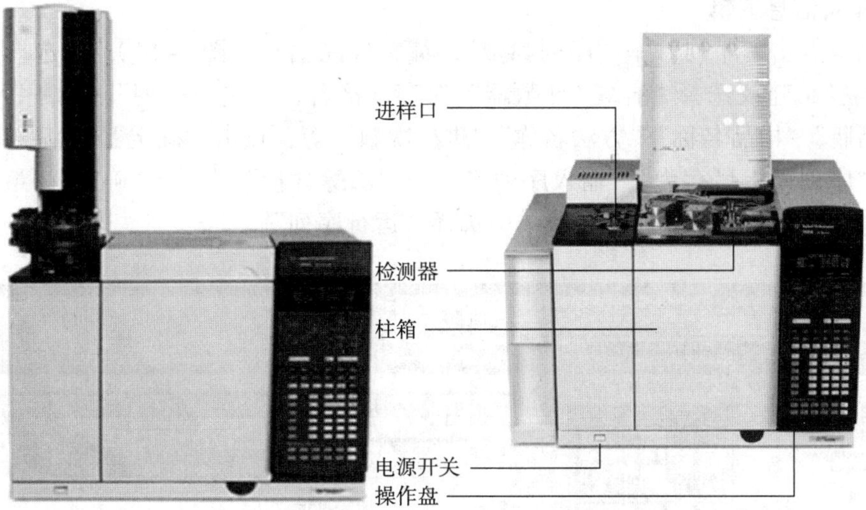

图 8-10 Agilent 7890B 型气相色谱仪

图 8-11 氮气钢瓶阀门

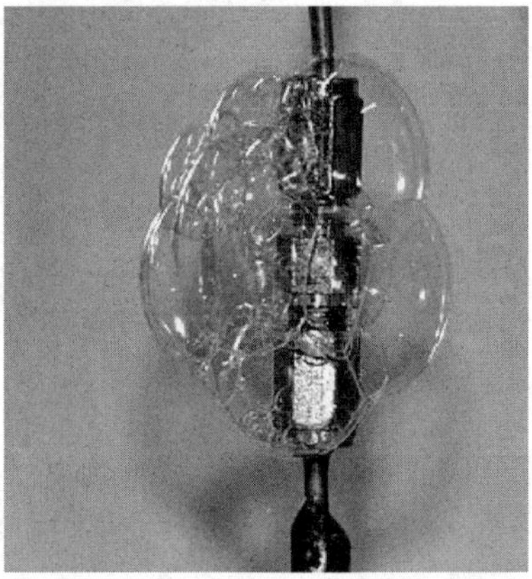

图 8-12 管路检漏

online”快捷图标，进入工作界面，完成开机。

2. **分析方法编辑**

在“FID online”工作站“方法和运行控制”状态下（图 8-13），首先，点击“方法”—“编辑完整方法”，进入方法编辑状态，选中除“数据分析”外的三项，点击“确定”。接着，在“方法信息”下的框中输入对方法的描述，点击“确定”后进入“选择进样源 / 位置”界面，选 GC 进样器，点击“确定”。在跳出的“设置方法”界面中首先点击“配置”图标，进行“色谱柱，气体，进样器”的设置。然后，从左往右依次输入“自动进样器”“进样口”“色谱柱”“柱箱”“检测器”等参数后，点击“应用”—“确定”。在“运行时选项表”中，选中“数据采集”，点击“确定”。最后，从“方法”菜单中选中“方法另存为…”，输入方法名，如“乙醇含量”，点击“确定”。此时，仪器进入备用状态，待仪器显示“就绪”时，即可进行样品分析。

3. 样品信息编辑

首先，点击“序列”—“序列参数”，编辑样品信息（图 8-14），并选择序列数据的保存路径，建议选择“前缀 / 计数器”保存，接着，点击“序列”—“序列表”，输入“样品瓶”“样品名称”“方法名称”“进样次数”等，点击“确定”。然后，点击“序列”—“序列模板另存为”，输入序列名，如“乙醇含量”，点击“确定”。最后，待基线平衡稳定后，从“运行控制”菜单中选择“运行序列”。

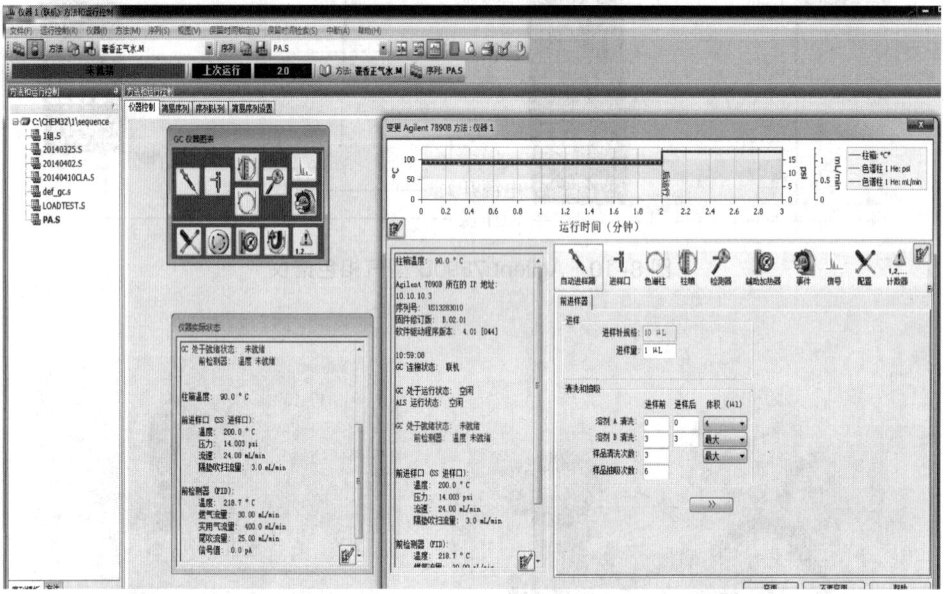

图 8-13　分析方法编辑的界面

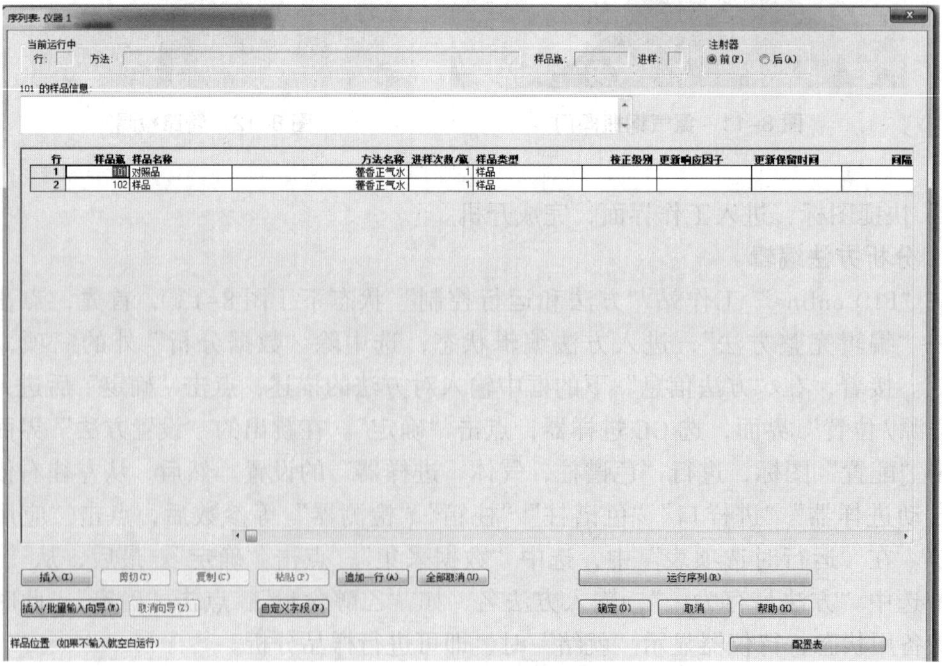

图 8-14　样品信息编辑的界面

4. 数据处理

首先，双击“FID offline”图标，进入脱机界面（图 8–15）。以内标分析法为例，依次点击“数据分析”—“文件”—“调用信号”，选择对照品谱图。接着，点击“校正”—“新建校正表”，点击“级别”右侧的白色方框，输入 1，进入 1 级校正后点击“确定”。然后，点击组分的单元格，使其变成蓝色，并输入组分的含量和名称。对于内标组分，输入其浓度并将“内标”选为“是”。组分含量输入后，校正表右侧的坐标将呈现相应的 1 级校正曲线，点击“确定”完成。调用下一张对照品谱图，在“校正”中选择“重新校正”，点击“平均”，完成同一样品的平均校正曲线表。最后，调用待测样品谱图，点击“报告”—“设定报告”—“定量”—“内标法”—“打印报告”，样品含量即可直接输出。

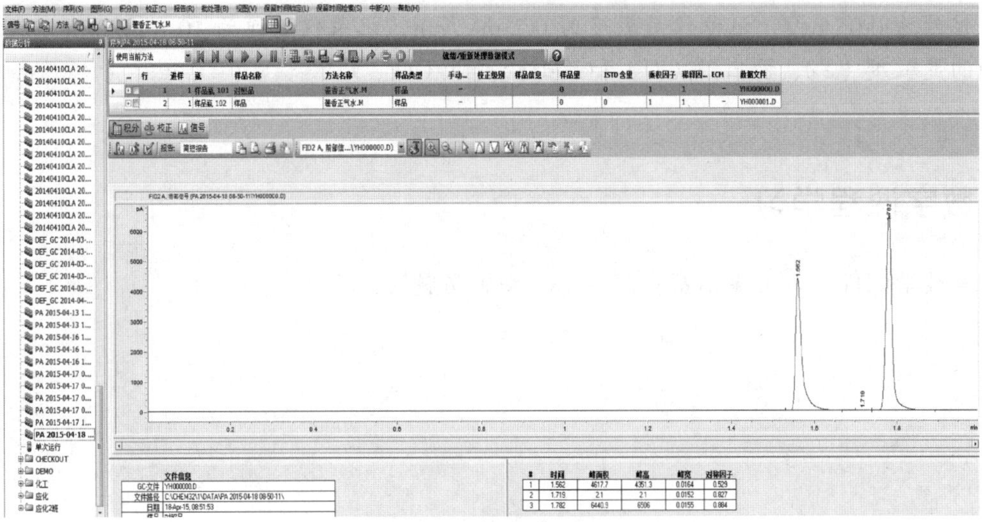

图 8–15　数据处理的界面

5. 关机

仪器使用完毕，关闭空气、氢气，调出“关机”方法，使柱温降至 50℃以下，检测器温度降至 100℃以下，退出工作站，关闭主机，最后关闭载气，切断电源。（务必注意氢气安全）。

思考与练习题

8–1 利用气相色谱法测定一混合样品中间苯二甲酸的含量，为什么要将样品预先进行衍生化？

8–2 为什么载气需要净化？如何净化？

8–3 简述氢火焰离子化检测器的基本结构和工作原理。

8–4 有一未知物，请利用常见四种 GC 检测器（TCD、FID、ECD 和 FPD）的选择性作出初步的分类定性。

8-5 柱温对分离有何影响？柱温的选择原则是什么？

8-6 毛细管色谱柱与填充柱相比有何特点？

8-7 如何选择固定液？

8-8 在下列情况下色谱峰形将会怎样变化？（1）进样速度慢；（2）由于汽化室温度低，样品不能瞬间汽化；（3）增加柱温；（4）增大载气流速；（5）增加柱长。

8-9 恒温气相色谱与程序升温气相色谱有何不同？

8-10 简要说明气相色谱分析的基本原理。

8-11 硅藻土载体在使用前为什么需要经过化学处理？常有哪些处理方法？简述这些处理方法的作用。

8-12 用气相色谱法氢火焰检测器检测某焦化厂用生化处理废水中酚的浓度，已知苯酚标准浓度 1 mg/mL，进样量 3 μL，测得苯酚峰高 115 mm，峰半高宽 4 mm，3 倍噪声信号为 0.05 mV，记录仪灵敏度为 0.2 mV/cm，记录仪纸速为 10 mm/min。试计算苯酚的灵敏度（S）、检出限（D）和最小检测限（D_{min}）。

数字课程学习

◆教学课件　　◆本章自测　　◆思考题

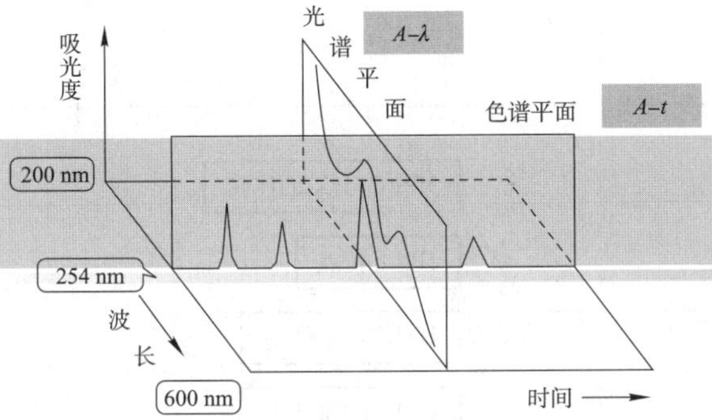

9

高效液相色谱法

● **关键词**

高效液相色谱法，反相分配色谱法，溶剂强度，梯度洗脱技术

● **目的要求**

了解高效液相色谱法的优点及其不足，掌握高效液相色谱法分离模式的类型及其原理；掌握高效液相色谱仪的基本结构和原理，了解高效液相色谱法操作条件的选择及其应用。掌握高效液相色谱仪的方法编辑、日常性能检查和样品的分析测试，熟悉 Agilent 1260 HPLC 的操作步骤；培养学生分析问题、解决问题的综合能力；培养学生的责任意识；培养学生精益求精的工匠精神。

● **重点难点**

（1）重点：高效液相色谱仪与反相分配色谱类型。

（2）难点："梯度洗脱"技术及其它操作条件的选择。

知识导图

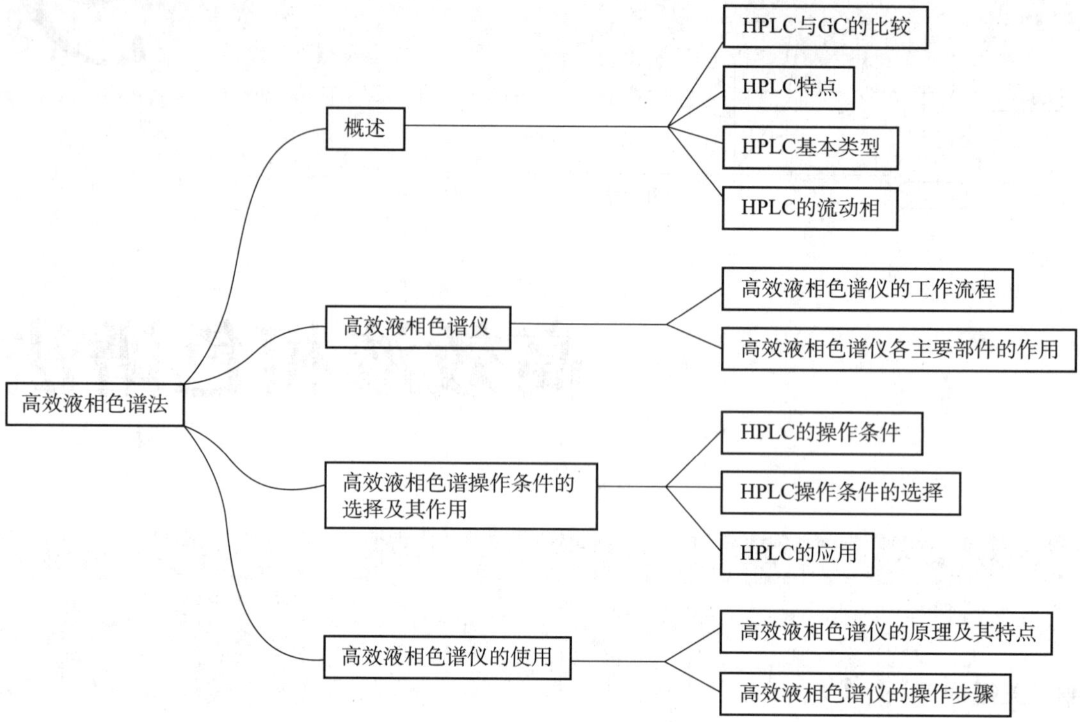

第一节　概述

相对于经典液相色谱而言，采用小粒度（小于 10 μm）分离填料，使用高压输液泵驱动流动相的现代液相色谱法，称为高效液相色谱法（high-performance liquid chromatography，HPLC）。

HPLC 是在经典液相色谱法的基础上，引入了气相色谱理论和实验技术，采用高压泵、高效固定相和高灵敏度检测器等新实验技术而建立的一种现代液相色谱分析法。

由于 GC 中的流动相载气是不活泼气体（如氮气），对组分没有亲和力，仅起运载作用，所以只有固定相可选择；而 HPLC 的流动相液体对组分有亲和力，不仅起到使试样沿着色谱柱移动的作用，而且和固定相一样，与试样分子发生选择性的相互作用，这就为控制和改善分离条件提供了一个额外的可变因素。

一、HPLC 与 GC 的比较

1. HPLC 与 GC 的相同点

色谱的基本理论一致；定性与定量分析的原理完全一样。

2. HPLC 与 GC 的不同点

与 GC 相比，HPLC 在色谱基本类型、固定相、流动相、分离环境、分析目的、适宜分析样品等方面均存在差异，如表 9-1 所示。

表 9-1 HPLC 与 GC 的比较

比较项目	GC	HPLC
色谱基本类型（依据分离原理）	吸附色谱、分配色谱	吸附色谱、分配色谱、离子交换色谱、凝胶色谱
固定相	固体吸附剂、载体 + 固定液或固定液	固体吸附剂、载体 + 固定液、离子交换树脂、凝胶类物质
流动相	气体	液体
分离环境（柱温 / 压力）	高温 / 常压	常温 / 高压
分析目的	不易回收，只用于定性定量分析型色谱	易回收，可用于分析型和制备型色谱
适宜分析的样品	约占 20% 有机物，适宜于气体、易挥发性物质和热稳定性物质	约占 80% 有机物，适宜于沸点高、极性强、热不稳定性物质

二、HPLC 特点

HPLC 具有高压、高速、高效、高选择性、高灵敏度等优点。其中，采用高压泵实验技术表现为最突出的优点。

HPLC 的局限在于：

（1）不能分析受压易分解、易变性、具有生物活性的生化样品。

（2）其“梯度洗脱”技术比 GC“程序升温”技术的操作更复杂。

（3）需要消耗大量的溶剂（其多数对人体有害）。

三、HPLC 基本类型

在所有色谱技术中，液相色谱法是最早（1906 年，茨维特）发明的，但它初期发展较慢，于 1969 年液相色谱仪才实现了商品化。本章主要介绍 HPLC 的四种基本类型，包括液液（分配）色谱法、液固（吸附）色谱法、离子交换色谱法和凝胶色谱法。

图 9-1 中显示了 HPLC 四种基本类型的固定相模型，体现了各分离模式中组分在两相间具有不同的分离机制。

1. 液液（分配）色谱法

利用固定相颗粒表层的固定液对各组分的溶解能力（分配系数 K）不同进行分离。

根据两相（固定相和流动相）之间相对极性的大小，可将分配色谱法分成两类，即正相分配色谱法与反相分配色谱法（表 9-2）。

反相色谱法中，流动相的极性大于固定相的极性，对于极性弱组分有较大保留值，适宜于分离弱极性的化合物；而正相色谱法则与之相反。

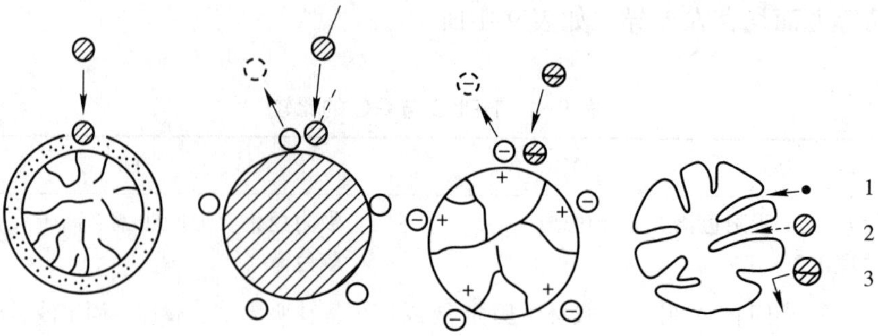

（1）液液色谱　（2）液固色谱　（3）离子交换色谱　（4）凝胶色谱

○ 溶剂分子　⊘ 溶质分子　⊘— 带有极性和非极性基团的溶质分子

⊘ 阴离子样品　⊖ 平衡离子

1. 全渗透；2. 部分渗透；3. 排阻。

图 9-1　液相色谱四种基本类型的分离机制

表 9-2　正相色谱法与反相色谱法的比较

比较项目	正相色谱法	反相色谱法
固定相	强极性	非极性
流动相	弱→中等极性	中等→强极性
出峰顺序	极性弱的组分先出峰	极性强的组分先出峰
适于分离的物质	极性物质	弱（非）极性物质

2. 液固（吸附）色谱法

固定相吸附剂颗粒与流动相溶剂分子在吸附剂表面发生竞争性吸附，根据固体吸附剂表面对各组分吸附能力强弱的不同进行分离。

主要用于分离非离子化合物、不溶于水的化合物以及几何异构体，而不适合分离强极性的离子型试样和同系物。

3. 离子交换色谱法

其固定相是离子交换树脂，图 9-1 中显示的是阴离子交换树脂，组分离子与流动相离子（即图 9-1 中的平衡离子）争夺离子交换树脂上的离子（阳离子）。基于树脂上可交换的（阳）离子与流动相中组分（阴）离子的亲和力的不同而进行分离。

主要用于分离金属离子混合物以及生物大分子等。

4. 凝胶色谱法

也称为空间排阻色谱法，以多孔性凝胶类物质为固定相，根据不同组分分子体积的大小进行分离。

主要用于分离高分子化合物并测定其分子量，但试样中各组分的分子量相差大于 10% 才可以得到分离。

四、HPLC 的流动相

1. HPLC 流动相的组成

HPLC 流动相是由洗脱剂（一般为有机溶剂）和调节剂（一般为缓冲液）组成。

洗脱剂将样品很好地溶解并将其中组分初步分离；而调节剂是用来调节保留值（t_R）的长短，并对某些组分的不理想分离进行改善。

2. 极性与溶剂强度的关系

常用溶剂中，水的极性最大，己烷的极性最小。所以，水、甲醇、乙腈常作为反相色谱法的流动相溶剂。

溶剂强度，是指用作流动相的溶剂，将组分从色谱柱上洗脱下来的能力。

在反相色谱中极性与溶剂强度呈反比，而在吸附色谱和正相色谱中，极性与溶剂强度相一致。

3. HPLC 各种分离模式的流动相

（1）液液（分配）色谱法，无论是正相色谱法还是反相色谱法，其流动相的极性必须与固定相显著不同。

其中，反相色谱的流动相是由甲醇或乙腈（作为洗脱剂）和 水或缓冲溶液（作为调节剂）组成。

（2）液固（吸附）色谱法，对流动相的要求有以下几点：

① 选择最佳的溶剂强度，即极性大的试样需用溶剂强度强（极性强）的洗脱剂；反之，极性弱的试样宜用溶剂强度较弱（极性较弱）的洗脱剂。

② 选择适当的溶剂组成，一般二元溶剂比纯溶剂要好。

③控制溶剂的含水量（如何保持色谱系统的水分处于平衡状态是关键）。

（3）离子交换色谱法，其流动相一般采用水的缓冲液，可通过改变流动相的 pH 值等方式来改变交换剂的选择性，使待测组分达到良好的分离。

（4）凝胶色谱法，其固定相按交联度和含水量的不同分为软胶、半硬胶和硬胶三种，对流动相有相应的要求。软质凝胶适合以水为流动相；半硬胶适合于有机溶剂为流动相；硬胶可供选择的流动相种类多，水或非水溶剂均可。

第二节 高效液相色谱仪

一、高效液相色谱仪的工作流程

HPLC 由高压输液系统、进样器、色谱柱、检测器、信号处理与显示系统等五个基本单元组成（图 9-2）。

高压泵将贮液瓶中的（两种）流动相吸入后输出，导入混合器后经过进样器。当待测试样由进样口注入，流经进样器的流动相将其带入色谱柱中进行分离，得到分离后的各种组分按先后顺序流出色谱柱，进入检测器，检测器再将其浓度信号转变成电信号，由终端系统记录下来，即得到液相色谱图。

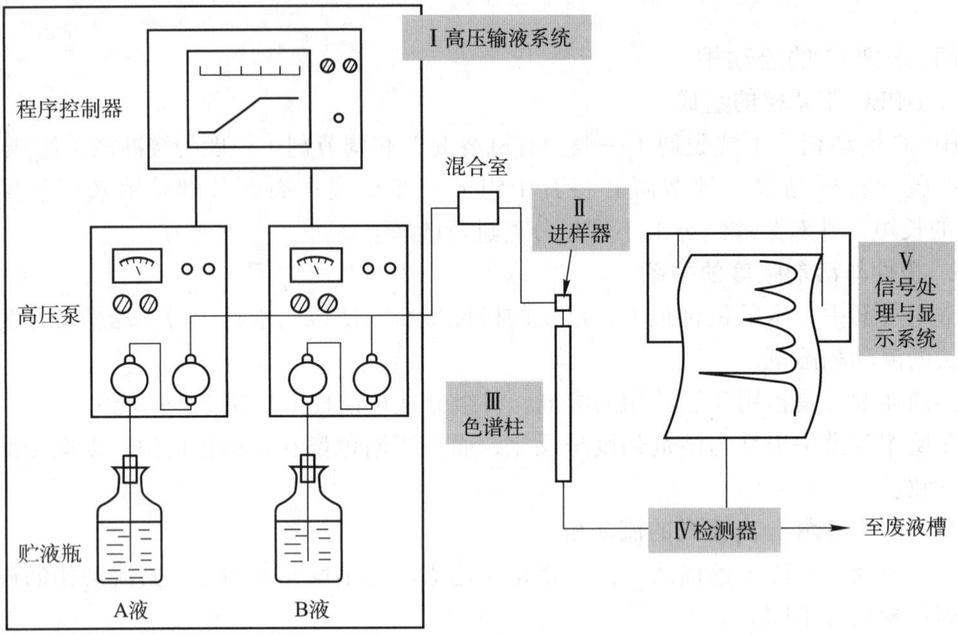

图 9-2 高效液相色谱仪的结构示意图

二、高效液相色谱仪各主要部件的作用

1. 高压输液系统

其作用为根据色谱条件输送流动相溶剂。包括贮液罐、高压输液泵、梯度洗脱装置等。

2. 进样系统

其作用是将待分析样品引入色谱柱。包括手动进样阀（常用六通阀）和自动进样器两种方式。自动进样器不仅可以自动进行取样与进样，还可进行清洗等一系列操作。

3. 色谱分离系统（色谱柱）

担负着将混合组分分离成单一组分的作用。包括分析柱和保护柱（预柱）。其中分配色谱柱的分析柱现在基本上都是化学键合柱。

化学键合柱的固定相是利用化学反应将有机分子（如十八硅烷）键合到载体（几乎都用硅胶）表面上，非常稳定，在使用中不易流失，适合梯度洗脱。

HPLC 的分析柱、制备柱和保护柱三种柱型如图 9-3 所示。其中分析柱一般柱长为 15 cm、25 cm、30 cm。

使用保护柱有两个作用：可以防止来自流动相和样品中的不溶性微粒对分析柱发生的堵塞现象；使预柱先与流动相互相饱和，不至于改变分析柱固定液的含量，从而保证分析柱的分离性能。

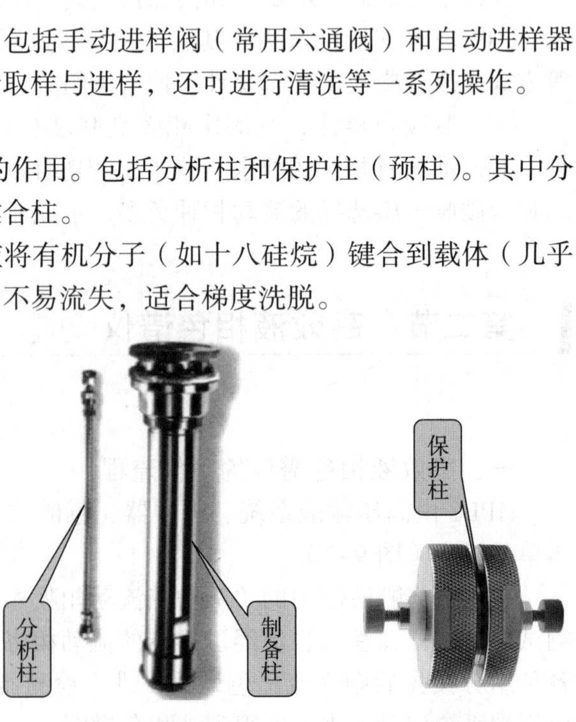

图 9-3 从分析到制备用的各种液相色谱柱

4. **检测系统**

检测器的作用在于将流经其样品池的液体试样质量或浓度信号转变为电信号。分为通用型检测器和选择性检测器两大类（表 9-3）。

表 9-3 HPLC 常用检测器的主要性能

检测器	主要性能				
	选择性	最小检测量	能否用梯度洗脱	检测依据	适用范围
紫外吸收检测器	对能吸收 UV-Vis 的物质有响应	10^{-9} g	可以	$C \propto A$	痕量分析
示差检测器	通用型	10^{-6} g	不可以	$C \propto (n_1-n_2)$	微量分析
荧光检测器	对能发射荧光的物质有响应	10^{-12} g	可以	$C \propto F$	痕量分析

（1）紫外吸收检测器

紫外吸收检测器（图 9-4）是 HPLC 中应用最广泛的一种检测器，适用于对紫外线（或可见光）有吸收的组分的检测。有些化合物本身不吸收紫外线，可通过加入衍生剂进行衍生化反应，生成能吸收紫外线的衍生物，同样可用紫外吸收检测器检测。

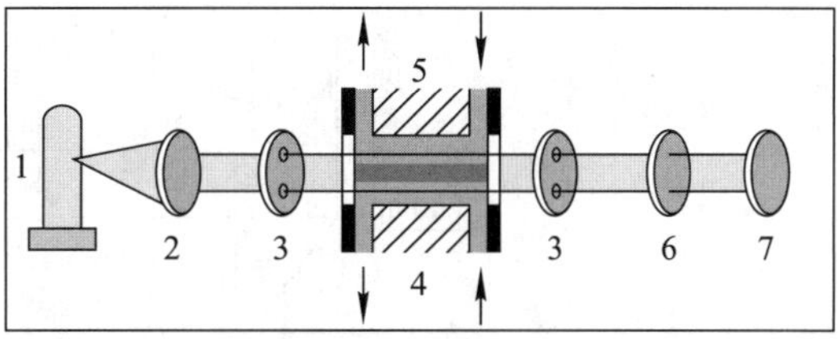

1—低压汞灯；2—透镜；3—遮光板；4—测量池；5—参比池；6—紫外滤光片；7—双紫外光敏电阻。

图 9-4 紫外 254 检测器光路图

HPLC 中，紫外吸收检测器的结构及其工作原理与紫外 - 可见分光光度计的基本相似，最大的区别在于紫外吸收检测器的检测池是只有 8 μL 的流通池。所以紫外吸收检测器实质上就是装有流动相的紫外 - 可见分光光度计。

（2）二极管阵列检测器

二极管阵列检测器（图 9-5），其本质仍为紫外吸收检测器，不同的是进入流通池的不再是单色光，为反光路系统，即光先通过流通池后再进行色散。

如图 9-5 所示，接受（检测）元件是由多个光电二极管通过硅刻技术组成的二极管阵列，所以得到的信号可以是在所有波长上的色谱信号。

二极管阵列检测器最突出的功能是以在线方式、在很短时间内对色谱峰进行光谱扫描，可获得吸光度、时间、波长（A-t-λ）的三维立体色谱图（图 9-6）。

二极管阵列检测器色谱图中，在原有二维（A-t）的色谱平面图上增加了一个光谱平面图（A-λ），由每一个光电二极管检测其中一窄段的谱区，即可得到三维谱图（图 9-7）。

（3）荧光检测器

荧光检测器结构（图 9-8）及工作原理与荧光分光光度计基本相似，最大区别也是荧光检测器的检测池只有 8 μL 流通池。所以，荧光检测器同样就是装有流动相的荧光

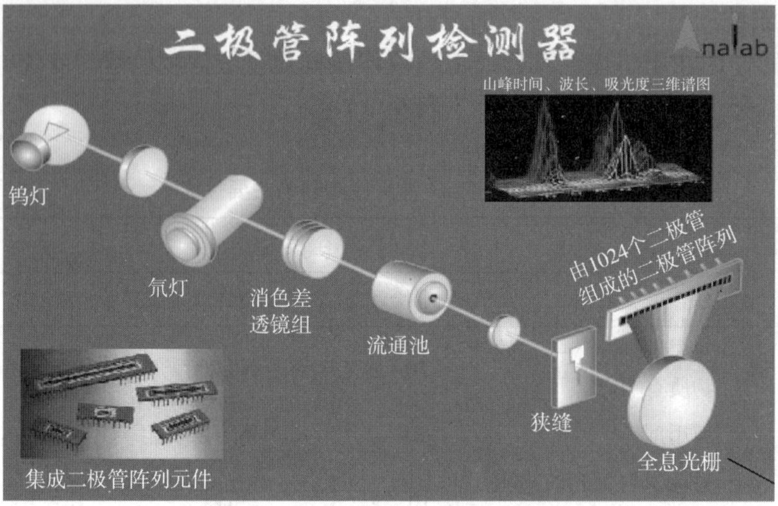

图 9–5 二极管阵列检测器光路示意图

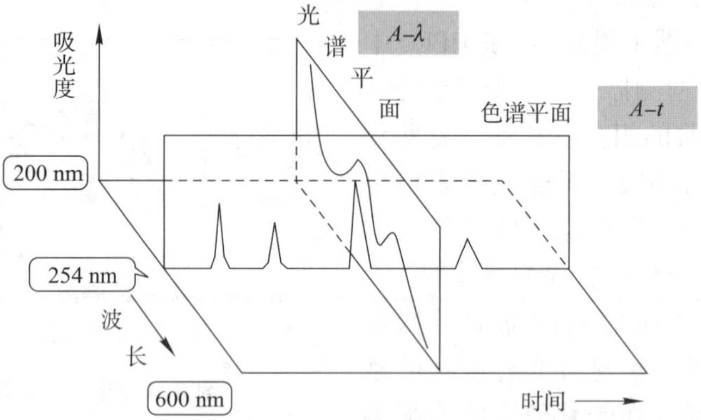

图 9–6 DAD 吸光度、时间、波长（A–t–λ）的三维立体色谱图

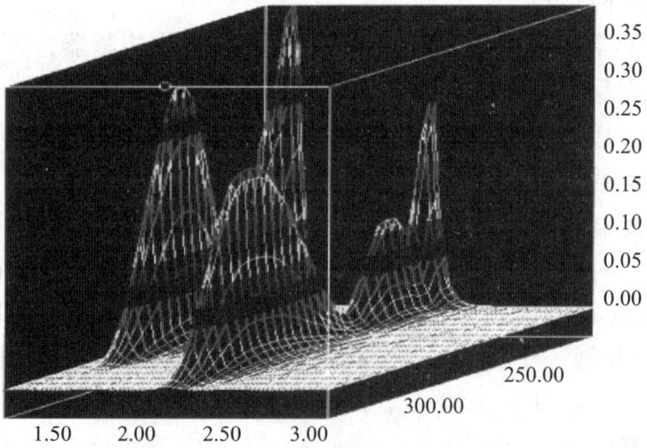

图 9–7 二极管阵列检测器的三维谱图

分光光度计。

HPLC荧光检测器的应用，可直接测定结构复杂的大量有机物（含有共轭π键体系的芳环或杂环有机物及其金属离子配合物），如各种维生素、叶绿素、氨基酸和蛋白质、酶、辅酶以及各种药物、毒物和农药等，尤其适于生物体组分的分析。

但只适用于检测能发射荧光的物质，对有些化合物本身不产生荧光，可与荧光试剂发生衍生化反应生成荧光衍生物，就可用荧光检测器检测。

（4）示差折光检测器

示差折光检测器是利用连续测定参比池（纯溶剂）与样品池（洗脱液 + 组分）中溶液折射率的变化（之差）来测量样品浓度。

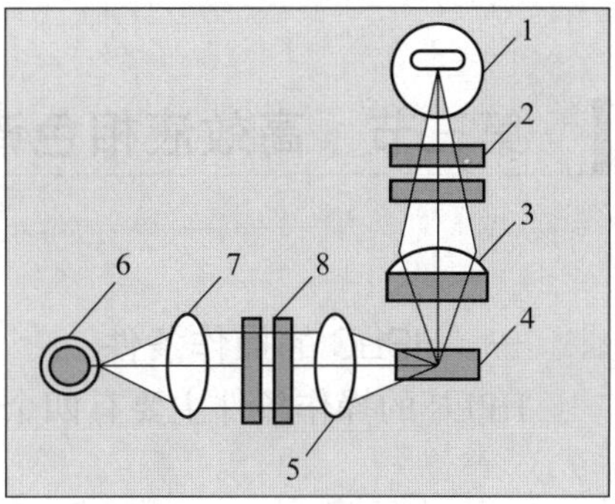

1—光电倍增管；2—发射滤光片；3—透镜；4—样品流通池；5—透镜；6—光源；7—透镜；8—激发滤光片。

图 9-8 荧光检测器示意图

示差折光检测器为通用型检测器，对于那些无紫外吸收的有机物，如高分子化合物、糖类、脂肪烷烃是比较适合的。在凝胶色谱中是必备的检测器，在制备色谱中也经常使用。应用最广泛的还是偏转式示差折光检测器（图 9-9）。

5. 信号处理与显示系统

其作用是放大信号、记录与数据处理，并显示测定结果。其中，色谱工作站将各种控制功能与数据处理功能集于一体。

此外，HPLC的主要辅助系统是脱气装置。

HPLC流动相脱气目的：使高压泵输液准确；提高检测性能；保护色谱柱。

HPLC常用脱气方法有：超声脱气、减压脱气和在线脱气等。

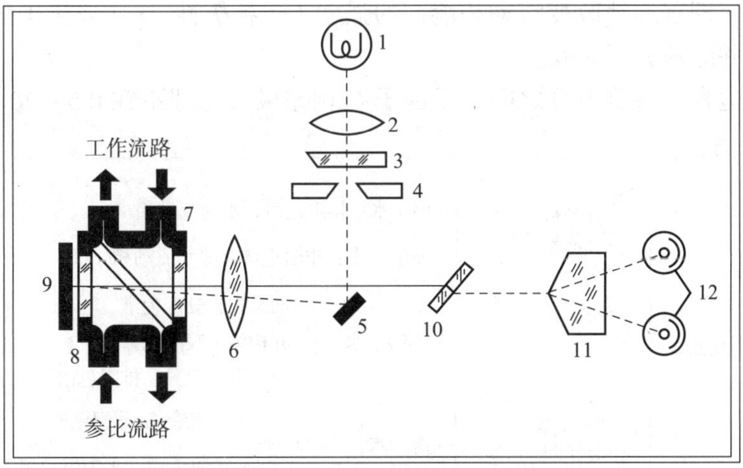

1—钨丝灯光源；2—透镜；3—滤光片；4—遮光板；5—反射镜；6—透镜；7—工作池；8—参比池；9—平面反射镜；10—平面细调透镜；11—棱镜；12—光电管。

图 9-9 偏转式示差折光检测器光路图

第三节　高效液相色谱操作条件的选择及其应用

一、HPLC 的操作条件

HPLC 的操作条件主要有四个：分离模式、检测器、色谱柱和流动相。

二、HPLC 操作条件的选择

1. 分离模式的选择

主要考虑三点：样品分子量高低（以 2000 为界线）；水溶性或非水溶性；离子型或非离子型（图 9–10）。

由图 9–10 可知，当样品的分子量大于等于 2 000 时，都选择排阻色谱；小于 2 000，再根据是否水溶性或是否离子型，作进一步的选择。

2. 检测器的选择（参见第九章第二节所述内容）

3. 色谱柱的选择

应考虑：固定相，即对应于分离模式（参见第九章第一节所述内容）；柱温的选择，一般控制在 25 ~ 65℃之间。

4. 流动相的选择

应考虑：流动相组成，即溶剂强度；分离模式；洗脱方式（包括等度洗脱和梯度洗脱）。

所谓等度洗脱，即保持流动相组成配比不变。

梯度洗脱（也称为溶剂程序），是指在 HPLC 分离过程中，随时间函数程序地改变流动相的组成，即程序地改变流动相溶剂的强度（包括极性、pH 或离子强度等），从而改善分离效果并缩短分析时间。

梯度淋洗适合于待测组分之间容量因子 k' 相差极大（即不在 0.5 ~ 20 之间）的复杂

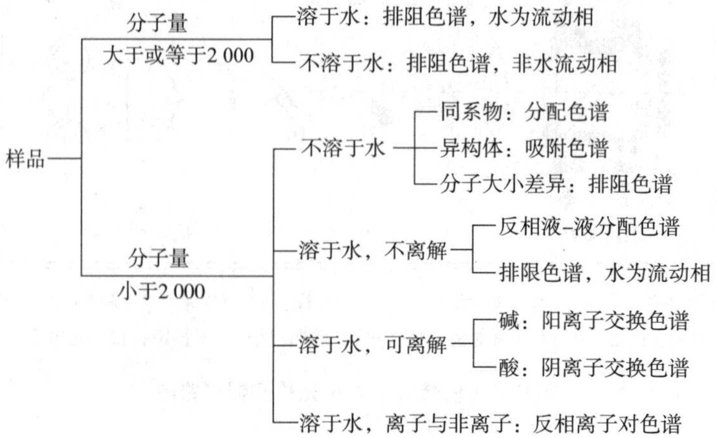

图 9–10　液相色谱分离类型选择参考图

混合物的分离。

如图 9–11 所示（以 a 图为例），当以 80% 甲醇为固定组成作流动相洗脱样品（即等度洗脱）时，因各组分的容量因子（k'）相差较大，导致 k' 值小的组分拥挤出峰，得不到分离（图 9–11 中 1、2 号峰）；而 k' 值大的组分其峰宽较宽，所需分析时间较长（图 9–11 中 3、4 号峰）。

若改为梯度洗脱方式，即逐渐降低起始浓度的甲醇比例，并提高后续甲醇比例，使流动相的溶剂强度随时间而改变，就可使样品各组分在适宜 k' 值下全部流出，既获得良好峰形又缩短分析时间（图 9–11）。

无论是气相色谱法还是液相色谱法，它们的主要任务都是将混合物中的每一个组分分离出来，所以 HPLC 色谱分离条件的优化，仍然要在保证组分分离度和灵敏度的前提下，再来考虑如何实现快速分析。

同样我们要判断一张液相色谱图中的色谱条件是否选得好，还是要看两个指标，即是否满足足够的分离度和较短的分析时间。

三、HPLC 的应用

HPLC 几乎在所有学科领域都有广泛应用，归纳起来主要表现在以下几个方面。

1. 成分分析

各种作物、畜牧产品、饲料及食品等的成分分析；农药（如甲氰菊酯）；毒物（如黄曲霉素）；食品添加剂（甜味剂、着色剂、防腐剂、香料、人工合成色素）等成分分析。

例 1，自 2008 年“三聚氰胺”事件爆发后，我国政府要求把农产品中三聚氰胺的检测纳入常规检测范围。

美国食品药品监督管理局（FDA）和中国农业部（现农业农村部）颁部的三聚氰胺检测方法：第一法，液相色谱 - 质谱法联用；第二法，即高效液相色谱法（HPLC，图 9–12）或超高效液相色谱法。

例 2，被称为人类第一致癌物的黄曲霉毒素的测定（等度洗脱、反相 HPLC 荧光检测器检测）（图 9–13）。

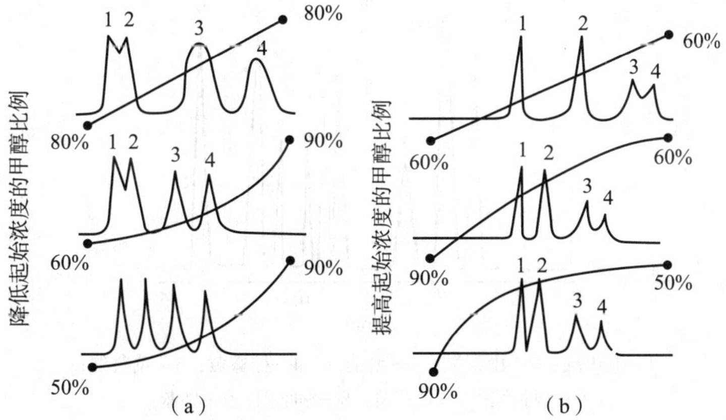

图 9–11 梯度洗脱的分离效果

例 3，反相 HPLC 用于分离色素和一些添加剂（图 9–14）。

2. 在生物化学和生物工程中的应用

分离核酸、核苷酸、DNA 和 RNA 碎片的序列；分离氨基酸、肽、蛋白质；酶、糖；人参中的人参皂甙、其它生物碱；多胺、作物内源激素等。分离这些生物大分子、离子型化合物、受热易分解物质以及高分子化合物等。

例 4，反相键合柱分离蛋白质（图 9–15）。

例 5，反相 HPLC 分离氨基酸（图 9–16）。

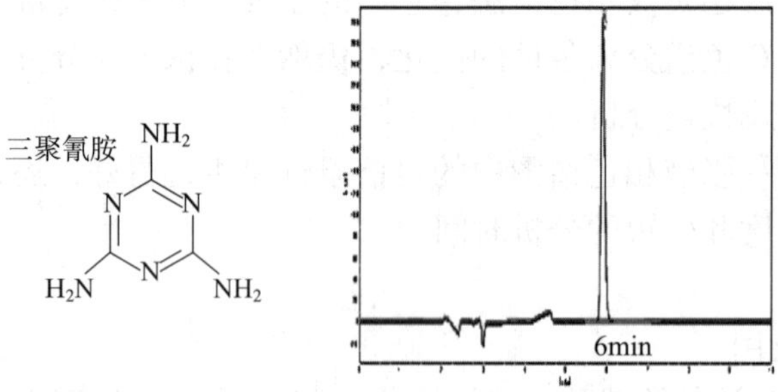

图 9–12　三聚氰胺的结构式及其高效液相色谱图

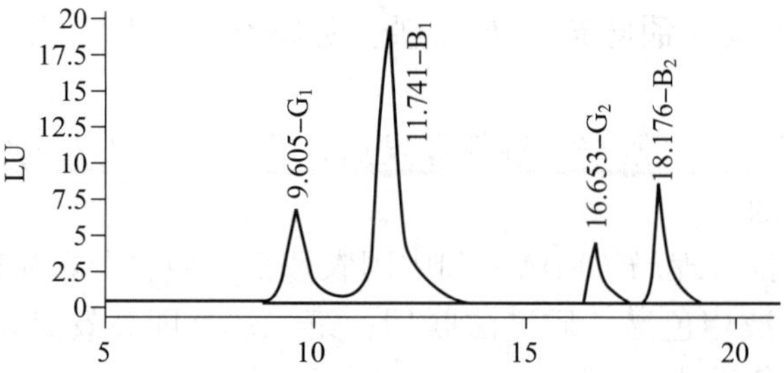

图 9–13　黄曲霉毒素 B_1、B_2、G_1、G_2 的分离色谱图

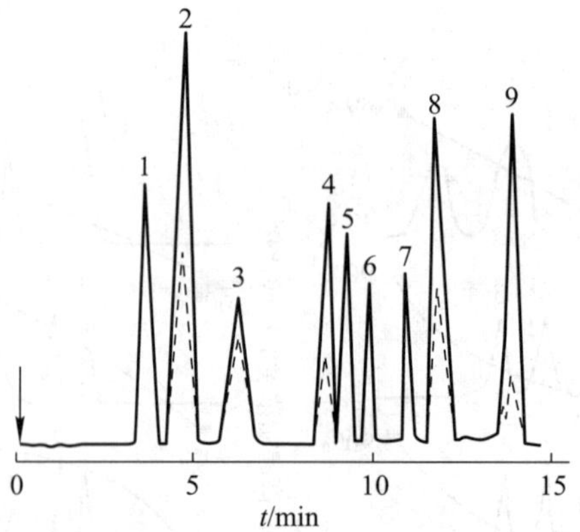

1—苯甲酸；2—山梨酸；3—糖精钠；4—柠檬黄；5—苋莱红；
6—胭脂红；7—日落黄；8—咖啡因；9—亮蓝。

图 9–14　软饮料中添加剂的反相键合相色谱分离图

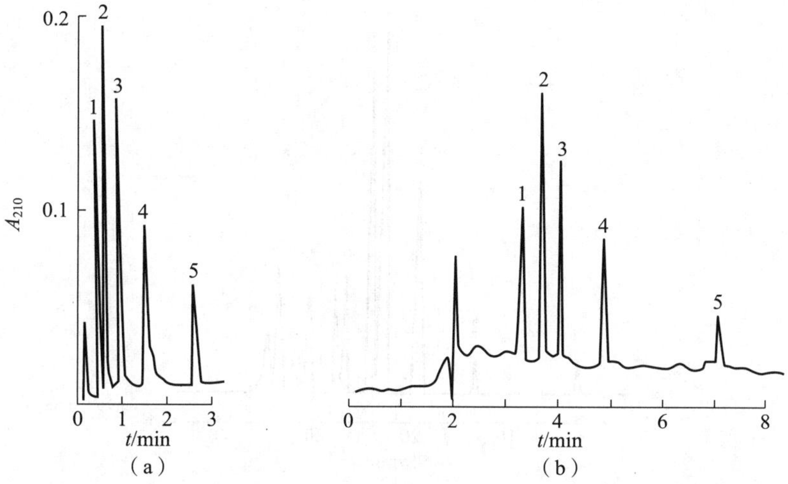

1—核糖核酸酶；2—胰岛素；3—溶菌酶；4—肌红蛋白；5—人生长激素。

图 9-15 反相键合柱分离蛋白质的色谱图

（a）色谱柱 1 （b）色谱柱 2

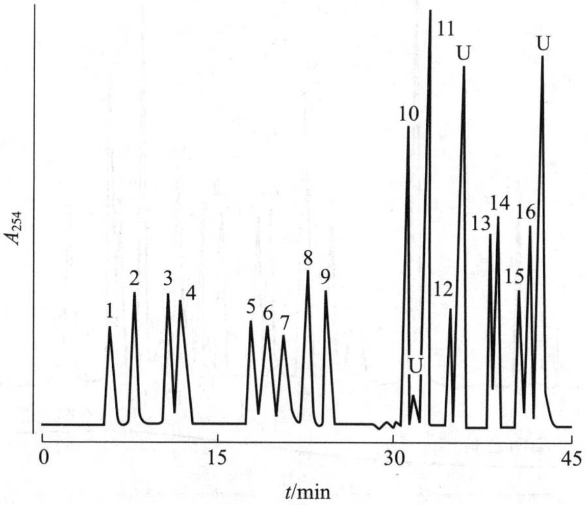

1—天冬氨酸；2—谷氨酸；3—丝氨酸；4—甘氨酸；5—组氨酸；6—苏氨酸；7—丙氨酸；8—精氨酸；9—脯氨酸；10—酪氨酸；11—蛋氨酸 + 缬氨酸；12—胱氨酸；13—异亮氨酸；14—亮氨酸；15—赖氨酸；16—苯丙氨酸；U—试剂相关杂质。

图 9-16 反相 HPLC 分离 PITC 衍生标准混合氨基酸

3. 环境污染物的分析

如多环芳香烃类、多氯联苯、氨基甲酸酯类农药、硝基化合物等的检测。

例 6，利用反相 HPLC 分离稠环芳烃（梯度洗脱、HPLC 紫外吸收检测器检测）（图 9-17）。

例 7，反相 HPLC 用于分离氨基甲酸酯类农药（图 9-18）。

4. 无机分析

包括络离子、阴离子、稀土和稀有元素的分析，这也是 HPLC 所特有的应用。

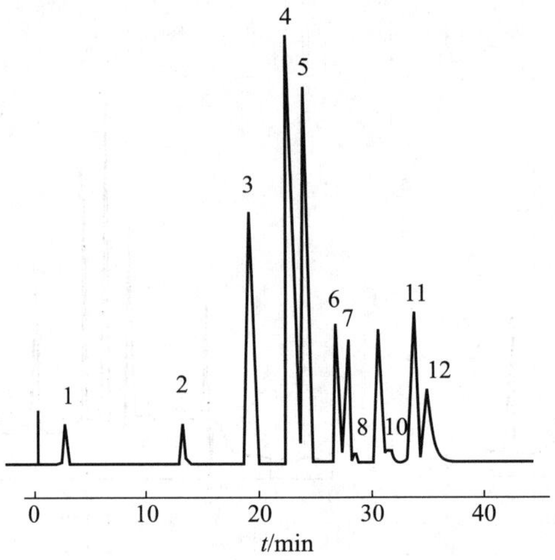

1—苯；2—萘；3—联苯；4—菲；5—蒽；6—荧蒽；7—芘；8，10—未知；11—苯并芘（e）；12—苯并芘（a）。

图 9-17 反相 HPLC 分离稠环芳烃类物的色谱图

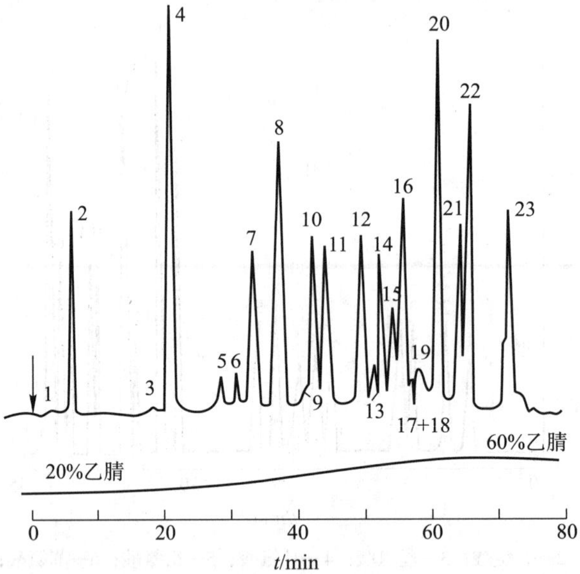

1—溶剂；2—灭多虫；3—涕灭威；4—异索威；5—杀灭威；6—克百威丹；7—百亩威；8—甲奈威；9—混杀威；10—苯胺灵；11—氯灭杀威；12—灭虫威；13—白克威；14—芽后苯敌草；15—Chloroprophen；16—Eplan；17—Bux；18—敌菌丹；19—燕麦灵；20—克草猛；21—苏达灭；22—燕麦敌；23—野麦畏。

图 9-18 氨基甲酸酯类农药的分离谱图

例 8，离子色谱分离阴离子（图 9-19）。

5. 石油化工分析

如产品质量控制、表面活性剂、染料等分析。

6. 医药方面

主要用于分析药物含量，如可同时测定维生素 B_6、D、A、E 的含量，体内药物残留和代谢物等。

例 9，反相离子对色谱分离维生素（图 9-20）。

例 10，反相 HPLC 用于分离蜂产品中三种四环素类抗生素的残留量（图 9-21）。

以上各学科领域的几百万种化合物中，HPLC 可分离分析约 80% 的化合物。而且

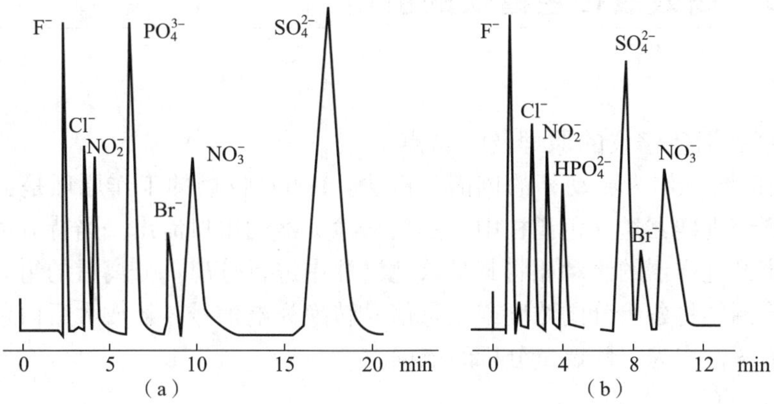

图 9-19 七种标准阴离子分离色谱图

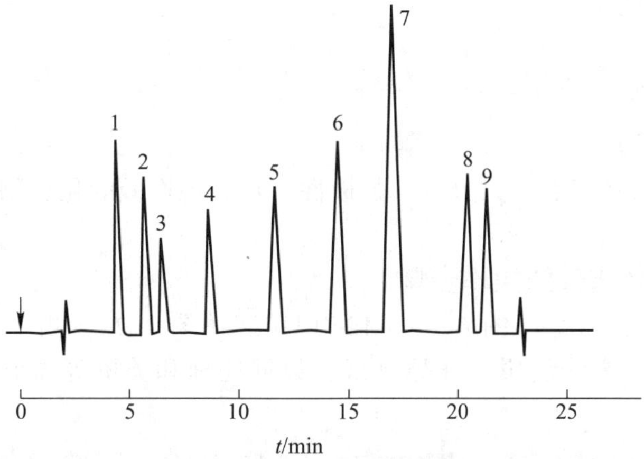

1—维生素 C；2—维生素 B_1；3—维生素 B_6；4—烟酸；5—维生素 K_3；6—烟酰胺；7—对羟基苯甲酸；8—维生素 B_{12}；9—维生素 B_2。

图 9-20 反相离子对色谱分离水溶性维生素

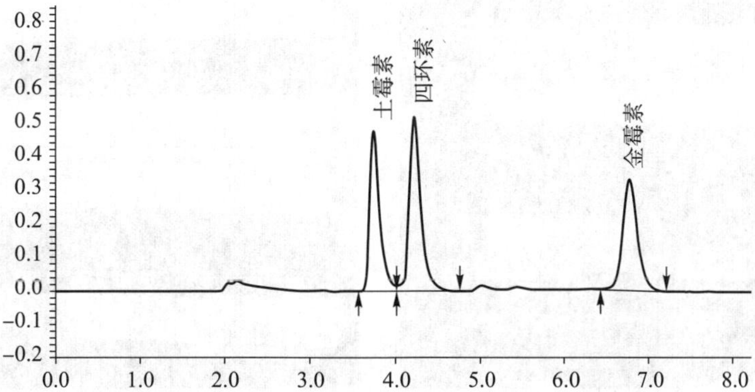

图 9-21 反相 HPLC 分离蜂产品抗生素残留量的谱图

基本上都可利用反相 HPLC 来分离，所以，反相 HPLC 能解决约 80% 的液相色谱分离任务。

第四节　高效液相色谱仪的使用

一、高效液相色谱仪的原理及其特点

HPLC 是以液体作为流动相的色谱分析法。HPLC 仪器的工作原理是：利用高压泵将流动相溶剂经进样器送入色谱柱中，然后从检测器的出口流出。当待分离样品从进样器进入时，流经进样器的流动相将其带入色谱柱中进行分离。分离后的组分顺序地通过检测器，该检测器将各组分的浓度或质量信号转换为电信号，经放大后由色谱数据处理系统绘出色谱图，作为定性定量分析的依据。

HPLC 仪器有以下特点：

（1）检测分辨率和灵敏度高；

（2）分析速度快；

（3）重复性好；

（4）定量精度高；

（5）应用范围广；

（6）适用于分析高沸点、大分子、强极性、热稳定性差的化合物。

二、高效液相色谱仪的操作步骤

本节以 Agilent 公司生产的 Agilent 1260 HPLC（图 9-22）测定槐花中槲皮素和芸香苷为例，从开机、方法编辑、样品测试、数据处理和关机等 5 个方面重点讲解一下

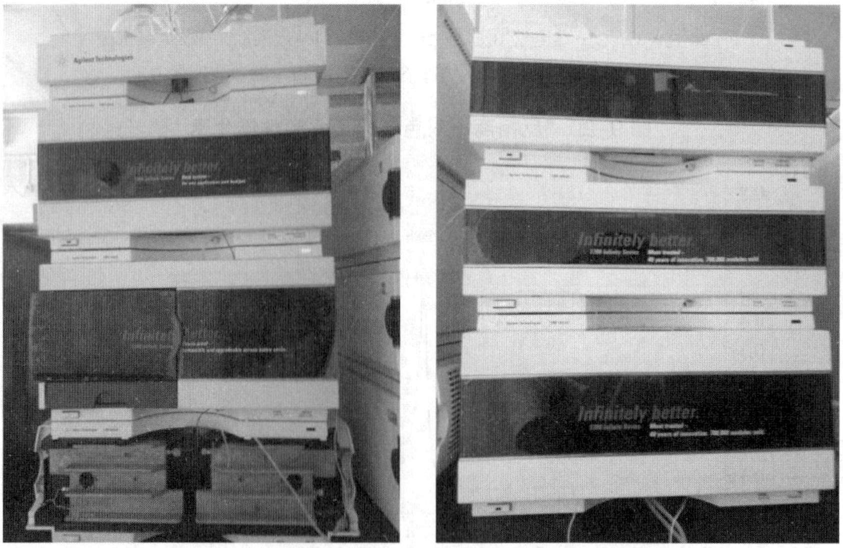

图 9-22　Agilent 1260 HPLC

HPLC 的操作。

1. 开机

（1）打开电脑；

（2）打开高效液相色谱各个模块的电源；

（3）双击桌面“LC 1260（联机）”，进入联机界面，从“视图”菜单中选择“方法和运行控制”界面；

（4）排气：

① 手动旋开泵处冲洗阀（逆时针旋转约 1 圈）；

② 单击四元泵模块（图 9-23）中的 A、B、C、D 瓶图标，输入溶剂的实际体积和瓶体积，并且选停泵体积，点击“确认”；

③ 右键单击该模块，点击“方法”选项进入泵的编辑页面，将泵的流量设定为 5 mL/min，溶剂 A 设定为 100%，点击“确定”；

④ 再次右键单击该模块，点击“开启泵”，观察排出管线中的气体，直到管线内由溶剂瓶到泵入口无气泡为止，依次切换到 B、C、D 溶剂，分别排气泡；

⑤ 右键单击该模块，点击“方法”选项，进入泵的编辑页面，将泵的流量设定为 0 mL/min，点击“确定”，手动旋紧冲洗阀；

⑥ 右键单击该模块，点击“方法”选项，进入泵的编辑页面，按照方法设定流动相比例，甲醇：0.4% 磷酸 =70：30（*V*/*V*），流速 1.1 mL/min。

2. 方法编辑

（1）右键单击进样器模块（图 9-24），点击“方法”选项，进入进样器的编辑页面（图 9-25），输入进样量体积 5 μL，其他选项默认，点击“确认”；

（2）右键单击四元泵模块（图 9-23），点击“方法”选项，进入四元泵编辑页面（图 9-26），输入流动相比例，甲醇：0.4% 磷酸 = 70：30（*V*/*V*），流速 1.1 mL/min，勾选并输入停止分钟数 10 min；

（3）右键单击柱温箱 TCC 模块（图 9-27），点击“方法”选项，进入柱温箱 TCC 编辑页面（图 9-28），勾选左、右侧温度，并输入所需温度 30℃，其它选项默认，点击“确认”；

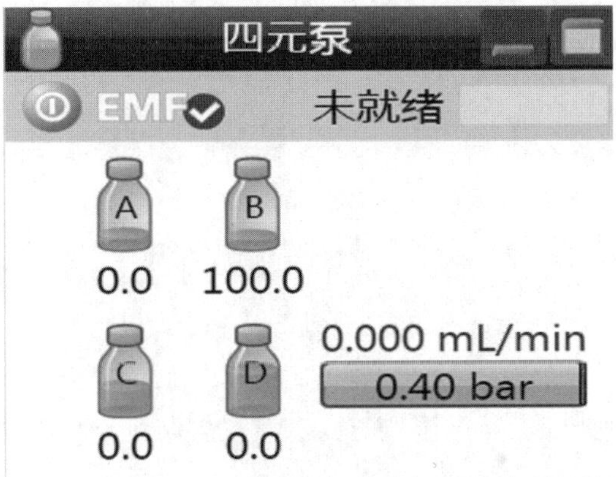

图 9-23　四元泵

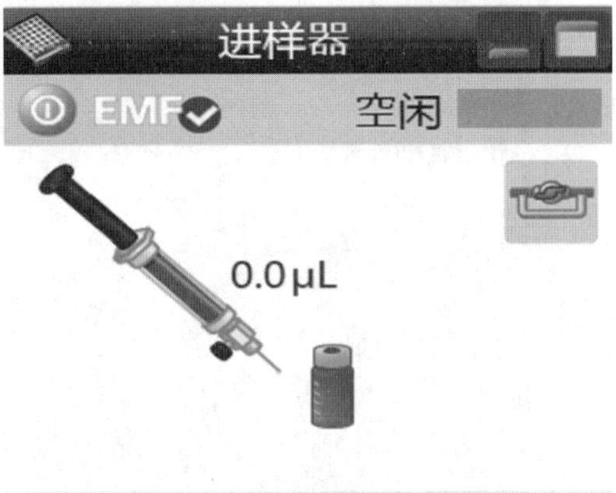

图 9-24　进样器

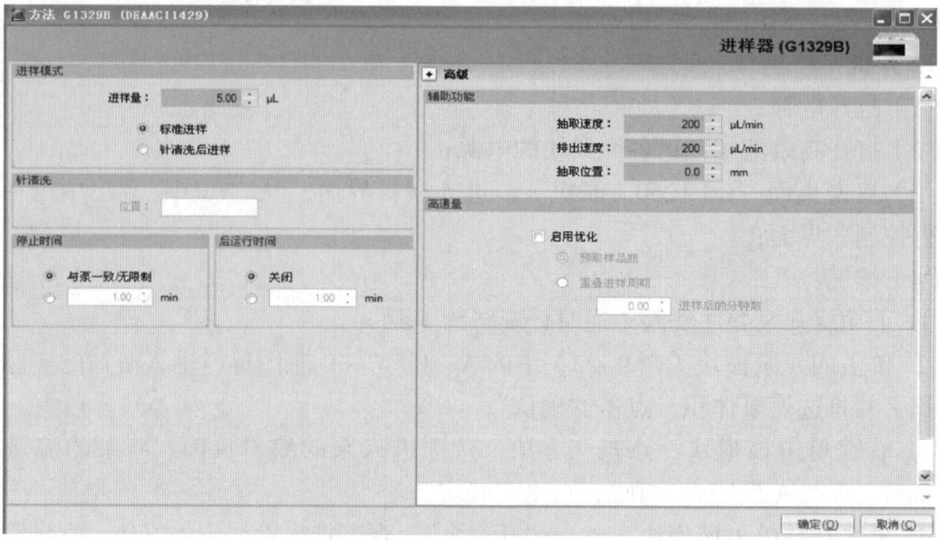

图 9–25　进样器编辑页面

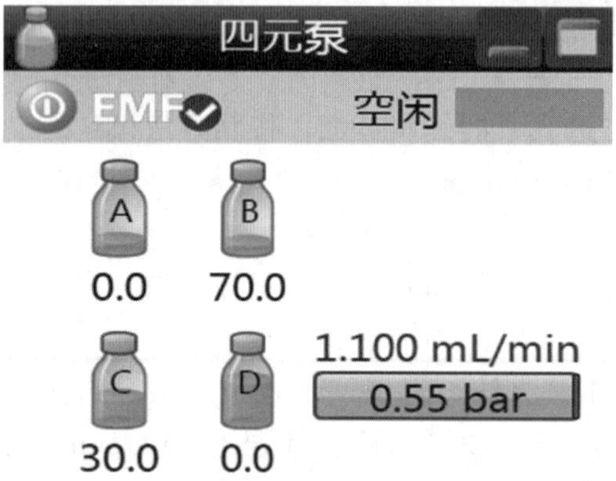

图 9–26　四元泵编辑页面

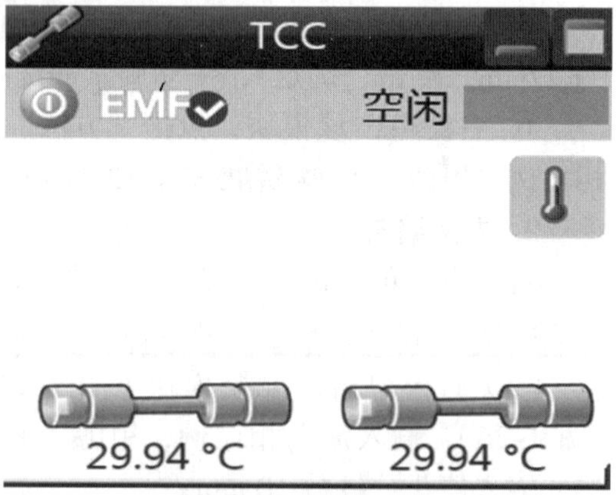

图 9–27　柱温箱 TCC

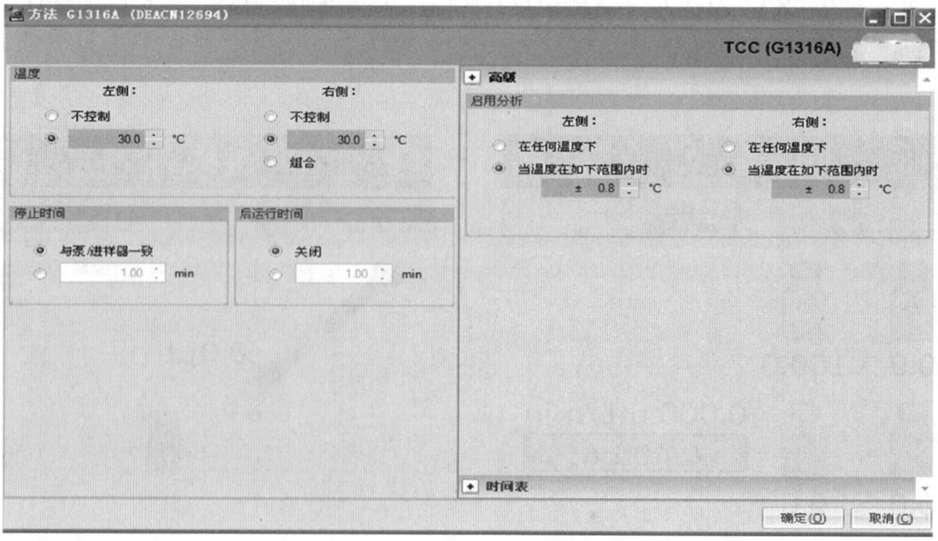

图 9–28　柱温箱 TCC 编辑页面

（4）右键单击DAD检测器模块（图9-29），点击“方法”选项，进入DAD检测器编辑页面（图9-30），勾选信号，并输入检测波长254 nm，其它选项默认；

（5）完成方法编辑后，从“方法”菜单栏中，选择“方法另存为”，选择存储位置及方法命名。

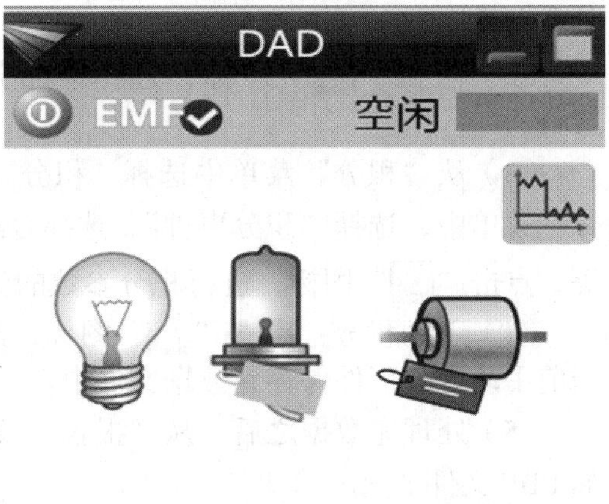

图 9-29 DAD 检测器

3. 样品分析

（1）从“序列”菜单栏中，点击“序列参数”，选择存储路径及填写子目录，点击“确定”；

（2）从“序列”菜单栏中，点击“序列表”，插入样品个数，并对样品放置在样品盘的位置进行填写及命名，选择前面步骤2编辑的方法，填写进样次数及选择样品类型，标准品选择“标准样品”，样品则选择“样品”，完成之后，点击“确定”；

（3）从“序列”菜单栏中，点击“序列模版另存为”，选择存储路径及命名，保存序列；

（4）等待基线平稳之后，即可开始进样分析，当基线保持在差值0.1 mAU范围内波动30 min时，则表示基线平稳；

（5）样品放置在指定的位置后，点击进样器模块（图9-24）上方的运行序列按钮，即开始进行样品分析；在“视图”菜单栏中打开在线信号，可以随时了解样品出峰情况。

4. 数据处理

（1）双击桌面“LC 1260（脱机）”，进入脱机界面，从“视图”菜单中选择“数据

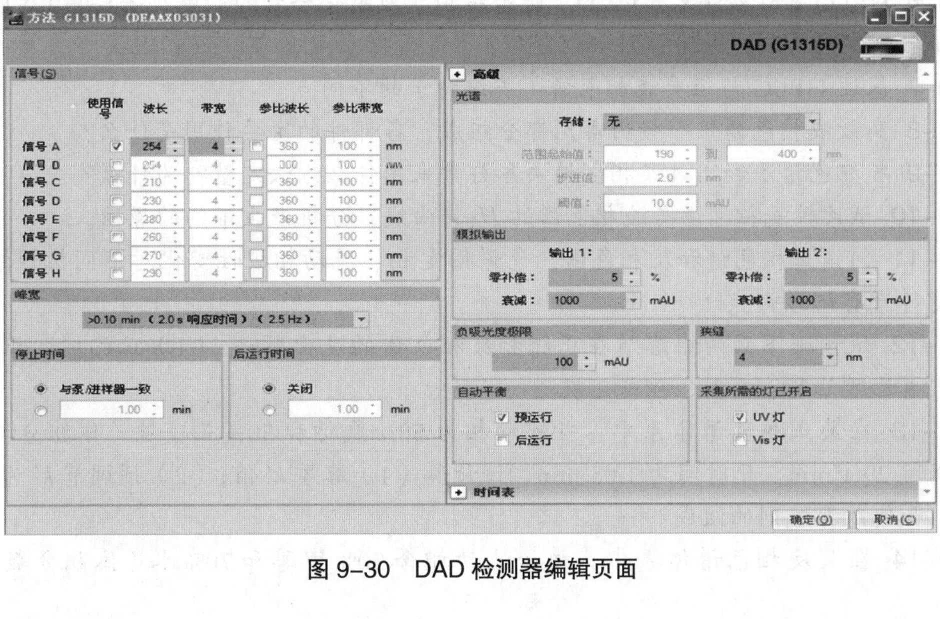

图 9-30 DAD 检测器编辑页面

分析”界面；

（2）点击“”图标，选择样品分析步骤（3）中保存的序列路径，打开数据文件；

（3）从“积分”菜单中选择“积分”，当前数据被积分，若积分不理想，则从“积分”菜单中，选择“积分事件”，选择合适的“斜率灵敏度”“最小峰面积”“最小峰高”等，点击“”图标，进行积分参数的保存；

（4）手动积分：点击“”图标，绘制峰基线并积分，然后点击“”图标，将当前手动积分事件保存到数据文件中。

（5）处理完数据之后，从“报告”菜单中选择“打印报告”，选择打印的文件类型，如 PDF 文件。

5. 关机

（1）用 90% 的水和 10% 的甲醇冲洗系统至少 30 min；

（2）用 100% 甲醇冲洗系统至少 30 min；

（3）点击“关闭”图标，待泵压力下降完毕，关闭软件、计算机及各个模块的电源，完成关机。

思考与练习题

9-1 流动相为什么要预先脱气？常用的脱气方法有哪些？

9-2 何谓梯度洗脱？适用于哪些样品的分析？与程序升温有什么不同？

9-3 反相键合相色谱法具有哪些优点？

9-4 高效液相色谱是如何实现高效、快速、灵敏的？

9-5 简述液相色谱中引起色谱峰扩展的主要因素，如何减少谱带扩张，提高柱效？

9-6 HPLC 紫外检测器（UVD）是否适用于所有化合物的测定？若要用 UVD 来分析它不宜测定的待测组分时，该如何分析？

9-7 简述 HPLC 与经典液相色谱（茨维特）的不同点。

9-8 高效液相色谱仪一般由哪几部分组成？各部件的主要作用是什么？

9-9 气相色谱法和高效液相色谱法各自常采用什么方法定量？为什么？

9-10 试比较气相色谱与液相色谱的 $H-u$ 曲线，分析产生不同的原因。

9-11 何谓正相色谱和反相色谱？色谱固定相、流动相极性变化对不同极性溶剂溶质保留行为有何影响？

9-12 试预测下面两组溶质在正相和反相色谱的洗出顺序：（1）正己烷、正己醇、苯；（2）乙酸乙酯、乙醚、硝基丁烷。

9-13 在某正相色谱体系中，当流动相为 50% 氯仿和 50% 正丁烷（体积分数）时溶质保留 29.1 min，死时间为 1.05 min，试计算（1）溶质 k' 值；（2）预调节 k' 为 10 左右，应如何改变溶剂的组成？

9-14 在某反相色谱体系中，初始流动相含 30% 甲醇和 70% 水（体积分数）时，

溶质峰保留时间 t_R=31.3 min，死时间 t_M 为 0.48 min，试计算初始条件下溶质 k' 值；预调节 k' 为 5 左右，应如何改变溶剂的组成？

数字课程学习

◆教学课件　　◆本章自测　　◆思考题

10

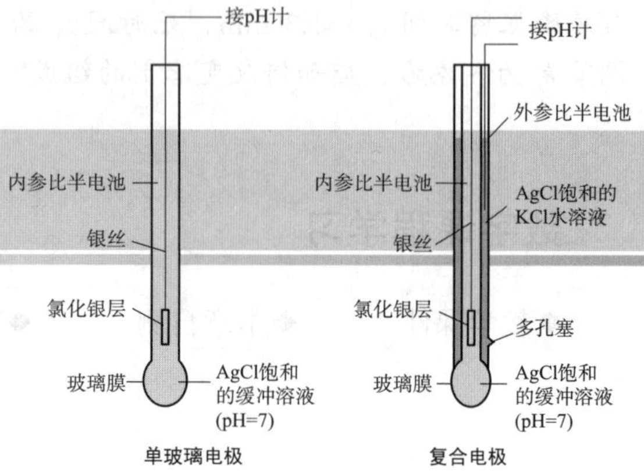

电化学分析法

● **关键词**

电化学分析法，电极分类，直接电位法，电位滴定法，pH 计

● **目的要求**

掌握电化学分析法的定义、分类、特点、常用术语、常用电极的种类及三电极系统的组成；掌握电位分析法的基本原理；理解 pH 玻璃膜电极电势的产生、pH 值的测定原理；理解电位滴定终点的确定方法；熟悉上海大普公司生产的 PHS-3C 型 pH 计的操作步骤及样品 pH 值的测定过程；培养学生分析问题、解决问题的综合能力；培养学生的责任意识；培养学生精益求精的工匠精神。

● **重点难点**

（1）重点：电化学分析法的常用术语、常用电极的种类；pH 值测量及电位滴定终点的判断；PHS-3C 型 pH 计的操作步骤。

（2）难点：三电极系统的组成；pH 计的使用；样品 pH 值的测定。

知识导图

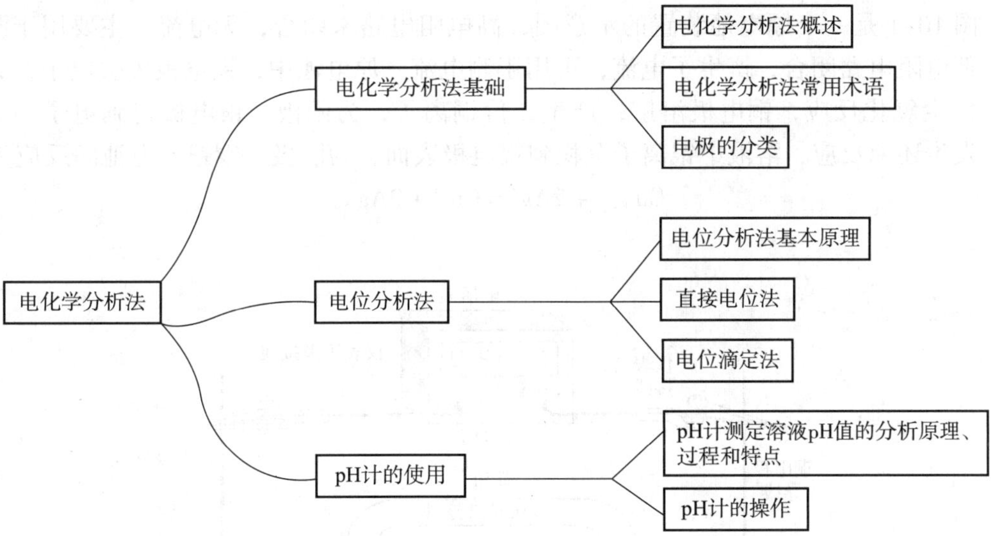

第一节　电化学分析法基础

利用物质的电学及电化学性质来进行分析的方法称为电化学分析法。电化学分析法通常通过将测定对象构成化学电池的一部分来实现对待测物的定性、定量和结构分析。通过测量电池的电化学参数，如电势、电流、电导、电荷等，实现对待测物的定量分析，得到物质的种类信息或物质的电化学性质。

一、电化学分析法概述

主要的电化学分析法有表面电分析化学技术和极谱法。其中，表面电分析化学技术可分为静态和动态两种方法。直接电位法和电位滴定法属于静态表面电分析化学技术，而控制电位和控制电流则属于动态表面电分析化学技术。控制电位有控制电位库仑法和伏安法。伏安法有搅拌溶液伏安法、旋转电极伏安法、线性扫描伏安法和循环伏安法。控制电流有计时电位法和库仑滴定法。

与光谱分析法、分离分析法相比，电化学分析法有以下优点：

（1）易实现自动化和连续化，可进行在线控制；

（2）易实现小型化，可用于活体或特殊场合；

（3）价格便宜；

（4）可用于成分分析和电化学性质测定。

二、电化学分析法常用术语

电化学分析法中的常用术语，主要有：电化学电池、电极、电极反应、电极电势与能斯特方程、电池电动势和电池符号。

电化学电池有原电池和电解池两种：把化学能转变为电能的装置称为原电池；把电能转变为化学能的装置则称为电解池。

图 10–1 是一个原电池装置的示意图，高电阻电路未闭合，无电流，主要用于测电压，低电阻电路闭合，产生了电流，可用于测电流。原电池中，铜电极失去电子，为负极，发生氧化反应，铜电极溶解，产生二价铜离子，为阳极；银电极得到电子，为正极，发生还原反应，溶液中银离子沉积到银电极表面，为阴极。铜银原电池净反应为：

$$Cu_{(s)} + 2Ag^{+} = Cu^{2+} + 2Ag_{(s)}$$

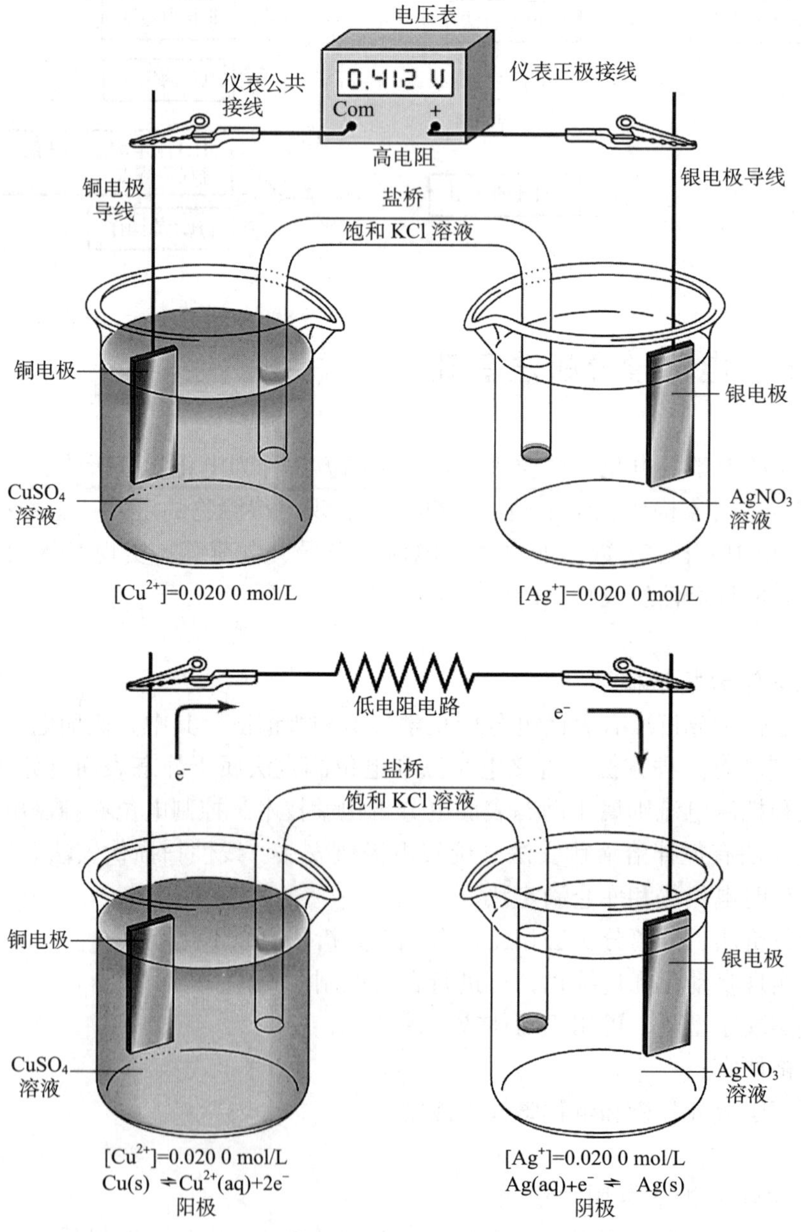

图 10–1　原电池装置示意图

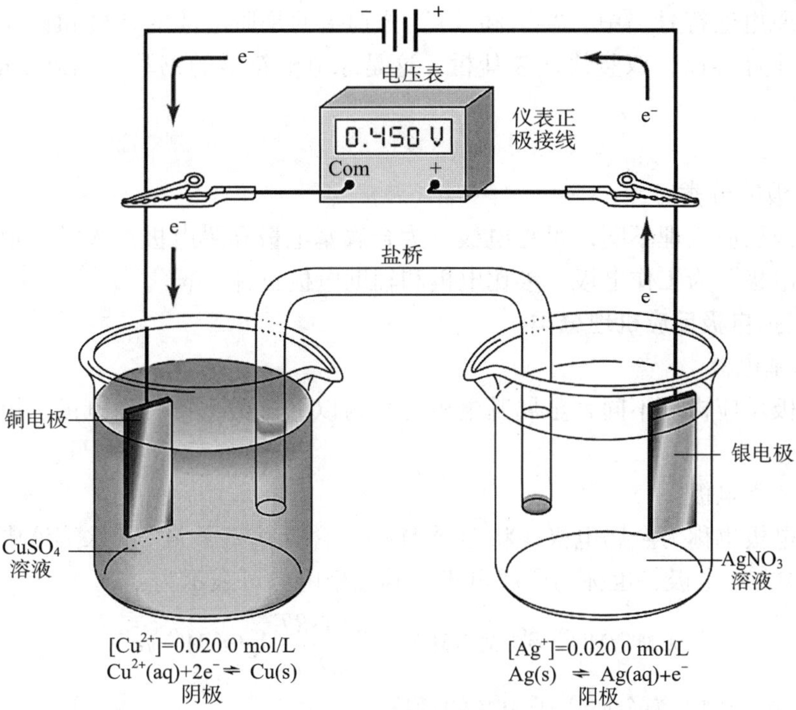

图 10-2　电解池装置示意图

图 10-2 是一个电解池装置的示意图。银电极与正极相连，为阳极，发生氧化反应，银电极溶解，失去电子产生银离子；铜电极与负极相连，为阴极，发生还原反应，溶液中铜离子沉积到铜电极表面。铜银电解池净反应为：

$$2Ag_{(s)} + Cu^{2+} = 2Ag^{+} + Cu_{(s)}$$

电解池反应方向正好与原电池相反。

一般我们把电化学电池中发生还原反应的电极称为阴极，发生氧化反应的电极称为阳极。把电化学电池中电极电势更高的电极称为正极，把电极电势更低的电极称为负极。

电化学电池中，电极反应一般写成如下形式：

$$Ox + ne^{-} = Red$$

Ox 指的是氧化态物质，Red 指的是还原态物质。

从这个书写中，我们可以看出，所有氧化态物质写在左边，所有还原态物质写在右边。根据这一电极反应式，对应的能斯特方程可以书写为：

$$\varphi = \varphi^{\ominus} + \frac{RT}{nF}\ln\frac{a_{Ox}}{a_{Red}} \tag{10-1}$$

式 10-1 中：a_{Ox} 和 a_{Red} 分别为所有氧化态物质和所有还原态物质的活度。

而电池的电动势（ε）则是正极电势与负极电势之差。

在书写原电池符号时，通常把负极写在左边，电解质溶液和液 - 液界面写中间，正极写右边，离子浓度或活度写在圆括号内。例如 Zn-Cu 原电池的电池符号：

$$(-)\ Zn \mid ZnSO_4\ (0.01\ mol/L) \parallel CuSO_4\ (0.01\ mol/L) \mid Cu\ (+)$$

在这个原电池符号当中，“–”和“+”分别指的是原电池的负极和正极，每一条单竖线表示一个相界面，双竖线代表盐桥。这是原电池符号的书写，如果是电解池符号，写法则相反。

三、电极的分类

根据电极反应机理不同，可将电极分为金属基电极和膜电极二大类。根据电极用途不同，可将电极分为工作电极、参比电极和辅助电极三种。

（一）根据电极反应机理分类

1. 金属基电极

根据电极反应机理不同，金属基电极可分为以下三类：第一类电极、第二类电极和零类电极。

（1）第一类电极

第一类电极也称为金属电极。将金属 M 插入含有其离子 M^{n+} 的水溶液中，即组成第一类电极：M^{n+}/M 电极，也称为金属电极。其电极电势可表示为：

$$\varphi(M^{n+}/M)=\varphi^{\ominus}(M^{n+}/M)+\frac{2.303RT}{nF}\lg\{a(M^{n+})/c^{\ominus}\} \qquad (10\text{-}2)$$

式 10–2 中：a（M^{n+}）为金属离子 M^{n+} 的活度。

（2）第二类电极

由金属、金属难溶盐与该难溶盐的阴离子溶液相平衡后构成的电极则称为第二类电极。如：氯化银电极（AgCl/Ag）、甘汞电极（Hg_2Cl_2/Hg），等。

氯化银电极符号：Ag | AgCl | Cl^-

氯化银电极反应：$AgCl + e^- = Ag + Cl^-$

氯化银电极电势的能斯特方程：

$$\varphi(AgCl/Ag)=\varphi^{\ominus}(AgCl/Ag)-\frac{2.303RT}{F}\lg\{a(Cl^-)/c^{\ominus}\} \qquad (10\text{-}3)$$

甘汞电极符号：Hg | Hg_2Cl_2 | Cl^-

甘汞电极反应：$Hg_2Cl_2 + 2e^- = 2Hg + 2Cl^-$

甘汞电极电势的能斯特方程：

$$\varphi(Hg_2Cl_2/Hg)=\varphi^{\ominus}(Hg_2Cl_2/Hg)-\frac{2.303RT}{F}\lg\{a(Cl^-)/c^{\ominus}\} \qquad (10\text{-}4)$$

从式 10–3 和 10–4 可以看出，无论是氯化银电极还是甘汞电极，其电极电势与未参与电子得失的氯离子相关。如果是在饱和氯化钾溶液中，饱和氯化银电极和饱和甘汞电极的电极电势就不会随着氧化还原反应的发生而发生变化。第二类电极之所以可以用作参比电极，理由便在于此。

（3）零类电极

对于 Fe^{3+}/Fe^{2+} 等均为离子的氧化还原电对来说，通常可以将金、铂或石墨等惰性导体浸入含有该种氧化还原电对的溶液中，构成氧化还原电极，这类电极也称为零类电极。

例：Pt | Fe^{3+} $a(Fe^{3+})$，Fe^{2+} $a(Fe^{2+})$

电极反应：$Fe^{3+} + e^{-} = Fe^{2+}$

能斯特方程：

$$\varphi = \varphi^{\ominus}(Fe^{3+}/Fe^{2+}) + \frac{2.303RT}{F}\lg\frac{a(Fe^{3+})}{a(Fe^{2+})} \quad (10-5)$$

从式 10-5 可以看出，该类电极的电极电势与氧化态、还原态的活度均有关系。

2. 膜电极

由特殊材料的固态或液态敏感膜构成对溶液中特定离子有选择性响应的电极，称为膜电极，如玻璃膜电极、各种离子选择性电极等。

（二）根据电极用途分类

图 10-3 是一个二电极体系与三电极体系的电化学电池示意图。无论是在二电极体系还是在三电极体系的电化学电池中，都有一个工作电极，也就是发生氧化还原反应的电极，该电极的电极电位会随着待测离子活度或者是浓度的变化而变化。如果测量过程中溶液的主体浓度不变化，则该工作电极也称为指示电极，如 pH 指示电极。

从二电极体系和三电极体系中可以看出，除了工作电极以外，还有一个参比电极，也就是电极电位恒定的电极，一般该电极是饱和甘汞电极（SCE）或者是饱和氯化银电极。

在三电极体系的电化学电池中，一般还会有一个辅助电极，或者也称为对电极，该电极不参与氧化还原反应，但参与构成回路，一般为惰性贵金属材料，如 Hg、Pt 等。

无论是在二电极体系还是在三电极体系的电化学电池中，电极都是最重要的组成部分。

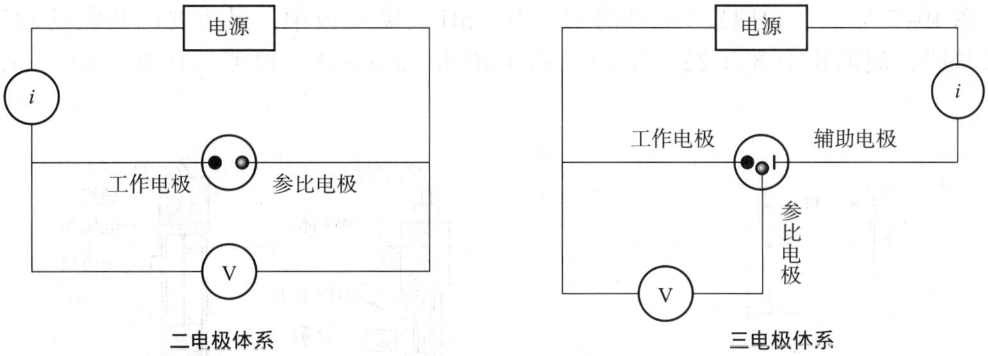

图 10-3 二电极体系和三电极体系示意图

第二节 电位分析法

一、电位分析法基本原理

电位分析法有直接电位法和电位滴定法两种。直接电位法是通过测量原电池的电动势，直接测定有关离子活度或浓度的方法，最初用于溶液 pH 值的测定。电位滴定法是通过测量滴定过程中原电池电动势的变化来确定滴定终点的一种滴定分析法，适用于各种滴定分析，对没有合适指示剂、深色溶液或混浊溶液等难以用指示剂判断终点的滴定分析特别有利。

二、直接电位法

图 10-4 是一个二电极体系的电位分析示意图。在电位分析法中，作为工作电极的是各种离子选择电极。由于各种离子选择电极均为膜电极，在电极上不发生电子转移反应。所以，电位分析法中的工作电极也称为指示电极。

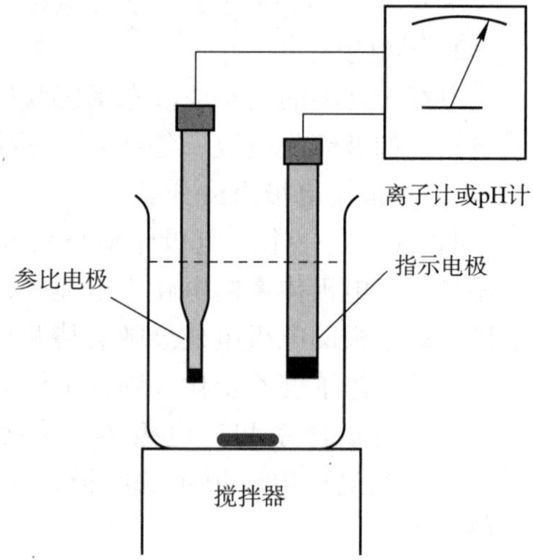

图 10-4　电位分析示意图

1. 参比电极

电位分析法中，参比电极有标准氢电极、饱和甘汞电极和饱和氯化银电极，如图 10-5 和图 10-6 所示。常用的主要是饱和甘汞电极或饱和氯化银电极。

2. 指示电极

电位分析法中，指示电极有 pH 玻璃电极和其它离子选择性电极。这一节主要讲 pH 玻璃电极电势的产生及其与溶液 pH 值的关系。

pH 玻璃电极电势与待测液 pH 值呈良好的线性关系，且不受溶液中氧化、还原性物质干扰，平衡时间短，操作简便，是目前最重要的 H^+ 指示电极。

图 10-7 是一个 pH 玻璃电极的示意图。pH 玻璃电极中，最重要的是它的软质球状玻璃膜，玻璃膜中含有 22% Na_2O、6% CaO 和 72% SiO_2，厚度只有 30 ~ 100 μm，通

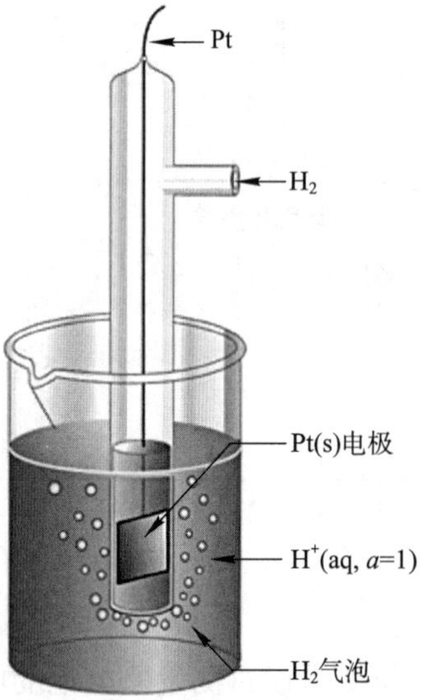

图 10-5　标准氢电极

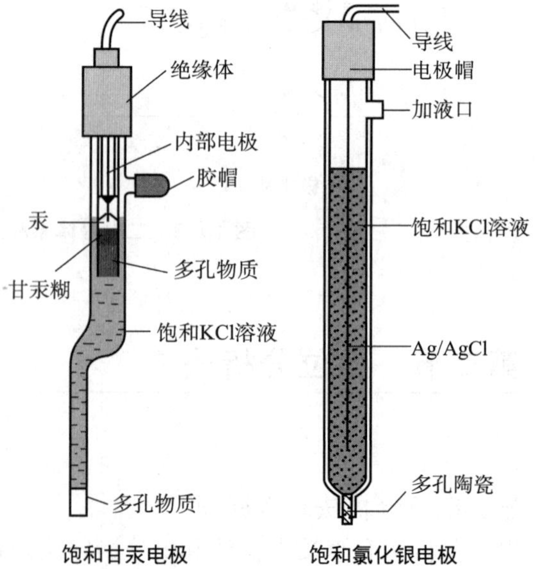

图 10-6　饱和甘汞电极和饱和氯化银电极

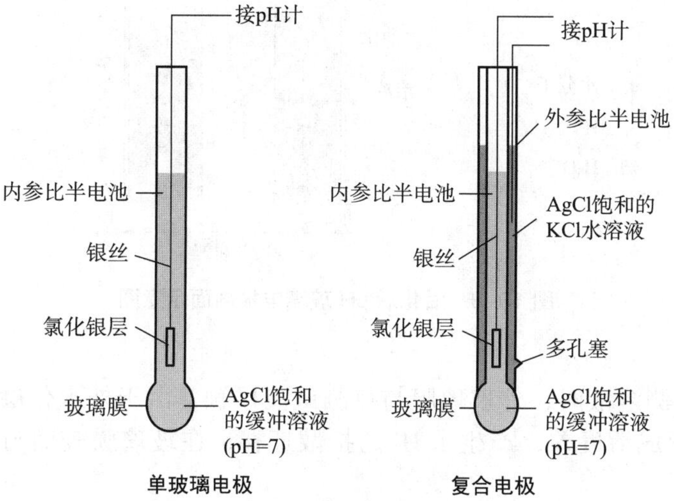

图 10–7 pH 玻璃电极的结构

过这个极薄的敏感膜，产生对 H^+ 的选择性响应。其次，在软质球状玻璃膜内，密封有 pH=7 的 AgCl 饱和的内参比溶液，内参比溶液中插入 Ag–AgCl 内参比电极。pH=7 的 AgCl 饱和的内参比溶液和 Ag–AgCl 内参比电极组成一个内参比半电池。

pH 玻璃电极用于溶液 pH 值测定时，还需要加一个外参比电极组成工作电池。

可以看出，内参比半电池产生内参比电极电势，玻璃膜与待测溶液接触时产生膜电势和不对称电势。玻璃膜、pH=7 的 AgCl 饱和的内参比溶液和 Ag–AgCl 内参比电极组成玻璃电极。玻璃电极与外参比饱和甘汞电极一起构成工作电池，产生对 pH 值的响应关系。

（–）Ag，AgCl｜内参比溶液｜玻璃膜｜H^+（x mol/L）‖ KCl（饱和）｜Hg_2Cl_2，Hg（+）

内参比电极电势　　膜电势 + 不对称电势

指示电极　　外参比电极

3. **pH 玻璃电极电势的产生**

pH 玻璃电极泡水前，敏感玻璃膜为三维立体结构的干玻璃层，网格由带有负电性的硅酸根骨架构成，Na^+ 可在网格中移动或被其它离子交换，而硅酸根骨架对 H^+ 有较强的选择性。当这种玻璃膜与水分子接触时，水分子会渗透到膜中，使之形成厚度为 0.1 ~ 0.01 μm 的溶胀层，即水化凝胶层，待测液中 H^+ 占据玻璃骨架结构中 Na^+ 位点，形成水化层，Na^+ 被替换到溶液中。

由于干玻璃膜对 H^+ 没有响应，所以，pH 玻璃电极在使用前，必须在蒸馏水中浸泡一段时间，此过程称为活化。

图 10–8 是一个活化后的 pH 玻璃电极的剖面示意图。电极活化时，由于玻璃骨架与 H^+ 的键合强度是与 Na^+ 的键合强度的 10^4 倍左右。当达到交换平衡时，玻璃膜内外表面几乎所有 Na^+ 的位点全部被 H^+ 占据，由硅酸组成，形成内外水化层。当活化后的

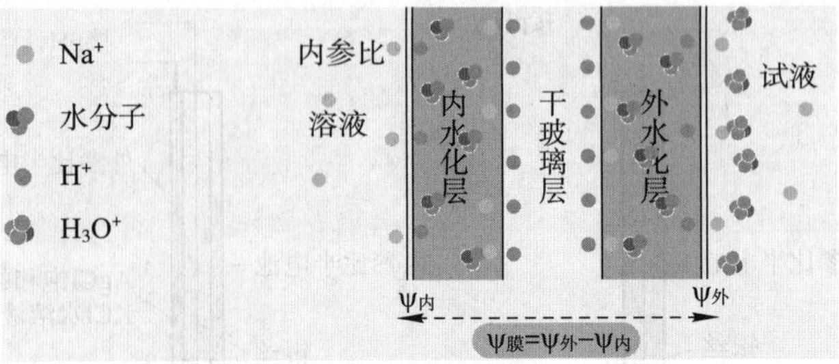

图 10-8 活化后 pH 玻璃电极剖面示意图

玻璃电极浸入待测溶液时，外玻璃膜与待测试液接触，由于外水化层表面与试液中的 H^+ 活度不同，形成活度差，产生了 H^+ 的扩散迁移，在玻璃膜表面与溶液之间建立平衡，形成双电层。

达到迁移平衡时，改变了水化层和试液两相界面的电荷分布，产生了相界电位。外水化层与试液的相界电位为 $\varphi_{外}$，内水化层与内参比溶液的相界电位为 $\varphi_{内}$，则 pH 玻璃电极的膜电位 $\varphi_{膜}=\varphi_{外}-\varphi_{内}$。

热力学可以证明，膜电位与膜两侧溶液中 H^+ 活度有关，遵从能斯特方程，25℃时，

$$\varphi_{膜}=\varphi_{外}-\varphi_{内}=0.059\ \lg\frac{a(H^+)_{试}}{a(H^+)_{内}}$$

$\because$ $a(H^+)_{内}$为定值，$\therefore$ $\varphi_{膜}=K+0.059\ \ \lg\{a(H^+)_{试}/c^{\Theta}\}=K-0.059\ \mathrm{pH}$

理论上，当 $a(H^+)_{试}=a(H^+)_{内}$时，$\varphi_{膜}$应该等于 0，但实际上此时的 $\varphi_{膜}$却依旧不为 0，我们称之为不对称电势 $\varphi_{不}$。

那么，不对称电势是怎么产生的呢？主要是因为膜两侧表面性能不一致造成的，如组成不均匀、水化程度不同、外表面的损伤等。

一般来说，经充分浸泡水化的玻璃电极，$\varphi_{不}$为 1～30 mV。对同一支电极来说，条件一定时，$\varphi_{不}$为确定值。因此，玻璃电极使用前，必须在蒸馏水中浸泡 24 h 以上，主要有两个目的：一使其表面水化，产生对 H^+ 的响应；二使不对称电位趋于最小并达稳定。

综上所述，玻璃电极的电极电势由内参比电极电势、膜电势和不对称电势三部分组成。

25℃时，$\varphi_{玻}=\varphi_{内参}+\varphi_{不}+K-0.059\ \mathrm{pH}=K'-0.059\ \mathrm{pH}$，

要注意，此公式中的 0.059 对应的温度是 25℃。

$\varphi_{玻}$与 pH 值成线性关系，因而可用于测定溶液的 pH 值。

4. 直接电位法测定溶液 pH 值

测定溶液 pH 值时，通常是以 pH 玻璃电极作为指示电极、饱和甘汞电极或饱和氯化银电极作为参比电极构建工作电池。

图 10-9 是一个 pH 电势测定的工作电池示意图。玻璃电极作为负极，饱和甘汞电极作为正极，饱和甘汞电极与待测液之间连有盐桥。

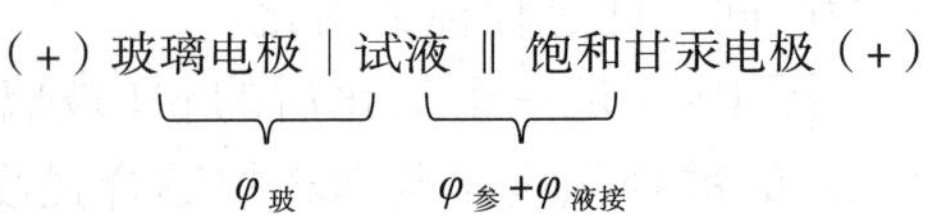

图 10-9 pH 电势测定工作电池示意图

理论上，饱和甘汞电极与待测液接触时，会产生一个液接电势，由于盐桥的作用，液接

电势一般为 1 ~ 2 mV，一般可忽略不计。

这样，工作电池的电动势 $\varepsilon=\varphi_{参}+\varphi_{液接}-\varphi_{玻}$，把玻璃电极的电极电势与 pH 值的关系代入，并经转化后，可以得到：

$$\varepsilon= K''+0.059\ \mathrm{pH} \tag{10-6}$$

从式 10–6 中可以看出，工作电池电动势与待测液 pH 值呈线性关系，这便是直接电位法测定溶液 pH 值的理论依据。但是，须注意的是，工作电池电动势计算公式 10–6 中的比例系数 0.059 也是在温度为 25℃的情况下使用的。

由于式 10–6 中常数项 K'' 包含未知的玻璃电极的不对称电势。所以，依据该公式不可能直接测得试液 pH 值，而必须用已知准确 pH 值的标准缓冲溶液作标准进行相对测定，以消除不对称电势对测定的影响。其原理和具体做法如下：

将一对玻璃电极、饱和甘汞电极依次插入一已知 pH 值的标准溶液 S 和未知试液 X 中，分别测定两原电池电动势，将 $\varepsilon_s=K''+0.059\ \mathrm{pH_s}$ 和 $\varepsilon_x=K''+0.059\ \mathrm{pH_x}$ 两式相减，便可以得到：

$$\mathrm{pH_x} = \mathrm{pH_s}+（\varepsilon_x-\varepsilon_s）/0.059 \quad（25℃） \tag{10-7}$$

须注意，式 10–7 中的 0.059 也是针对 25℃才成立的。实际工作中，常用 pH 计测量工作电池电动势。

5. 其它离子选择性电极

对溶液中特定阴、阳离子有选择性响应能力的电极称为离子选择性电极。

（1）构造：

与玻璃电极相似，其它离子选择性电极也有电极敏感膜、电极管、内参比溶液和内参比电极，如图 10–10 所示。

（2）工作原理：

各类电极薄膜中一般含有与待测离子相同的离子，插入待测试液中后，由于离子的迁移，也会产生膜电势，膜电势与试液中待测离子活度的关系遵从能斯特方程。

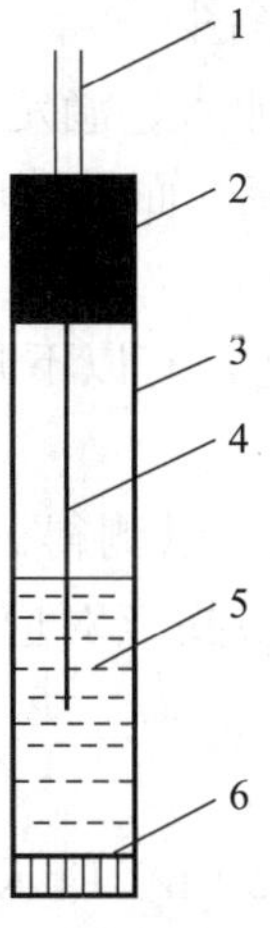

1—导线；2—电极帽；3—电极管；4—内参比电极；5—内充溶液（内部溶液 + 内参比溶液）；6—电极膜（敏感膜）。

图 10–10 离子选择电极构造示意图

对阳离子 M^{n+} 响应的电极：

$$\varphi_{膜} = K + \frac{2.303RT}{nF} \cdot \lg\{a(M^{n+})/c^{\ominus}\}$$

对阴离子 M^{n-} 响应的电极：

$$\varphi_{膜} = K - \frac{2.303RT}{nF} \cdot \lg\{a(M^{n-})/c^{\ominus}\}$$

将离子选择电极（+）和参比电极（-）浸入待测试液，所得工作电池的电动势 ε 为：

$$\varepsilon = K' \pm \frac{2.303RT}{nF} \cdot \lg\{a/c^{\ominus}\} = K' \pm S\lg\{a/c^{\ominus}\} \qquad (10\text{-}8)$$

其中，$S = \frac{2.303RT}{nF}$。注意：式（10–8）中，对于符号“±”，阳离子用“+”；阴离子用“–”。

（3）离子选择电极的测定方法

（a）标准曲线法（作 $\varepsilon \sim \lg\{a/c^{\ominus}\}$ 关系图）：由于很难得到标准活度溶液，实际工作中往往又要求测定浓度，故通常用标准曲线法对浓度进行测定，方法原理如下：

$$\varepsilon = K' \pm S\lg\{a/c^{\theta}\} = K' \pm S\lg\{\gamma \cdot c/c^{\ominus}\} = K' \pm S\lg\gamma \pm S\lg\{c/c^{\ominus}\}$$

若溶液中离子强度（I）不变，则 γ 为常数，$\varepsilon = K'' \pm S\lg\{c/c^{\ominus}\}$

测定过程中常加入总离子强度调节缓冲液（total ionic strength adjustment buffer，TISAB），使标准液和待测液中离子强度（I）不变。

标准曲线法适于大量样品中游离离子浓度的测定。

（b）标准加入法

若试液中离子强度较高，且存在能引起被测离子发生副反应的成分（如配位剂），待测离子总浓度（包括游离离子和配合物）可用标准加入法测定。

三、电位滴定法

电位滴定法是根据工作电池电动势突变来指示滴定终点的滴定分析方法。

图 10–11 是一个电位滴定法的示意图。

实验时，随着滴定管中滴定剂的加入、滴定反应的进行，待测离子浓度不断变化，在理论终点附近，待测离子浓度发生突变而导致电位突变。通过电位计测量电池电动势的变化，即可确定滴定终点。

电位滴定法中，确定终点的方法通常有以下几种。

1. ε–V 曲线法

以加入的滴定剂体积 V 为横坐标，以测得的电动势 ε 为纵坐标，绘制曲线，即得 ε–V 曲线，如图 10–12（a）所示。曲线拐点对应的体积 V' 即为滴定终点时所消耗滴定剂的体积。

2. $\Delta\varepsilon/\Delta V$–$V$ 曲线法

此法又称一阶微商法，如图 10–12（b）所示。曲线最高点对应的体积 V' 即为滴定终点时所消耗滴定剂的体积。

3. $\Delta^2\varepsilon/\Delta V^2$–$V$ 曲线法

此法又称二阶微商法，如图 10–12（c）所示。曲线零点（即 $\Delta^2E/\Delta V^2 = 0$ 处）对应

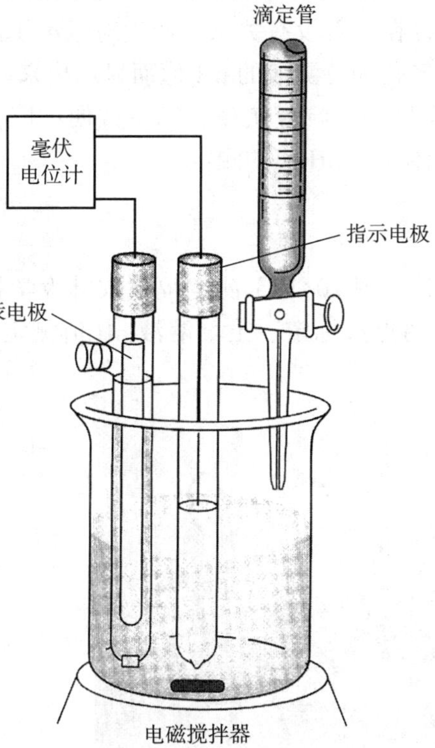

图 10–11 电位滴定法示意图

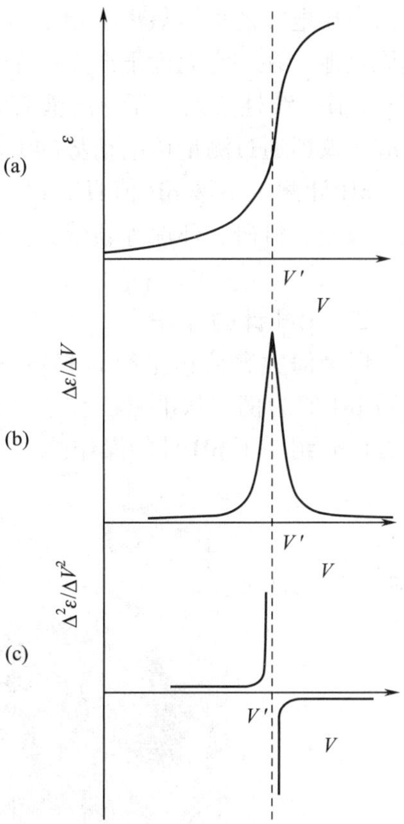

图 10–12 电位滴定曲线

的体积 V' 即为滴定终点时所消耗滴定剂的体积。

电位滴定法中，确定终点的方法有多种，最常用的是二阶导数法，即电池电动势相对于滴定剂体积的二阶导数等于 0 时，所对应的滴定剂体积即为终点。

电位滴定法在滴定分析中应用十分广泛，可用于测定酸（碱）的解离常数、配合物的稳定常数及氧化还原电对的条件电势等。

第三节 pH 计的使用

pH 值是溶液氢离子浓度的负对数，反映出溶液的酸碱度。而酸碱度与许多工农业生产的顺利进行和农作物的正常生长都密切相关。例如，土壤酸碱度对农作物的生长具有显著的影响，为了评价某一土壤是否适合某一作物生长，在种植该农作物前，往往需要对该块土壤进行取样，并测定其 pH 值，从而获得关于该土壤酸碱度的重要信息。因此，准确测定溶液的 pH 值具有非常重要的理论意义和实践价值。

一、pH 计测定溶液 pH 值的分析原理、过程和特点

pH 计是采用直接电位法的分析原理来获得溶液的 pH 值。具体过程是：将一个连

有内参比电极的可逆氢离子指示电极和一个外参比电极同时浸入到某一待测溶液中而形成原电池，在一定温度下产生一个内外参比电极之间的电池电动势。这个电动势只与溶液 pH 值呈线性关系，而与溶液其它离子的存在与否没有关系，产生对氢离子的特异性响应。仪器通过测量该电动势的大小，最后转化为待测液的 pH 值而显示出来。

pH 计测定溶液 pH 值具有以下特点：精度高、响应快速、携带方便；广泛用于工业、农业、科研、环保等领域；主要用于液体介质 pH 值的测定。

二、pH 计的操作

以上海大普公司生产的 PHS-3C 型 pH 计（图 10-13）测定福建农林大学稻田土壤溶液 pH 值为例，从准备工作、开机预热、两点法标定、土壤溶液 pH 值测定和关机 5 个方面介绍一下 pH 计的操作。

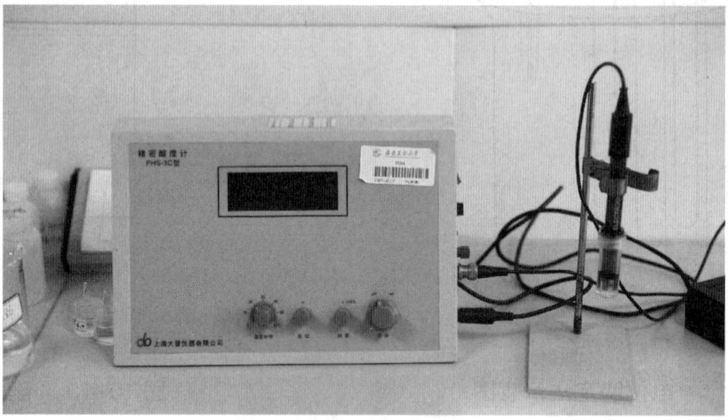

图 10-13　PHS-3C 型 pH 计

1. 准备工作

首先准备 pH 值为 4.00，6.86 和 9.18 三种标准缓冲溶液的固体粉末，分别倒入三个烧杯中，加蒸馏水溶解后，转移至三个干净的容量瓶中，定容备用。由于 pH 值随温度的变化而改变，在标定 pH 计前需要查阅固体粉末包装袋背面不同温度下标准缓冲液 pH 值表（表 10-1），以确定当前温度下 pH 值。

表 10-1　不同温度下标准缓冲液 pH 值表

℃	pH 4.00	pH 6.86	pH 9.18
10	4.00	6.92	9.33
15	4.00	6.90	9.28
20	4.00	6.88	9.23
25	4.00	6.86	9.18
30	4.01	6.85	9.14
35	4.02	6.84	9.10
40	4.03	6.84	9.07
45	4.04	6.83	9.04
50	4.06	6.83	9.02

2. 开机预热

按下侧面电源开关，预热 30 min，之后取下复合电极套，再用蒸馏水清洗电极，用滤纸吸干，并将仪器面板上的测量模式调至“pH”档。如果短时间测量时，一般预热不短于 5 min；长时间测量时，最好预热在 20 min 以上，以便使其有较好的稳定性。

3. 两点法标定

这里，采用两点法，即定位标定和斜率标定，对 pH 计进行标定。首先，我们进行定位标定，把用去离子水清洗干净并用吸水纸吸干的电极插入 pH=6.86 的缓冲液中，并将温度计插入该标准液中，调节仪器面板上的温度补偿旋钮，使其指示的温度与溶液温度相同。再调节定位旋钮，使仪器显示的 pH 值与该缓冲溶液在此温度下的 pH 值相同。

接下来我们进行斜率标定。把电极从 pH=6.86 的标准缓冲液中取出，用蒸馏水清洗后，用吸水纸吸干。注意，在斜率标定中选取缓冲液的 pH 须尽量与待测液 pH 接近，如果待测液为酸性，则斜率标定时采用 pH=4.00 的缓冲液；待测液为碱性，则斜率标定时采用 pH=9.18 的缓冲液。因福建农林大学稻田土壤溶液的 pH 值为弱酸性。因此，斜率标定时选用 pH = 4.00 的缓冲液。将电极插入 pH = 4.00 的缓冲液中，调节斜率旋钮，使仪器显示的 pH 值与该缓冲溶液在上述温度下的 pH 值相同。这样，我们就完成了对 pH 计的两点法标定。

4. 土壤溶液 pH 值测定

这里，我们介绍一下如何用上海大普公司生产的 PHS-3C 型 pH 计测定福建农林大学稻田土壤溶液的 pH 值。经标定过的仪器可以直接测量土壤溶液的 pH 值。具体步骤如下：用玻璃棒搅拌土壤溶液，使土壤溶液均匀，用蒸馏水清洗电极探头，用吸水纸吸干，将电极插入搅拌均匀的土壤溶液中，待读数稳定后，在显示屏上读取 pH 值，平行测量三次，记录下土壤溶液的 pH 值，分别为 5.84、5.82 和 5.83（图 10-14）。注意，更换待测液时，需重新清洗电极表面并吸干后方可再次测定。

5. 关机

使用完 pH 计后，用蒸馏水清洗电极探头，用吸水纸吸干。检查电极帽里是否还有 3 mol/L KCl 溶液，确认后，将电极套上电极帽。最后，关掉电源，摆好 pH 计，做好仪器使用记录。

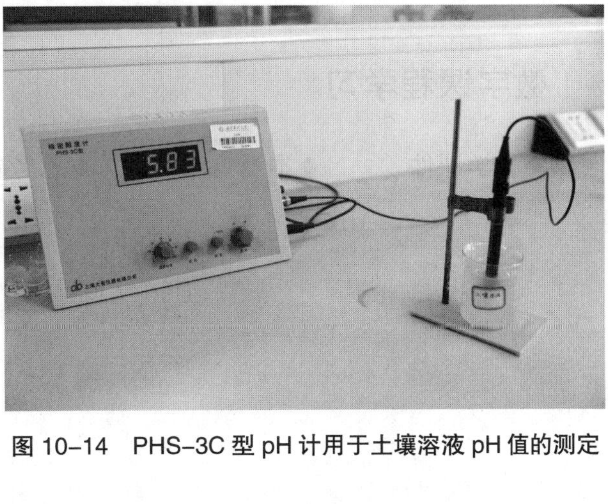

图 10-14 PHS-3C 型 pH 计用于土壤溶液 pH 值的测定

思考与练习题

10-1 电化学分析法是____________________一类分析方法。

化学电池通常可分为__________、__________和电导池。

10-2 以电参数__________为基础建立的电化学分析方法称为电位分析法；以电参数__________为基础建立的电化学分析方法称为极谱分析法；以电参数__________为基础建立的电化学分析方法称为电导分析法；以电参数__________为基础建立的电化学分析方法称为电解分析法。

10-3 何谓指示电极和参比电极？各包括哪些常用的电极？

10-4 什么是直接电位法？pH 玻璃膜电极电势是如何产生的？

10-5 电位滴定终点确定有哪几种方法？

10-6 用氟离子选择电极测定水样中的氟离子。取 25.00 mL 水样，加入 25 mL TISAB 溶液，测得电位值为 −0.1587 V（相对于 SCE）；再加入 2.00 mmol/L 的氟离子标准溶液 1.00 mL，测得电位值为 −0.1035 V，电位的响应斜率为 58.5 mV/pF。计算水样中氟离子的浓度（需考虑稀释效应）。

10-7 今有 4.00 g 牙膏试样，用 50 mL 柠檬酸缓冲溶液（同时还含有 NaCl）煮沸以得到游离态的氟离子，冷却后稀释至 100 mL。取 25 mL，用氟离子选择电极测得电池电动势为 −0.1823 V，加入 1.07 μg/L 的氟离子标准溶液 5.0 mL 后，测其电位值为 −0.2446 V，请问该牙膏试样中氟离子的质量分数是多少？

10-8 用以下电池：标准氢电池 | 待测 pH 试液 ‖ 饱和甘汞电极，测得三试液的电动势分别为 0.320 V、0.430 V、0.570 V，试计算待测试液的 pH（$\varphi_{SCE} = 0.242$ V）。

10-9 简述 pH 计的分析原理。

10-10 简述两点法标定 pH 计的过程。

10-11 pH 计使用结束，需要进行哪些操作后才能离开实验室？

数字课程学习

◆教学课件　　◆本章自测　　◆思考题

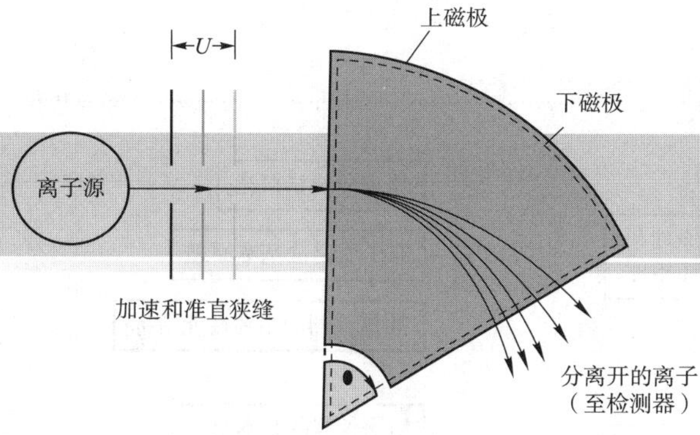

11 原子质谱法

● **关键词**

原子质谱法基本原理，质谱仪器的主要性能指标，原子质谱仪器的基本组成，原子质谱仪器各部件功能，电感耦合等离子体质谱法，电感耦合等离子体质谱仪

● **目的要求**

理解质谱法的分类、发展史、原子质谱法的基本原理；了解原子质谱仪的主要性能指标；掌握原子质谱仪器的基本组成及各部件的功能；掌握电感耦合等离子体质谱法的基本装置、干扰、消除方法及应用；熟悉ICP-MS的方法编辑、日常性能检查和样品的分析测试；培养学生分析问题、解决问题的综合能力；培养学生的责任意识；培养学生精益求精的工匠精神。

● **重点难点**

（1）重点：原子质谱法的基本原理；原子质谱仪器的基本组成及各部件的功能；电感耦合等离子体质谱法的基本装置；ICP-MS的方法编辑、日常性能检查和样品的分析测试。

（2）难点：原子质谱仪的主要性能指标；原子质谱仪器各部件的功能；电感耦合等离子体质谱法的干扰及消除。

知识导图

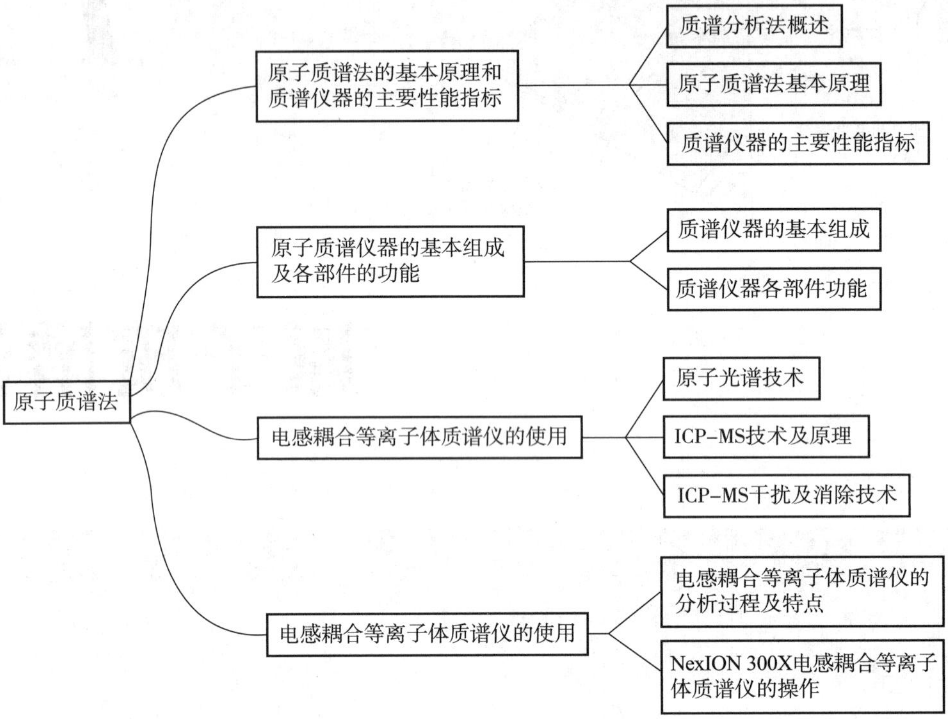

第一节　原子质谱法的基本原理和质谱仪器的主要性能指标

质谱分析法是基于待测离子质荷比进行分析的仪器分析方法。通过将样品转化为运动的气态离子，利用不同离子在电场或磁场中运动行为的不同，把离子按质荷比（m/z）大小进行分离记录的分析方法称为质谱法（mass spectrometry，MS）。所获得结果即为质谱图（亦称质谱）。运用质谱法可进行定性分析、定量分析、复杂化合物的结构分析、同位素比的测定、固体表面的结构和组成分析等。

一、质谱分析法概述

1. 质谱分析法的发展历史

1812 年，Thomson 制成了世界上第一台质谱仪，并用它发现了 Ne 的两种同位素 ^{22}Ne 和 ^{24}Ne。早期的工作主要是测定原子量，这一时期的质谱仪实际上是原子质谱仪，同时用它发现了许多稳定同位素。稳定同位素是指就目前检测技术来说，尚不能发现自行衰变的同位素，如 ^{12}C、^{13}C、^{16}O、^{18}O 等。自然界中，^{12}C 和 ^{16}O 的存在比例很高，超过 99%，而 ^{13}C 和 ^{18}O 的比例则很低，但在自然界中也是稳定存在的。所以，稳定同位素大多是指在自然界中含量较低的稳定性同位素，即 ^{13}C、^{18}O。

含有稳定同位素的分子，与正常的分子相比，拥有相同的化学性质，但由于质量稍大，物理性质有一定的差异。所以，在一些历史过程中，同位素含量会发生变化，正因为这个特性，稳定同位素在地质历史中的变化为研究成岩作用提供了珍贵的地球化学信息，对了解环境演化具有重大意义。质谱的出现为稳定同位素的发现和环境地球科学的发展提供了重要工具。

到了 20 世纪 30 年代，由于离子光学理论的建立，促进了质谱仪的发展，出现了各种双聚焦质谱仪，使质谱检测分辨率和灵敏度大大提高。20 世纪 40 年代初，开始将 MS 用于石油工业中烃的分析。20 世纪 50 年代初，这一阶段的质谱仪器已经开始商品化，并广泛用于各类有机物的结构分析。同时，质谱方法与 NMR、IR 等方法结合，成为分子结构分析的最有效的手段，质谱应用从原子领域进入到分子领域，分子质谱仪出现了。20 世纪 80 年代，非挥发性或热不稳定分子的分析进一步促进了分子质谱的发展。20 世纪 90 年代以来，一些新的离子化方法的出现导致联用技术得到快速发展，如我们现在常说的 GC–MS、HPLC–MS、MS–MS、ICP–MS 等。

现在，各种质谱联用技术已应用到环境科学、生命科学、材料科学、食品科学等各个领域，为各学科发展提供了重要工具。

2. 质谱分析法的分类

按研究对象不同，质谱分析法可分为原子质谱法（atomic mass spectrometry，AMS）和分子质谱法（molecular mass spectrometry，MMS）。

按用途差异，质谱分析法可分为无机质谱、有机质谱和同位素质谱，此外还有二次离子质谱、氦质谱等。

在各类质谱仪中，进行有机分析的仪器约占总数的 80%。

二、原子质谱法基本原理

1. 原子质谱法的基本过程

原子质谱法的基本过程有三步：（1）离子化，将待测物大部分转化为离子流，一般为单电荷正离子；（2）分离，将离子按质量和电荷的比值（即质荷比，m/z）分离；（3）检测，计数各种离子的数目或测定由离子轰击传感器时产生的离子电流。

2. 质谱法中的原子量和质荷比

同位素（isotope）是原子序数（质子数）相同而原子量不同的原子。同位素的化学性质相近，但物理性质不同。

表 11–1 中列出几种常见同位素的精确原子量及天然丰度。

表 11–1 几种常见同位素的精确原子量及天然丰度

元素	同位素	确切原子量	天然丰度 /%	元素	同位素	确切原子量	天然丰度 /%
H	^{1}H	1.007 825	99.98	P	^{31}P	30.973 763	100.00
	^{2}H（D）	2.014 102	0.015	S	^{32}S	31.972 072	95.02
C	^{12}C	12.000 000	98.9		^{33}S	32.971 459	0.85
	^{13}C	13.003 355	1.07		^{34}S	33.967 868	4.21
N	^{14}N	14.003 074	99.63		^{35}S	35.967 079	0.02

续表

无素	同位素	确切原子量	天然丰度 /%	无素	同位素	确切原子量	天然丰度 /%
	^{15}N	15.000 109	0.37	Cl	^{35}Cl	34.968 853	75.53
O	^{16}O	15.994 915	99.76		^{37}Cl	36.965 903	24.47
	^{17}O	16.999 131	0.03	Br	^{79}Br	78.918 336	50.54
	^{18}O	17.999 159	0.20		^{81}Br	80.916 290	49.96
F	^{19}F	18.998 403	100.00	I	^{127}I	126.904 477	100.00

从表 11–1 中可以看出，除了 ^{19}F、^{31}P 和 ^{127}I 的天然丰度是 100%、没有其它同位素存在外，其它的元素都存在不同原子量的同位素，如 ^{1}H 和 ^{2}H，^{12}C 和 ^{13}C，^{14}N 和 ^{15}N，^{16}O、^{17}O 和 ^{18}O，^{32}S、^{33}S 和 ^{34}S，^{35}Cl 和 ^{37}Cl，^{79}Br 和 ^{81}Br 等。

从表 11–1 中还可以看出，不同元素的同位素，在自然界中存在的丰度显著不同。如 ^{1}H 的天然丰度为 99.98%，而 ^{2}H 的天然丰度只有 0.015%。我们知道，实际上氢元素还会以 ^{3}H 的形式存在。但是，^{3}H 是氢的放射性同位素，半衰期 12.5 年。还有，^{12}C 的天然丰度为 98.9%，而 ^{13}C 的天然丰度为 1.07%。^{14}N 的天然丰度为 99.63%，而 ^{15}N 的天然丰度为 0.37%。^{16}O、^{17}O 和 ^{18}O 的天然丰度分别为：99.76%、0.03% 和 0.20%。^{32}S、^{33}S 和 ^{34}S 的天然丰度分别为：95.02%、0.85% 和 4.21%。

在 C、N、O、S 等元素的各种同位素中，丰度最大的是 ^{12}C、^{14}N、^{16}O 和 ^{32}S，均高于 95%，其它原子量的同位素丰度则很低。所以，这些同位素对 C、N、O、S 等元素的原子量影响不大。但是，^{35}Cl 和 ^{37}Cl 的天然丰度分别为：75.53% 和 24.47%。^{79}Br 和 ^{81}Br 的天然丰度分别为：50.54% 和 49.96%。这些同位素对 Cl 和 Br 等元素的原子量的影响很大，在质谱图中可观察到明显的同位素峰。如：M 和 M+2 的丰度比如果为 3∶1，则表明该有机分子中存在一个氯原子；M 和 M+2 的丰度比如果为 1∶1，则表明该有机分子中存在一个溴原子。所以，也可通过观察质谱图中同位素的丰度来判断同位素的种类。

与其它分析方法不同，质谱法中所关注的常常是某元素特定同位素的实际质量或含有某组特定同位素的实际质量。在质谱法中，用高分辨质谱仪器测量质量通常可达到小数点后第三或第四位。考虑到同一元素存在不同的同位素，自然界中，元素的原子量（A_r）由下列式子计算：

$$A_r = A_1p_1 + A_2p_2 + ... + A_np_n = \sum_{i=1}^{n} A_ip_i \qquad (11\text{–}1)$$

式 11–1 中：A_i 为元素某一同位素的原子量，p_i 为该同位素的丰度。

例如，大家一般认为氯原子的原子量是 35.45，这是取了 ^{35}Cl 和 ^{37}Cl 两种同位素的平均原子量得到的，在计算平均原子量时，还要考虑各个同位素的天然丰度。

通常情况下，质谱分析中所讨论的离子为正离子。质荷比为离子的原子质量 m 与其所带电荷数 z 之比。因此，对于甲烷分子来说，

$^{12}C^{1}H_4^{+}$ 的 $m/z = 16.035/1 = 16.035$；

$^{13}C^{1}H_4^{2+}$ 的 $m/z = 17.035/2 = 8.518$。

三、质谱仪器的主要性能指标

质谱仪器的主要性能指标有：质量测定范围、分辨率和灵敏度。

1. 质量测定范围

质量测定范围表示质谱仪器能够分析试样的原子量（或分子量）范围。

2. 分辨率

质谱仪器的分辨率指其分离相邻质量数离子的能力，一般定义为：质量分别为 m_1 和 m_2 的两个相等强度的相邻峰，当两峰间的峰谷不大于峰高的 10% 时，则可认为两峰已分开，其分辨率 R 为：

$$R = \frac{m_1}{m_2 - m_1} = \frac{m_1}{\Delta m}$$

实际工作中，有时很难找到相邻且峰高相等的两个峰，同时峰谷又为峰高的 10%。在这种情况下，可任选一质量为 m 的单峰，测其峰高 5% 处的峰宽 $W_{0.05}$，此时分辨率 R 定义为：

$$R = \frac{m}{W_{0.05}}$$

表 11-2 是某些典型质谱仪器近似分辨本领的比较表，可以看出，双聚焦质量分析器的分辨率远远高于单聚焦质量分析器。

表 11-2 某些典型质谱仪器的比较

类型	近似质量范围	近似分辨率
双聚焦	2 ~ 5 000	13 000 ~ 20 000
	1 ~ 240	1 000 ~ 2 500
单聚焦	1 ~ 1 400	2 500
	2 ~ 700	500
	2 ~ 150	100
飞行时间	1 ~ 700	150 ~ 250
	0 ~ 250	130
四极滤质器	2 ~ 300	200 ~ 500
	2 ~ 80	20 ~ 50

3. 灵敏度

灵敏度有绝对灵敏度、相对灵敏度和分析灵敏度等几种表示方法。绝对灵敏度是指仪器可以检测到的最小样品量；相对灵敏度是指仪器可以同时检测的大组分与小组分含量之比；分析灵敏度是指仪器输出的信号与输入仪器的样品量之比。

第二节　原子质谱仪器的基本组成及各部件的功能

一、质谱仪器的基本组成

图 11-1 是质谱仪器的基本组成方框图。

一般来说，质谱仪器由进样系统、离子源、质量分析器、质量检测器、信号处理器、读出装置和真空系统组成。其中，离子源、质量分析器和质量检测器是质谱仪器的核心，三者组成质谱仪器的分析系统。另外，为了获得离子的良好分析，必须避免离子损失，凡有试样分子及离子存在和通过的地方，必须处于真空状态。因此，离子源、质量分析器和质量检测器均需要与真空系统相连。

以扇形场质谱仪为例，简单讲解一下质谱仪的工作原理及结构示意图。

图 11-2 是以电子电离源作为离子源的质谱仪。待测试样进入离子化室后，经电子

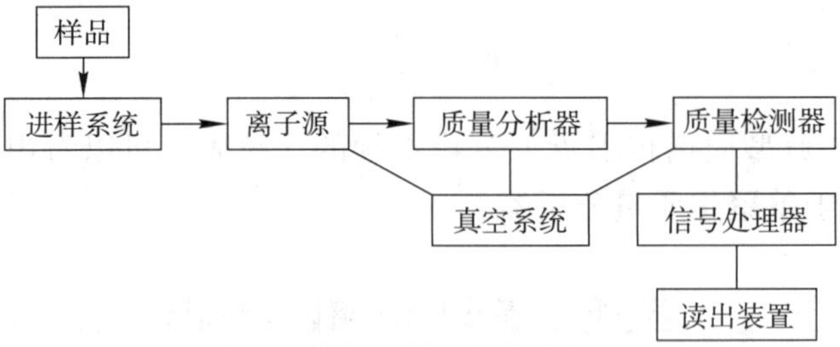

图 11-1　质谱仪器组成方框图

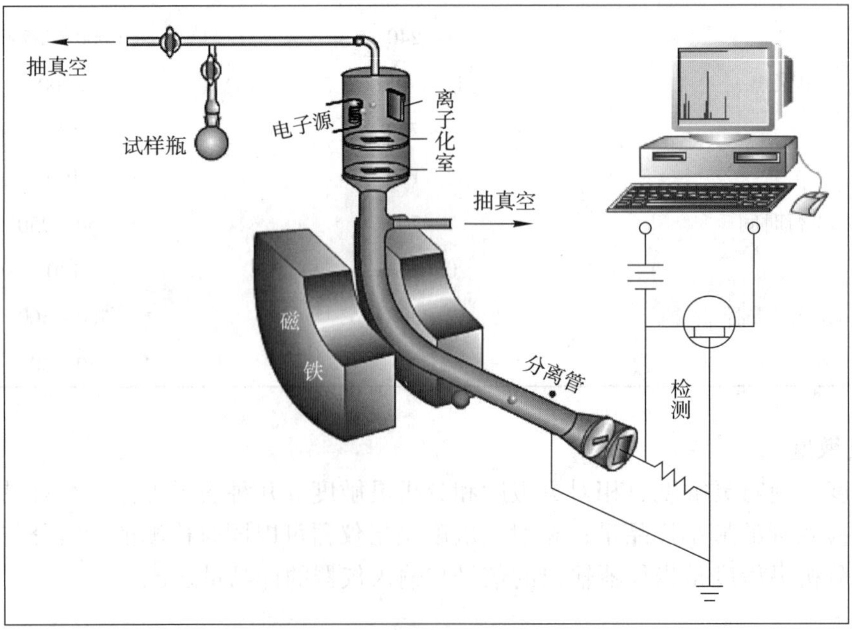

图 11-2　质谱仪原理及结构示意图

电离源电离后，产生带电离子，不同质荷比离子经扇形质量分离器管分离后，进入检测器进行检测，并在电脑显示器上输出质谱图，完成一个质谱分析过程。

二、质谱仪器各部件功能

1. 离子源

离子源的功能是将引入的样品转化为离子。原子质谱分析中常见的离子源有：高频火花源、电感耦合等离子体和辉光放电。

（1）高频火花源

高频火花源是利用高频火花放电对试样进行蒸发、电离，产生离子流。高频火花源具有以下优点：元素分析灵敏度高，可分析复杂样品（60种元素），谱图简单、线性范围宽。主要用于无挥发性的无机试样的离子化，如金属、合金和地质等样品。不足之处是：能量分散较大，对质量分析器要求较高（必须采用双聚焦分析器），价格昂贵。

（2）电感耦合等离子体（ICP）离子源

电感耦合等离子体离子源是利用电感耦合等离子体放电对试样进行蒸发、电离，产生离子流。自20世纪80年代ICP应用于质谱分析的电离源以来，ICP-MS已经成为元素分析中最重要的一项技术。ICP的优点是谱图简单、选择性好、灵敏度高，不足之处是运行成本较高。

（3）辉光放电离子源

辉光放电离子源是利用辉光放电对试样进行蒸发、电离，产生离子流。有三种放电模式：电容耦合射频放电、直流放电和脉冲直流放电。其优点是操作简单快速、精密度较高、价廉，特别适用于块状金属样品的快速分析。

2. 质量分析器

质量分析器是质谱仪器的重要组成部分，它位于离子源和检测器之间，其作用是将不同碎片的离子按质荷比（m/z）分开。质量分析器的主要类型有：磁分析器、飞行时间分析器、四极质量分析器、离子捕获分析器和离子回旋共振分析器等。重点介绍一下磁分析器、飞行时间分析器和四极质量分析器等质量分析器。

（1）磁分析器

磁分析器（magnetic analyzer）有单聚焦型和双聚焦型两种。

图11-3是单聚焦磁分析器原理的示意图。单聚焦型是指用一个扇形磁场进行质量分析的质谱仪，在离子源中电离的离子经加速后，进入扇形磁场质量分析器，接着，被分离开的离子依次进入检测器进行检测。

单聚焦型质量分析器（图11-4）只是将m/z相同而入射方向不同的离子聚焦到一点（或称实现了方向聚焦）。但对于m/z相同而动能（或速度）不同的离子不能聚焦，故其分辨率较低，一般为5 000。

双聚焦型质量分析器（图11-5）则在离子源和磁分析器之间加一静电分析器（ESA），于两个扇形电极板上加一直流电位V_e，离子通过时的曲率半径为$r_e=V/V_e$，即不同动能的离子r_e不同，换句话说，相同动能的离子r_e相同，即能量聚焦了，分辨率高达150 000。

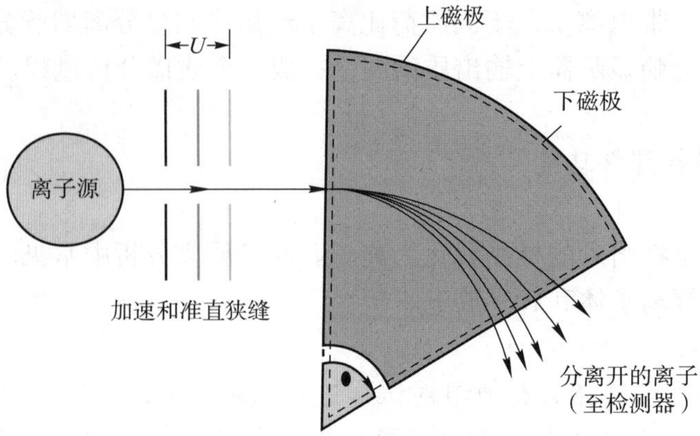

图 11-3 单聚焦磁分析器原理示意图

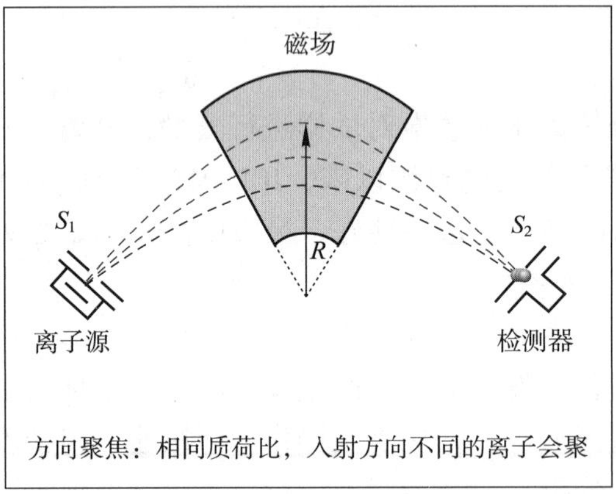

图 11-4 单聚焦质量分析器

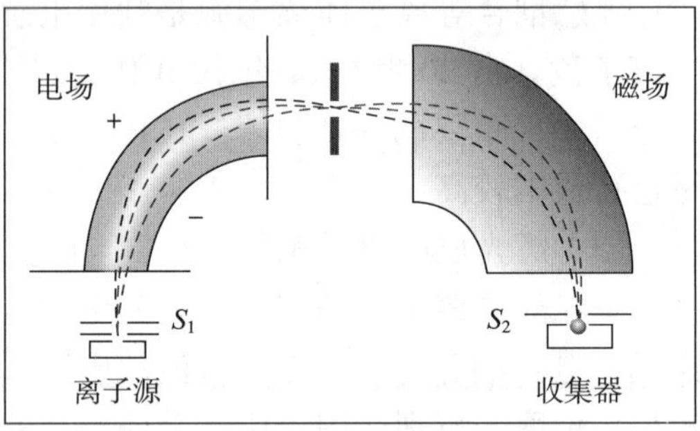

图 11-5 双聚焦质量分析器

（2）飞行时间质量分析器

飞行时间质量分析器（time of flight mass analyzer）利用从离子源飞出的离子其动能基本相等，但在加速电压作用下，不同 *m/z* 的离子飞行速率不一样，*m/z* 大的离子比小的飞行速率慢，不同 *m/z* 的离子到达无场漂移管末端的时间不同，从而被检测器检出。

飞行时间质量分析器的特点是：质量范围宽，扫描速率快，可用于研究快速反应或与 GC 联用；可用于高质量离子分析；体积小，操作容易；分辨率比磁分析器稍差。

图 11-6 是飞行时间质谱仪的示意图，样品在离子源中电离后，经无场漂移管到达检测器前端，经打拿极放大后被检出，经示波器放大后输出。

（3）四极质量分析器

四极质量分析器（quadrupole mass analyzer）因其由四根平行棒状电极组成而得名。相对的一对电极是等电位的，两对电极之间的电位则是相反的。如图 11-7 所示。

与双聚焦仪的静电分析器类似，离子进入可变电场后，只有具合适的曲率半径的离子可以通过中心小孔到达检测器。改变电压和频率并保持电压 / 频率比值一定，可实现不同 *m/z* 离子的检测。

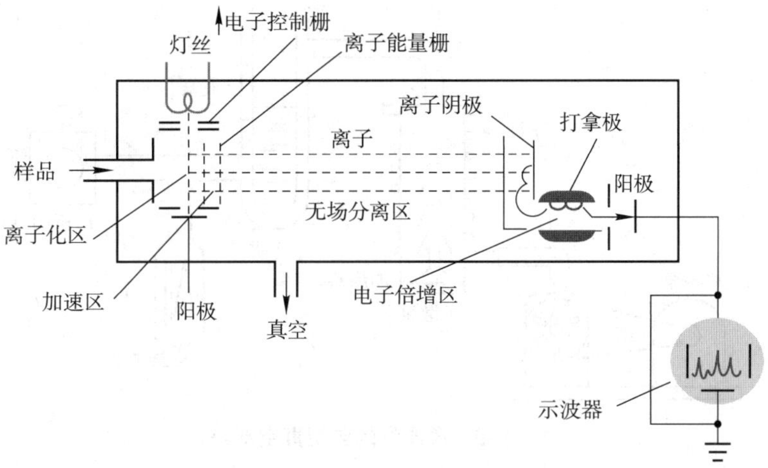

图 11-6　飞行时间质谱仪示意图

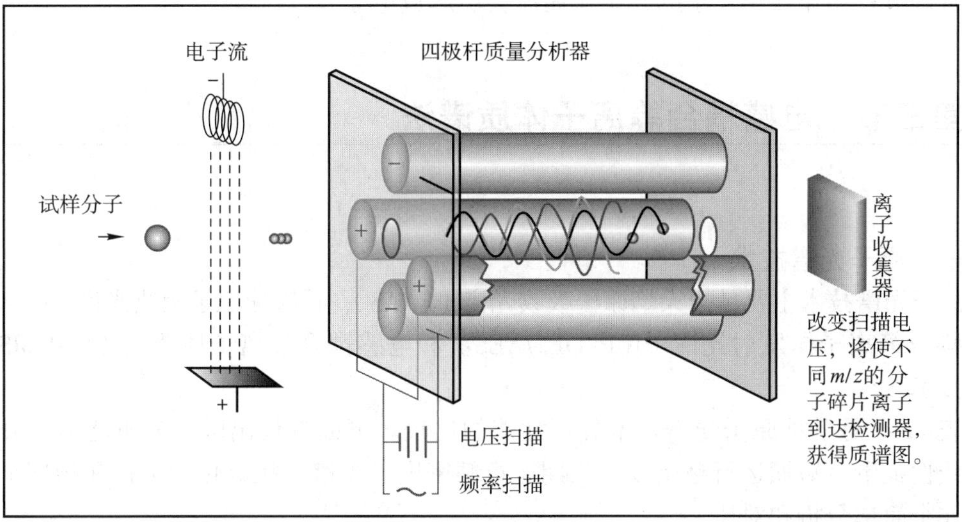

图 11-7　四极杆质谱仪示意图

四极质量分析器的特点是：分辨率比磁分析器略低（小于或等于 2000）；*m/z* 范围与磁分析器相当；传输效率较高；扫描速度快，可用于 GC-MS 联用或 LC-MS 联用。

3. 检测器

质谱仪的检测器包括 Faraday 杯、电子倍增器、闪烁计数器、照相底片等。Faraday 杯可检测低至 10^{-15}A 的离子流，但不适于高加速电压下的离子检测。

现代质谱仪所用的检测器一般是电子倍增器，其原理与光电倍增管相似。由电子倍增器输出的电流信号，经前置放大并转变为适合数字转换的电压，由计算机完成数据处理，并绘制成质谱图。

4. 真空系统

真空系统的目的是减少离子碰撞损失。质谱仪中真空度通常须达到 1 Pa。

图 11-8 是质谱仪的典型真空系统示意图。质谱仪中，真空度过低，将会引起以下

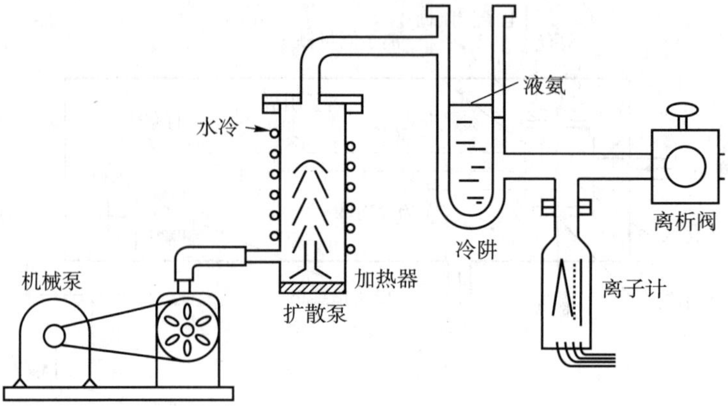

图 11-8 质谱仪的典型真空系统

风险：大量氧会烧坏离子源灯丝；引起其它分子离子反应，使质谱图复杂化；干扰离子源正常调节；用作加速离子的几千伏高压会引起放电。

第三节 电感耦合等离子体质谱法

一、原子光谱技术

原子光谱技术主要是指火焰原子吸收光谱（FAAS）、石墨炉原子吸收光谱（GFAAS）、电感耦合等离子体发射光谱（ICP-OES/AES）和电感耦合等离子体质谱（ICP-MS）等分析技术。

表 11-3 是各种原子光谱技术分析性能的比较。下面从检出限、分析能力、分析速度、线性范围、短期运行精密度、长期运行精密度、光谱干扰、化学干扰和物理干扰等方面作个简单分析和对比。

表 11-3 各种原子光谱技术分析性能的比较

性能指标	FAAS	GFAAS	ICP-OES	ICP-MS
检出限	高 ppb	亚 ppb	ppm ~ 亚 ppb	亚 ppt
分析能力	单元素	单元素	多元素	多元素
样品通量	约3 ~ 10 s/ 元素 / 样品	约2 ~ 3 min/ 元素 / 样品	约1 ~ 5 min/ 样品	约1 ~ 4 min/ 样品
线性范围	中 ppm	低 ppm	高 ppm	中 ppm
短期精密度（20 min）	0.1% ~ 1%	0.5% ~ 5%	0.1% ~ 2%	约0.5% ~ 2%
长期精密度（2 h）	1% ~ 2%	1% ~ 10%	约1% ~ 5%	小于4%
光谱干扰	很少	极少	一些	很少

续表

性能指标	FAAS	GFAAS	ICP-OES	ICP-MS
化学干扰	多	多	极少	一些
物理干扰	一些	极少	一些	一些
溶解固体处理	高达 5%	高达 10%	高达 20%	小于0.2%
可分析元素数量	大于60	大于50	大于70	大于80
进样体积	4 ~ 8 mL/min	约0.2 ~ 1 mL	约1 ~ 2 mL/min	约0.02 ~ 2 mL/min
半定量分析能力	否	否	是	是
同位素分析能力	否	否	否	是
操作便利性	很容易	更难	容易	更难
方法开发	容易	很容易	很容易	更难
可自动化操作性	否	是	是	是
初始成本	低	中	高	很高
运行成本	低	高	中	高
每个样品运行成本	低	中	低	中

从检出限来看，FAAS 检出限为高 ppb，GFAAS 检出限为亚 ppb，ICP-OES 检出限为 ppm ~ 亚 ppb，ICP-MS 检出限为亚 ppt。在各种原子光谱技术中，ICP-MS 检出限最低。①

从分析能力来看，FAAS 和 GFAAS 为单元素分析技术，一次运行只能测定一个元素，而 ICP-OES 和 ICP-MS 为多元素分析技术，一次运行可以测定多个元素。

从分析速度来看，FAAS 分析每个样品中的一个元素需要 3 ~ 10 s，GFAAS 分析每个样品中的一个元素需要 2 ~ 3 min，ICP-OES 分析每个样品需要 1 ~ 5 min，ICP-MS 分析每个样品需要 1 ~ 4 min。

从线性范围来看，FAAS 和 ICP-MS 在中 ppm 级别，GFAAS 在低 ppm 级别，ICP-OES 在高 ppm 级别。

从短期运行精密度来看，FAAS、GFAAS、ICP-OES 和 ICP-MS 调谐液信号的相对标准偏差分别为：0.1% ~ 1%、0.5% ~ 5%、0.1% ~ 2% 和 0.5% ~ 2%；从长期运行精密度来看，FAAS、GFAAS、ICP-OES 和 ICP-MS 调谐液信号的相对标准偏差分别为：1% ~ 2%、1% ~ 10%、1% ~ 5% 和小于4%。四类原子光谱技术均具有运行稳定的优点。

从光谱干扰来看，除 ICP-OES 有一些光谱干扰外，FAAS、GFAAS 和 ICP-MS 的光谱干扰很少；从化学干扰来看，FAAS 和 GFAAS 有很多化学干扰，ICP-MS 也有一些化学干扰，ICP-OES 几乎没有化学干扰；从物理干扰来看，除 GFAAS 几乎没有物理干扰外，FAAS、ICP-OES 和 ICP-MS 均有一些物理干扰。

---

① ppm、ppb、ppt 表示溶液浓度（单位为 kg/L）或固体中成分含量（单位为 kg/kg）的数值分别为 10^{-6}、10^{-9}、10^{-12}。它们不是国际单位制单位，不推荐使用。

二、ICP-MS 技术及原理

ICP-MS 一般指的是以四极杆为质量分析器的 ICP-QMS。此外，还有高分辨质谱（HR-ICP-MS）、多收集器电感耦合等离子体质谱仪（MC-ICP-MS）、时间飞行电感耦合等离子体质谱仪（ICP-TOF-MS）等。

ICP-MS 是以独特的接口技术将 ICP 的高温电离特性与四极杆质量分析器的快速灵敏扫描的优点相结合而形成的一种元素和同位素分析技术。样品导入后，在 ICP 中电离，不同 m/z 的离子经四极杆质量分析器提取后被检测。

一般来说，ICP-MS 测定时，样品由载气（氩气）引入雾化系统进行雾化后，以气溶胶形式进入等离子体中心区，在高温和惰性气氛中被去溶剂化、汽化解离和电离，转化成带正电荷的正离子，经离子采集系统进入质谱仪，质谱仪根据质荷比进行分离，根据元素质谱峰强度测定样品中相应元素的含量，如图 11-9 所示。

在 ICP-MS 分析中，ICP 和四极杆质量分析器是两个核心部件，接下来重点讲解一下。

ICP 是高频电源通过电磁感应的非接触方式，把能量不断传输给氩气而形成稳定的等离子体。首先，在外层石英矩管切线通入氩气；其次，在矩管外层线圈加入电流，产生高频磁场；点火后，氩气在高频电磁场作用下碰撞电离，形成等离子体；待测样品经雾化器导入后，在等离子体区去溶、挥发、解离、激发和离子化，离开矩管，进入四极杆质量分析器。

四极杆质量分析器是基于在四根电极之间的空间产生一随时间变化的特殊电场，只有给定质荷比（m/z）的离子才能获得稳定的路径而通过极棒，从另一端射出。其它离子则将被过分偏转，与极棒碰撞，并在极棒上被中和而丢失，从而实现质量选择。

图 11-10 是典型 ICP-QMS 的仪器结构，包括进样系统、ICP 矩管、射频发生器、接口、离子透镜系统、四极杆质量分析器、检测器、电脑输出系统和真空系统。真空系统有两级：第一级真空是机械泵，第二级真空是分子涡轮泵。

ICP-MS 是目前发展最快的痕量元素分析技术，具有以下优点：

（1）分析元素覆盖面广（可达 73 个元素），分析速度快；

（2）检出限低（多数元素检出限为 ppb-ppt 级）；

（3）线性范围宽（可达 9 个数量级）；

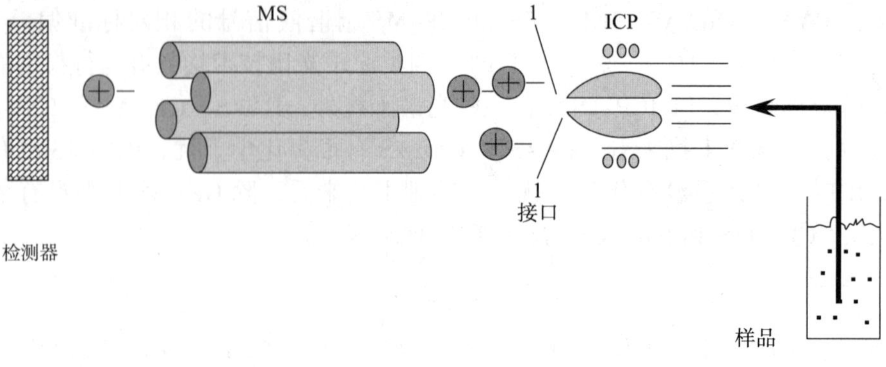

图 11-9　ICP-MS 分析原理示意图

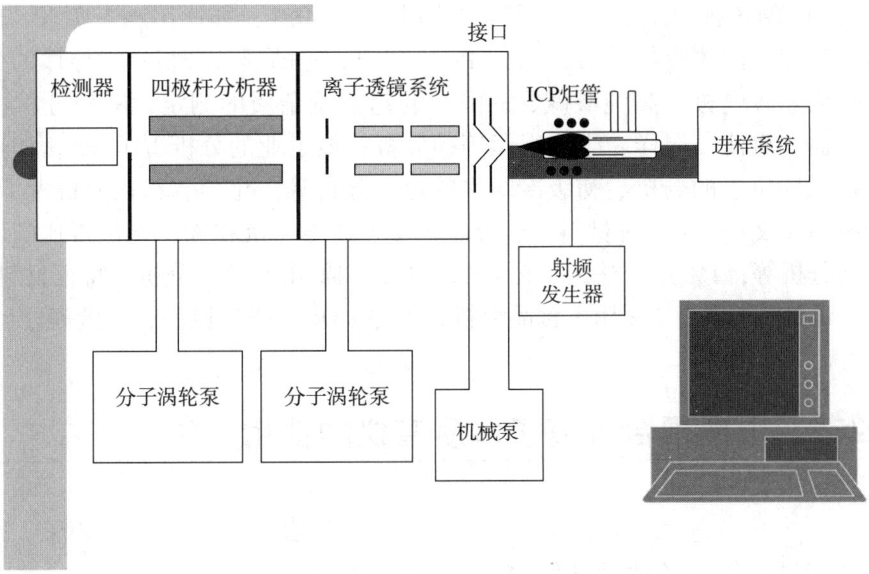

图 11-10 典型的 ICP-QMS 仪器结构示意图

（4）谱图干扰少（原子量相差 1 可以分离）；

（5）能进行同位素分析；

（6）可与多种进样技术联用，如色谱、激光烧蚀（LA）等。

当前市场上，ICP-MS 已与各种色谱技术成功联用，如：GC-ICP-MS、LC-ICP-MS、LA-ICP-MS 和毛细管电泳（CE）-ICP-MS。

三、ICP-MS 干扰及消除技术

ICP-MS 虽然有很多优点，但是，测定过程中也会遇到很多干扰，ICP-MS 的干扰主要分成质谱干扰和非质谱干扰两部分。

质谱干扰有同量异位素重叠干扰、多原子或加合物离子干扰、难熔氧化物离子干扰和双电荷离子干扰，如 ^{56}Fe 会受到 $^{40}Ar^{16}O$ 和 $^{40}Ca^{16}O$ 的干扰，^{75}As 会受到 $^{40}Ar^{34}S^{1}H$、$^{40}Ar^{35}Cl$ 和 $^{40}Ca^{35}Cl$ 的干扰，等等。随着 ICP-MS 的发展，科学家们发展了很多可用于 ICP-MS 质谱干扰消除的技术，常用的有最佳化仪器参数、选择无干扰同位素、数学校正方法、冷等离子体技术、高分辨质量分析器、消除基体和碰撞 / 反应池技术。

ICP-MS 中的非质谱干扰也称为基体效应，包括各类物理干扰，如记忆效应、进样效率改变、离子化效率改变、空间电荷效应和样品沉积等。可用于消除 ICP-MS 中非质谱干扰的技术有最佳化仪器参数、采用内标法、基体匹配法、标准加入法、稀释和更换进样系统等。

四、ICP-MS 分析方法及 ICP-MS 的典型应用

可用于 ICP-MS 分析的方法有：定性分析、半定量分析和定量分析。

定量分析可用外标法、内标法、标准加入法、同位素比值法和同位素稀释法等方法进行。其中，内标法应用最多。

在ICP-MS的各种应用中，环境样品的分析占了48%，如饮用水、海水、环境水资源、土壤、污泥、固体废物及Hg、As、Pb、Cr、Sn等的形态分析；半导体的分析占了33%，如高纯金属电极、高纯酸碱、Si晶片的超痕量杂质的测定；医药分析占了6%，如头发、全血、血清、尿样、生物组织等的分析；核工业的分析占了5%，如核燃料的分析、放射性同位素的分析、初级冷却水的污染分析等；化工、石化分析占了4%；地质学的分析占了2%，如金属材料、合金、土壤、矿石、沉积物、同位素比的研究、激光熔蚀直接分析等；1%用于法医、公安的分析，如射击残留物分析、特征材料的定性、来源分析、毒性分析等；1%用于食品分析，如QA/QC，质量控制、商检等。

第四节 电感耦合等离子体质谱仪的使用

一、电感耦合等离子体质谱仪的分析过程及特点

ICP-MS分析中，液体样品经进样毛细管导入气动雾化器，喷雾雾化后，进入ICP，高温电离后，不同质荷比的离子经四极杆质量分析器提取后被检测，根据质荷比大小进行定性分析，根据信号强度进行定量分析，如果与色谱分离技术联用，还可以进行形态分析，最终完成一个分析过程。

ICP-MS具有检出限低、线性范围宽、谱图干扰少、可进行元素与同位素分析、可与色谱分离技术联用等优点，可用于环境、半导体、医药、核工业、地质学、化工、石化、食品、法医、公安等各个领域的样品分析中，但是，分析过程中也要注意同质异位素重叠、多原子离子等质谱干扰和基体效应等非质谱干扰。

二、NexION 300X电感耦合等离子体质谱仪的操作

本节以PerkinElmer公司生产的NexION 300X ICP-MS（图11-11）测定自来水样品中的砷、硒元素含量为例，从开机、点矩、方法编辑、日常性能检查、样品测试、熄矩

图11-11 NexION 300X电感耦合等离子体质谱仪

和关机 7 个方面讲解 ICP-MS 的操作。

1. **开机**

依次开启氩气、排风系统、NexION 主机、射频发生器 RFG 和真空。接着，开启电脑主机及显示器，双击显示屏上 NexION 快捷图标，进入工作界面。单击“Instrument”，在“Main”界面查看 ICP-MS 真空“Vacuum”的运行情况，确认真空处于绿色“Ready”状态，表明仪器的真空系统运行正常。一般来说，需要连续抽 10 小时左右，ICP-MS 仪器才能进入待机状态，此时真空度在 10^{-7} Torr（约 1.33×10^{-5} Pa）以下，完成开机。

2. **点矩**

点矩前的准备工作有 4 项，即检查仪器的气路系统、排风系统、进样和排液系统、冷却循环水系统是否正常。

先检查一下气路系统。打开氩气钢瓶，观察一下钢瓶总压，如果低于 1.0 MPa，需要先更换氩气钢瓶才能点矩。因为 ICP-MS 正常运行过程中，须保证氩气的输出压力维持在 0.85 MPa 左右，如果输出压力低于 0.6 MPa，会引起熄矩。

接着检查排风系统，如果排风管有震动，表明风机正常运行。

接着更换 18.25 MΩ 超纯水，进样管入口端置于超纯水中，固定进样管和排液管于蠕动泵上，在“NexION”软件中单击“Devices”，在“Peristaltic”界面单击“Fast”，观察进样管和排液管的送液情况，如果进样管或排液管出现明显的磨损或者破裂，则需更换后重新连接，正常后，单击“Stop”。同时，单击“Fast”旁边的“Options”，输入样品分析时所需要的泵速，在“Action When ICP-MS Instrument Software Closed”处选择“Stay on”，点击“Close”。接着，打开控制雾化室温度的半导体致冷系统，开关置于 2 号位，控制雾化室温度为 2℃。

半导体致冷系统起到控制雾化室温度的作用。开关如果置于 1 号位，表明测定过程中雾化室温度控制在 -5℃，主要用于有机溶剂中待测组分的雾化；开关如果置于 2 号位，表明测定过程中雾化室温度控制在 2℃，主要用于水溶液中待测组分的雾化；开关如果置于 0 号位，表明半导体致冷系统处于关闭状态。自来水样中砷、硒含量测定，雾化室温度控制在 2℃就可以了。

接下来打开冷却循环水系统。

完成上述 4 项准备工作后，在“NexION”软件中单击“Instrument”，在“Main”界面 Plasma 处，点击“Start”，完成点矩。

3. **方法编辑**

点矩后，仪器需要预热半小时，在这段时间里，完成方法编辑，包括分析方法、数据保存和报告模板等 3 个方面。

分析方法编辑在“NexION”软件中完成。首先，单击“Method”，在此界面处，依次单击“File”“New”“Quantitative Analysis”“OK”，开始一个新的分析方法的编辑。接着依次单击进入“Timing”“Calibration”“Sampling”界面，设定各个分析参数。

在“Timing”界面先输入读数条件：Sweeps/Reading：20，Readings/Replicate：1，Replicates：3；接着右击“Analyte”，激活元素周期表，选择需要测定的元素及系统推荐的质荷比，通常系统会自动推荐某一元素没有干扰或者干扰最少的质荷比作为待测元素的质荷比，点击“OK”，完成待测元素及质荷比的选择；右击各个元素对应的“Mode”，选择工作模式，一般默认选择标准模式，同时系统自动启动校正方程消除质谱干扰。最后，检查各个元素的工作模式，设置相应气体流量及 RPa、RPq 参数，完成分析元素的编辑。RPa、RPq 参数在标准模式中使用默认数值，在碰撞、反应池模式中调谐优化后确定数值，用于过滤有干扰作用的质荷比，以提高仪器的选择性。

在“Calibration”界面，输入系列标准溶液的浓度（浓度为 0 的不用输入），注意各元素标液和样品之间浓度单位的一致性，采用“External Std./ 外标法”进行定量。

在“Sampling”界面，设定进样程序，包括样品的提升时间（Sample Flush，35 s）延迟时间（Read Delay，15 s）、清洗（Wash，45 s）时间和相应的泵速（Speed）。手动进样时，样品的提升（Sample Flush）、延迟（Read Delay）时间可选用系统默认数值，“Wash”时间改为 0。点击屏幕右上角“Report”，把“Sent to Printer”和“Sent to File”二个方框的打钩去掉，即建立了分析方法。

分析参数全部输入后，依次单击“File”“Save As”，输入新建立的分析方法的名称，点击“Save”，保存在“Method”文件夹中，完成分析方法的编辑。

在电脑上新建一个文件夹，备保存数据文件使用。在“NexION”软件中，依次单击“Dataset”“File”“Open”，选择刚刚建立的数据文件夹，点击“OK”，完成数据保存文件夹的设定。

在“NexION”软件中，依次单击“RptView”“File”“Open”，选择“NL.rop”这个报告模板，点击“Open”，完成报告模板的设定。

在完成方法编辑及数据保存文件夹、报告模版的设定后，一个新的分析方法的编辑就算完成了，此时 ICP-MS 预热基本完成，进入仪器日常性能检查和样品测定阶段。

4. 日常性能检查

在“NexION”软件中依次单击“SmartTune”“File”“Open”，选择“SmartTune Daily.swz”，双击，进入仪器日常性能检查界面。进样管置于 1 μg/L 调谐液中，选择“Use Manual Sampling”，右击“Daily Performance Check”，单击“Quick Optimize”。分析结束后，单击“RptView”，查看结果。

结果为“Passed”，可进行标准模式样品分析，结束调谐。进样管置于超纯水中清洗。

5. 样品分析测试

先调出前面编辑的分析方法（File—Open—方法名称—Open）、数据保存文件夹（Dataset—File—Open—文件夹名称—OK）和报告模板（RptView—File—Open—模板名称—Open）。

在“NexION”软件中单击“Sample”，在“Analysis”处的“Write to Dataset After Each Analysis”处打钩，以获得分析结果的原始数据。将进样管放入空白溶液中，单击“Analyze Blank”。完成后，在“NexION”软件中依次单击“RptView”、“Intensity”，查看空白信号值。达到要求后，将进样管放入不同浓度的标准溶液（STD1、STD2、STD3、STD4）中，单击“Analyze Standard”，同时将 number 依次设为 1、2、3、4。进完标液后，将进样管置于超纯水中清洗。在“NexION”软件中单击“CalibView”，查看标准曲线的线性相关系数，如果个别标样偏差太大，将这个点去掉。线性相关系数达到要求后，将进样管依次放入不同的待测样品溶液中，在“Sample”界面的“Sample”处输入样品名称，单击“Analyze Sample”，完成待测样品分析。

在“NexION”软件中依次单击“RptView”“Current Sample”“Intensity”“Concentration”，查看样品的平均浓度、重现性、不同元素的信号值和对应的浓度等相关信息，对重现性不够理想的样品可选择再测 1～2 次，以消除仪器不稳定性对测定结果带来的影响。

6. 熄矩

测完所有样品后，把进样管放入 1%～5% 的优级纯 HNO_3 溶液中，冲洗 5 min，再放入 18.25 MΩ 超纯水中，冲洗 5 min，观察背景信号的强度，达到理想值后，在“NexION”软件“Instrument”界面处，点击“Plasma”处的“Stop”，熄炬。松开进样管和排液管，半导体制冷系统开关置于 0 号位。关闭循环水，退出工作站。

7. 关机

ICP-MS 长期不用时，在“NexION”软件中单击“Instrument”，在“Main”界面“Vacuum”处，点击“Stop”，关闭真空。待分子涡轮泵停止运转后，关闭射频发生器 RFG 电源，关闭 NexIon 电源，关闭氩气，退出工作站，关闭电脑，完成关机。

思考与练习题

11-1 原子质谱法的基本过程有哪几步？每步的作用是什么？

11-2 如何评价某一质谱仪器的主要性能指标？质谱仪器的灵敏度可以有哪几种表示方法？

11-3 原子质谱仪由哪些部件组成？各部件功能是什么？为什么必须在超高真空进行测量？

11-4 原子质谱仪中，常见的离子源有哪些？电离原理分别是什么？各有何特点？

11-5 无机质谱仪器中，常用的质量分析器有哪几种？各有什么特点？

11-6 各种原子光谱技术，如：火焰原子吸收光谱（FAAS）、石墨炉原子吸收光谱（GFAAS）、电感耦合等离子体发射光谱（ICP-OES）和电感耦合等离子体质谱（ICP-MS）等，它们在检出限、分析能力、分析速度、线性范围、稳定性方面各有何特点？

11-7 ICP-MS 的主要优点有哪些？

11-8 ICP-MS 中，常见的干扰有哪些？如何降低和消除这些干扰？

11-9 ICP-MS 分析中，常见的定量分析方法有哪些？

11-10 ICP-MS 的分析过程是什么？在 ICP-MS 分析中，如何进行某一元素分析方法的编辑？

11-11 ICP-MS 分析中，半导体致冷系统的作用是什么？如何进行设置？

11-12 ICP-MS 点炬前有哪些准备工作需要预先完成？

数字课程学习

◆教学课件　　◆本章自测　　◆思考题

12

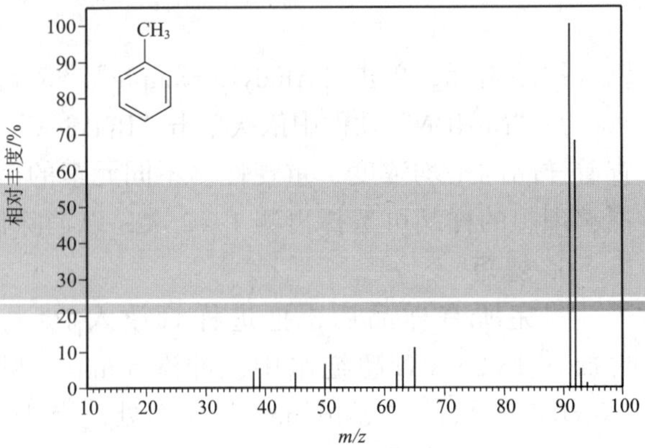

分子质谱法

● **关键词**

分子质谱法基本原理，分子质谱仪器组成，分子质谱离子类型，分子质谱基本操作技术，分子质谱法的应用，分子质谱的联用技术，气相色谱 - 质谱联用仪，高效液相色谱 - 质谱联用仪

● **目的要求**

理解分子质谱的分析原理、技术特点、质谱图的表示；掌握分子质谱仪器的各个组成部件及其功能；掌握分子质谱中的5种离子类型；了解分子质谱的操作条件选择；理解如何利用质谱图进行化合物的定性分析、定量分析和结构鉴定；掌握分子质谱联用分析法的基本原理及接口类型；了解分子质谱联用接口设计及其应用；理解气相色谱 - 质谱联用仪的方法编辑、检漏调谐和样品的分析测试；理解高效液相色谱 - 质谱联用仪的方法编辑、日常性能检查和样品的分析测试；培养学生分析问题、解决问题的综合能力；培养学生的责任意识；培养学生精益求精的工匠精神。

● **重点难点**

（1）重点：分子质谱仪器的各个组成部件及其功能；分子质谱中的5种离子类型；分子质谱联用分析法的基本原理及接口类型。

（2）难点：利用质谱图进行化合物的定性分析、定量分析和结构鉴定；分子质谱联用接口设计及其应用；气相色谱 - 质谱联用仪和高效液相色谱 - 质谱联用仪的方法编辑；待测样品的分析测试。

知识导图

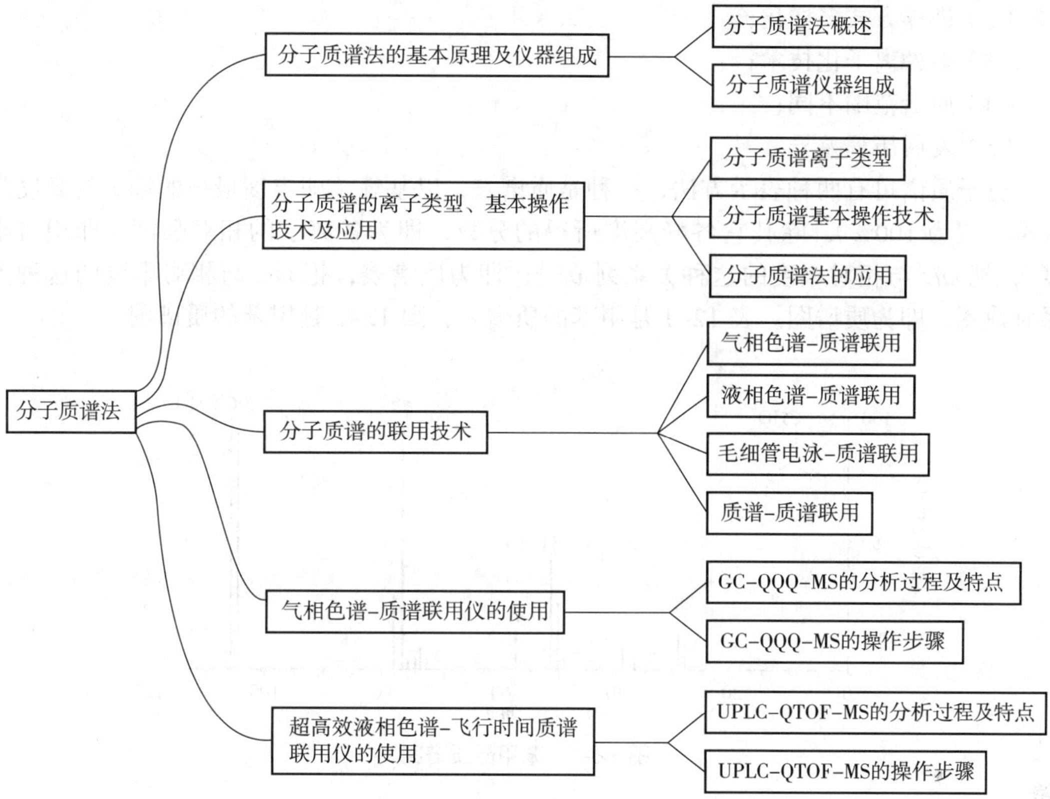

第一节 分子质谱法的基本原理及仪器组成

一、分子质谱法概述

与原子质谱法相似，分子质谱法也是通过将样品转化为运动的气态离子并按质荷比（m/z）大小进行分离并记录其信息的分析方法。分子质谱法依据其离子化方式的差异，可进行多种有机物及无机物的定性和定量分析、复杂化合物的结构分析、样品中各种同位素比的测定及固体表面的结构和组成分析等。

图 12-1 是一个苯甲醛的质谱图。从图中可以看出，横坐标是 m/z，纵坐标是相对丰度，丰度最高的 m/z 是 106，是苯甲醛的分子量，m/z 为 77 的离子是苯甲醛失去醛基（-CHO）后的苯基离子（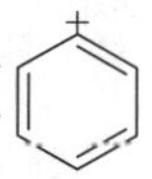）。通过苯甲醛质谱图中各个碎片离子的解析，便可获得苯甲醛的分子结构（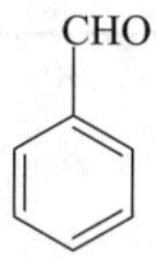

）。

分子质谱的原理和仪器结构与原子质谱基本相同，但各部分结构、技术和应用与原子质谱有很大差别。与原子质谱相比，分子质谱具有以下优点：

（1）获得的信息量大；

（2）进样方式多样化；

（3）多种离子化技术；

（4）质量范围不同；

（5）发展历程差异。

分子质谱可有两种表示方法，一种是质谱表，以基峰（即丰度最强的峰）的高度为标准（定为 100%），除其它各峰高度所得的分数，即为各离子的相对强度（即相对丰度），把 *m/z* 与相对丰度的这种关系列成表，即为质谱表，把 *m/z* 与相对丰度的这种关系画成图，即为质谱图。表 12-1 是甲苯的质谱表，图 12-2 是甲苯的质谱图。

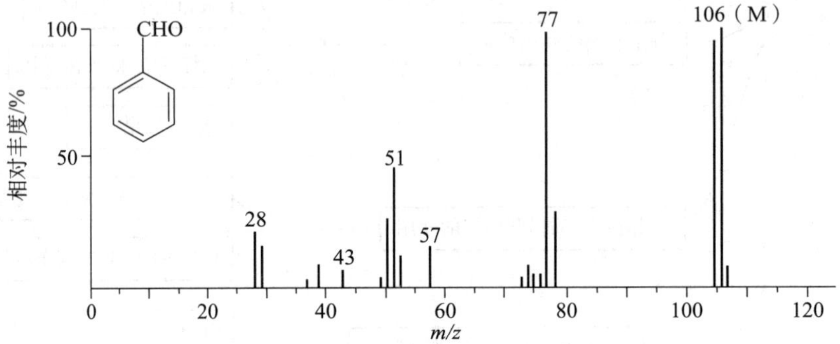

图 12-1 苯甲醛质谱图

表 12-1 甲苯质谱表

m/z 值	38	39	45	50	51	62	63	65	91	92（M·⁺）	93	94
相对丰度/%	4.4	5.3	3.9	6.3	9.1	4.1	8.6	11	100（基峰）	68	4.9	0.21

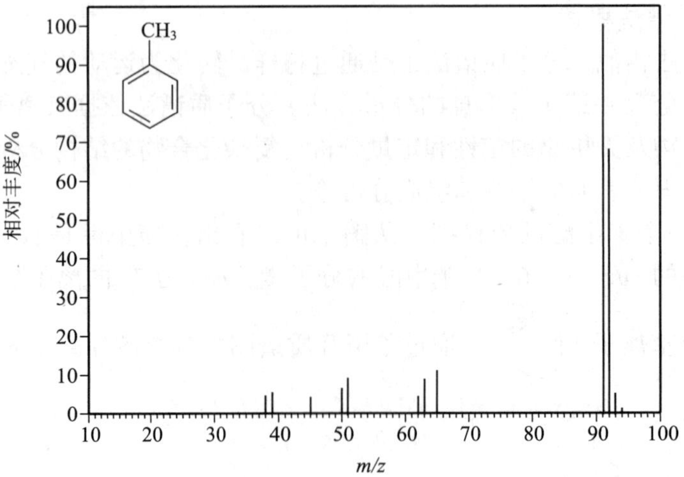

图 12-2 甲苯质谱图

在表 12–1 和图 12–2 中，*m/z* 为 91 的峰的相对丰度最高，定为 100%，称为基峰。*m/z* 为 92 的峰的相对丰度只有基峰的 68%，由于其 *m/z* 与甲苯的分子量在数值上相等，称为分子离子峰；而 *m/z* 为 93 和 94 的峰则分别称为 M+1 和 M+2 峰，为同位素离子峰，丰度较低。

二、分子质谱仪器组成

图 12–3 是分子质谱仪器结构的方框图，由进样系统、离子源、质量分析器、检测器、真空系统及计算机控制和数据处理系统等组成。

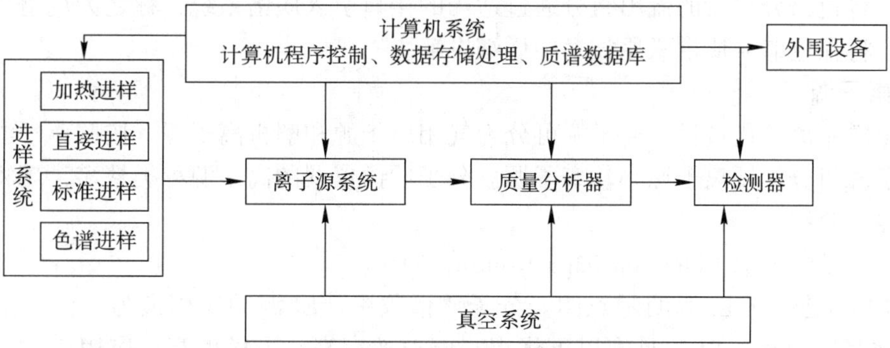

图 12–3　分子质谱仪器结构方框图

1. 进样系统

进样系统是在不破坏真空环境、具有可靠重复性的条件下，将样品引入离子源。有加热进样、直接进样、标准进样和色谱进样 4 种方式。

（1）加热进样

图 12–4 是加热进样系统的示意图。加热进样是最经典也是最简单的进样方式，试样首先被气化，然后进入高真空的离子源。它适用于气体、沸点低且易挥发的液体（沸点低于 500℃）、中等蒸气压固体等试样进样。

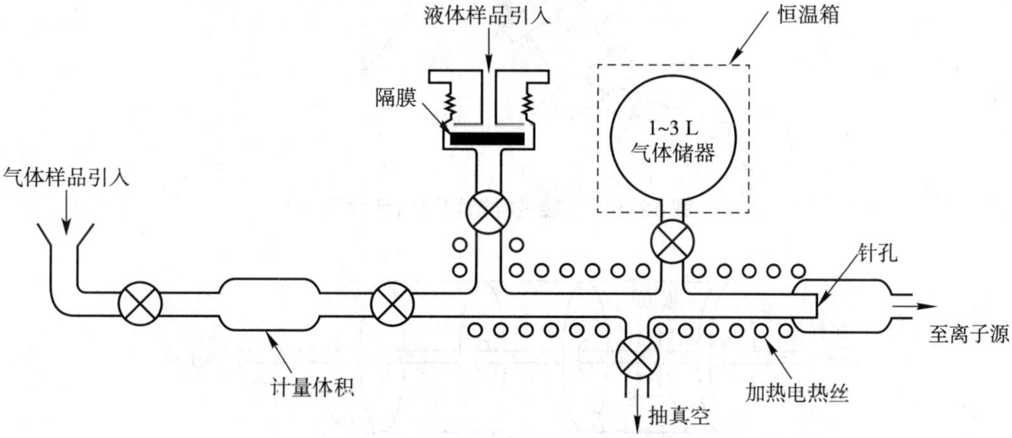

图 12–4　加热进样示意图

（2）直接进样

图 12-5 是直接进样器切换阀结构的示意图。直接进样器通过切换阀建立一个临时真空进样通道，进样杆将试样引入离子源，通常适合于高沸点的液体及固体进样。

（3）标准进样

由于全氟煤油的记忆效应较强，如用加热进样或直接进样系统进样，容易造成污染。因此，不少仪器装有专用全氟煤油标准样进样的系统，该进样便称为标准进样。

（4）色谱进样

质谱仪通常会与气相色谱、液相色谱等仪器联用，用于分离和检测复杂化合物的各种组分。将色谱分离后的流出组分通过适当的接口引入质谱系统，称之为色谱进样。这部分内容将在色谱－质谱联用技术中详细讲解。

2. 离子源

按照样品离子化过程，离子源可分为气相离子源和解析离子源。按照离子源能量强弱，离子源可分为硬离子源和软离子源。分子质谱仪器的离子源种类繁多，现将主要的离子源逐一介绍。

（1）电子轰击源（electron-impact soure，EI）

图 12-6 是经典 EI 源的示意图。分子质谱仪中，EI 源的应用最为广泛，主要用于挥发性样品的电离。EI 源具有以下优点：电离效率高、灵敏度高；应用广泛、标准质谱图基本都是采用 EI 源得到的；稳定、操作方便、电子流强度可精密控制；结构简单、控温方便。

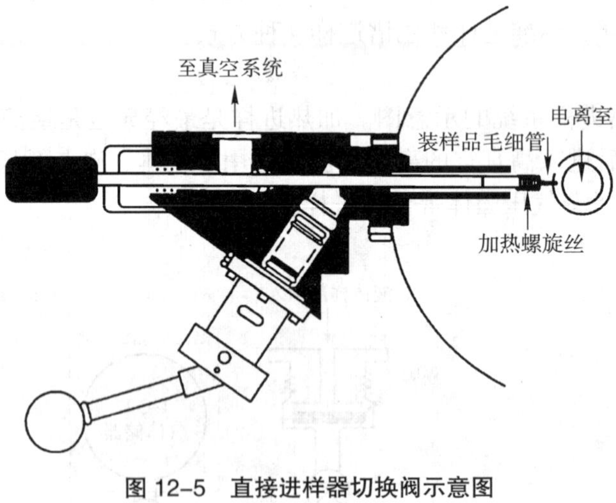

图 12-5　直接进样器切换阀示意图

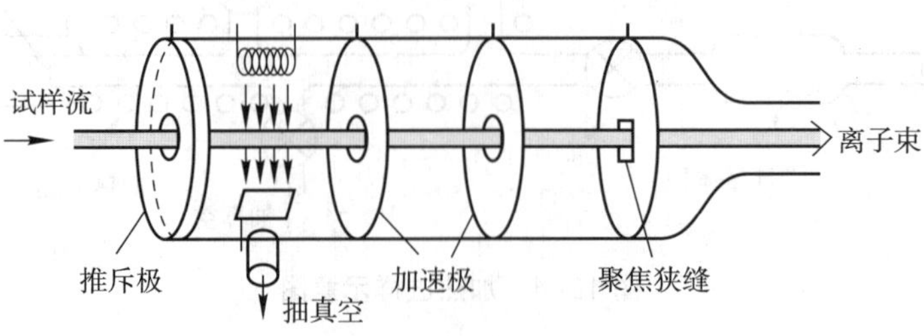

图 12-6　经典 EI 源示意图

图 12-7 是有机化合物分子经 EI 源轰击、失去不同烷基后的碎片质谱图。提供了丰富的结构信息，为有机化合物结构的鉴定提供了特征指纹谱，同时有标准质谱图 NIST 库可以检索。目前标准质谱图大多是在 EI 源 70 eV 下获得的。但它也有一些缺陷，因为 70 eV 已大大超过一般化学键裂解所需能量，使用 EI 源很多情况下得不到分子离子峰，导致分子量测定的困难。

（2）化学电离源（chemical ionization source，CI）

CI 和 EI 的主要差别在于 CI 源工作过程中要引进一种反应气体，可以是甲烷、丙烷、异丁烷、氨气等。反应气的量比试样气要大得多。

图 12-8 是准分子离子峰的形成过程：灯丝发出的电子首先将反应气体分子电离，然后反应气离子与试样分子进行离子 - 分子反应，实现试样电离，形成 $(M+1)^+$、$(M+17)^+$、$(M+29)^+$ 等准分子离子峰以及碎片离子峰。

和 EI 源相比，CI 源是一种软电离方式，电离能小，质谱峰数目少，图谱简单，准分子离子 $(M+1)^+$ 峰强度大，可提供分子量这一重要信息，有些用 EI 方式得不到分子离子的试样，改用 CI 后可以得到准分子离子。但是，CI 得到的质谱不是标准质谱，难以进行库谱检索。

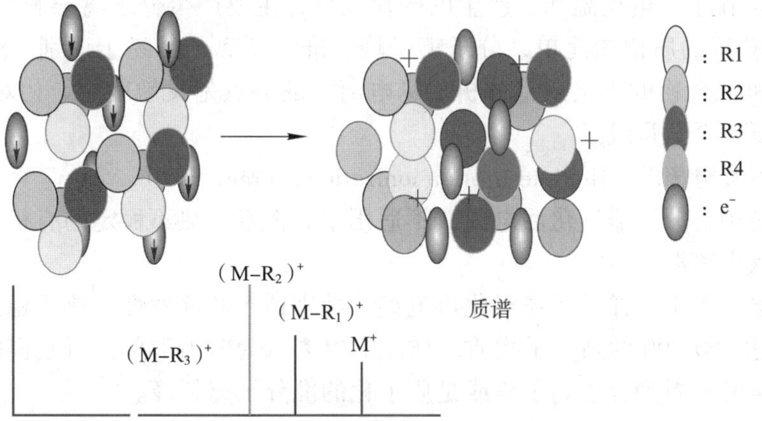

图 12-7 有机化合物分子碎片质谱图

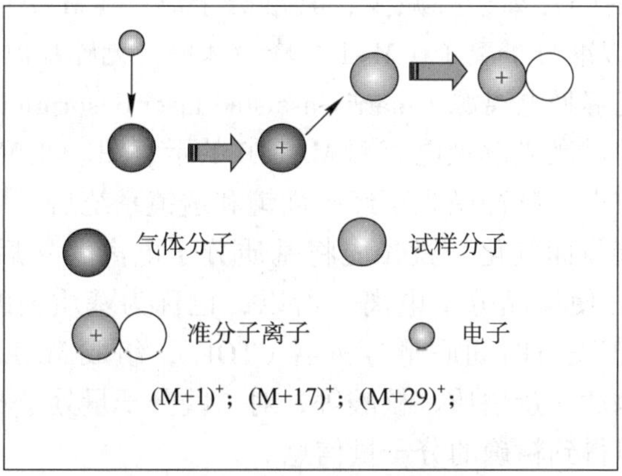

图 12-8 准分子离子峰形成示意图

（3）场电离源（field ionization source，FI）

FI 是应用强电场诱导样品电离的一种离子化方式，其结构如图 12–9 所示。

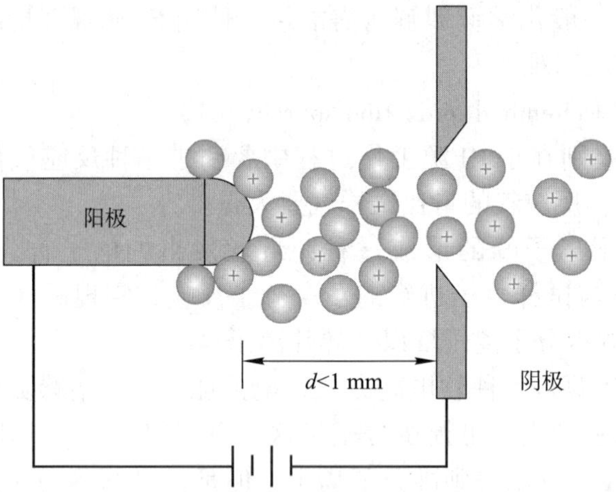

图 12–9 场电离源示意图

FI 的优点在于：电离温和，产生的碎片较少，主要产生分子离子 M^+ 和准分子离子 $(M+1)^+$，所获得的质谱图简单，分子离子峰、准分子离子峰易于识别。适用于分子量的测定和有机混合物的直接定量分析。场电离源的缺点是灵敏度低。相对于 EI 源，灵敏度至少要低一个数量级。

（4）场解吸电离源（field desorption ionization source，FD）

场电离源中，分子需气化后电离，不适用于难挥发、热不稳定的有机化合物，因而发展出场解吸电离源。

场解吸电离源中，样品无需气化再电离，特别适于非挥发性、热不稳定的生物样品或分子量高达 100 000 的高分子物质。样品的电离行为较为简单，所获得的质谱信号也大大简化，常常只看到分子离子峰或是质子化的准分子离子峰。

图 12–10 是极性化合物谷氨酸经 EI、FI 和 FD 离子化后的质谱图。从图 12–10 中可以看出，经 EI 离子化后，谷氨酸的碎片离子峰很多，但未显示分子离子峰；经 FI 离子化后，虽然谷氨酸的碎片离子峰减少，其准分子离子 $(M+1)^+$ 峰的强度也不高；经 FD 离子化后，谷氨酸以准分子离子 $(M+1)^+$ 峰为基峰，无碎片离子峰。

（5）基质辅助激光解吸电离源（matrix-assisted laser desorption/ionization，MALDI）

图 12–11 是基质辅助激光解吸电离源 MALDI 的示意图。在 MALDI 中，待分析样品置于涂有基质的样品靶上，脉冲激光束经平面镜和透镜系统后，照射到样品靶上，基质和样品分子吸收激光能量而气化，激光先将基质分子电离，然后在气相中，基质将质子转移到样品分子上，使样品分子电离。所以，也称为基质辅助激光解吸电离源。

MALDI 特别适合于飞行时间质量分析器（TOF），组成 MALDI–TOF 质谱仪。适用于分析生物大分子，如肽、蛋白质、核酸等，对一些分子量处于几千到几十万之间的极性的生物聚合物，可以得到精确的分子量信息。

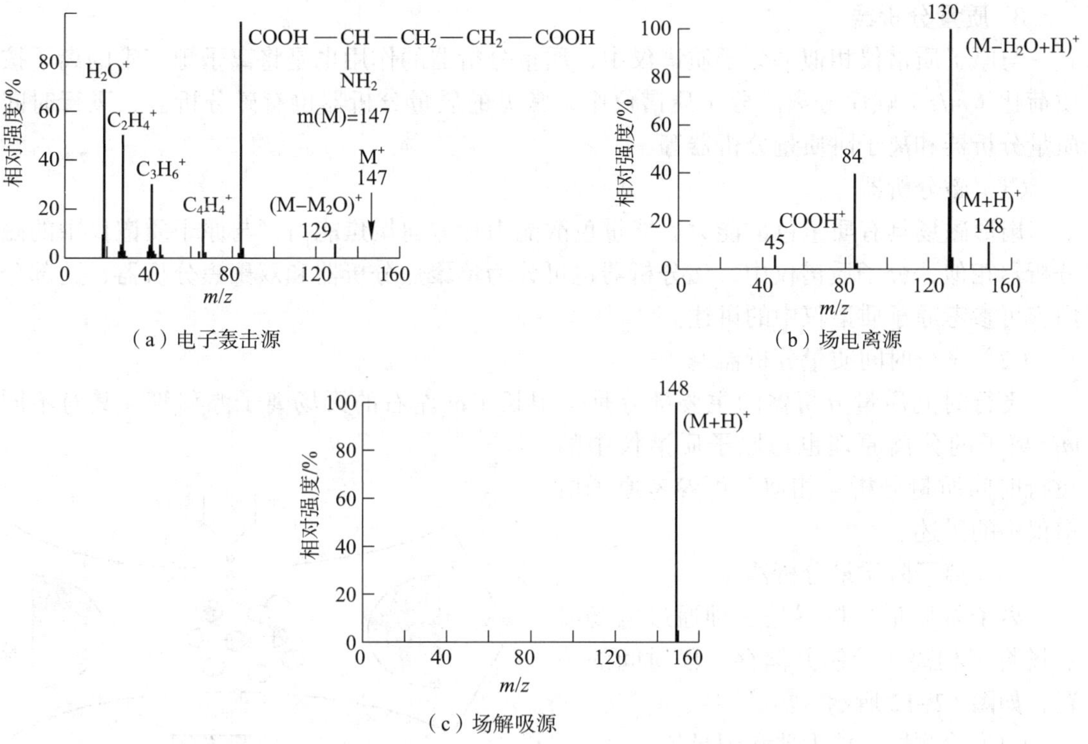

（a）电子轰击源

（b）场电离源

（c）场解吸源

图 12-10 谷氨酸经 EI、FI 和 FD 离子化后的质谱图

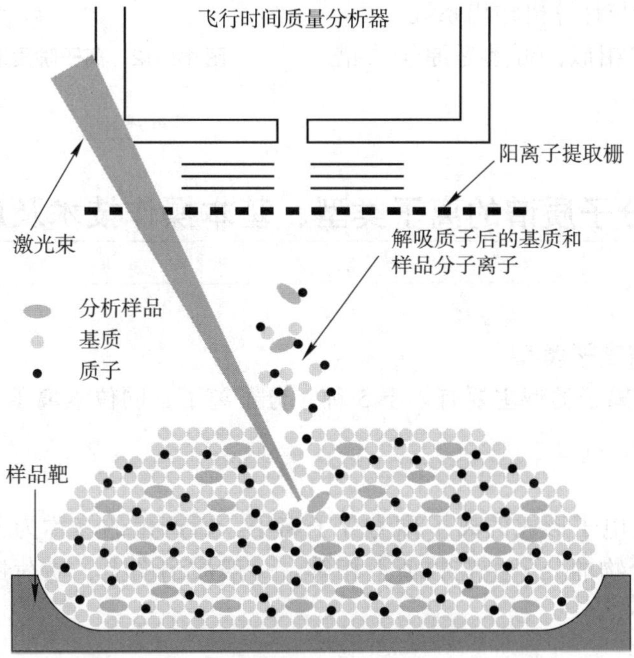

图 12-11 基质辅助激光解吸电离源示意图

3. **质量分析器**

与原子质谱仪相似，分子质谱仪中，质量分析器的作用也是将离子源产生的离子按质荷比（*m/z*）顺序分离。分子质谱仪中，常见的质量分析器也有磁分析器、飞行时间质量分析器和离子阱质量分析器等。

（1）磁分析器

扇形磁场具有质量色散能力、能量色散能力和方向聚焦能力。与原子质谱仪中的磁分析器相似，分子质谱仪中，磁分析器也可分为单聚焦分析器和双聚焦分析器，这部分内容可参考原子质谱仪中的讲述。

（2）飞行时间质量分析器

飞行时间质量分析器的主要部分是一根长 1 m 左右的无场离子漂移管，其对不同 *m/z* 离子的分离原理也与原子质谱仪中的飞行时间质量分析器相似，可参考原子质谱仪中的讲述。

（3）离子阱质量分析器

离子阱质量分析器是一种通过电场或磁场将气相离子控制并储存一段时间的装置，如图 12-12 所示。

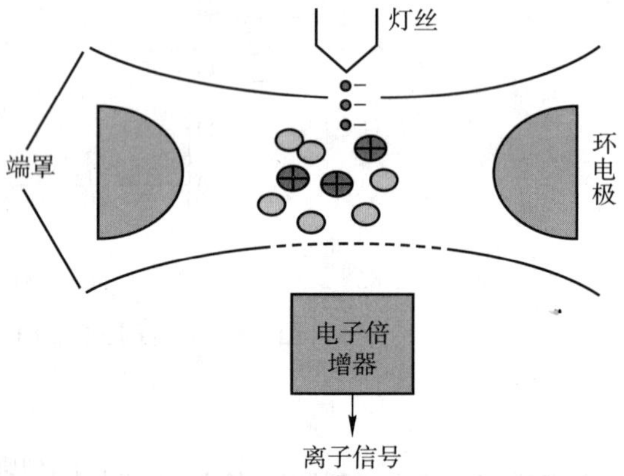

图 12-12　离子阱质量分析器示意图

（4）检测器、放大器和记录仪

均与原子质谱类似，可参考原子质谱仪中的讲述。

（5）真空系统与计算机输出系统

也与原子质谱相似，可参考原子质谱仪中的讲述。

第二节　分子质谱的离子类型、基本操作技术及应用

一、分子质谱离子类型

分子质谱中，离子类型主要有以下 5 种：分子离子、同位素离子、碎片离子、重排离子和亚稳离子。

1. **分子离子**

分子电离一个电子形成的离子称为分子离子，所产生的峰称为分子离子峰。分子离子的质量与化合物的分子量在数值上相等。一般质谱图上，质荷比最大的峰为分子离子峰，但有例外。

2. **同位素离子**

由于同位素的存在，可以看到比分子离子峰大一个质量单位的峰，有时还可以观察到 M+2，M+3，等等，这些离子统称为同位素离子，对应的峰称为同位素离子峰。

图 12-13 是甲烷的质谱图，除了可以观察到质荷比为 16 的分子离子峰外，还可以

观察到质荷比为 17 的同位素离子峰。

3. 碎片离子

分子离子产生后，可能具有较高的能量，将会通过进一步裂解或重排而释放能量，裂解后产生的离子称为碎片离子。例如：正己烷碎裂后可产生质荷比为 71、57、43、29、15 的碎片离子（图 12–14）。

4. 重排离子

在两个或两个以上键的断裂过程中，某些原子或基团从一个位置转移到另一个位置所生成的离子，即重排离子。例如：丁醛和乙酸乙酯分子上的 γ–H 重排后产生的重排离子，如图 12–15 所示。

5. 亚稳离子

质量数为 M_1 的多个带电离子，其中部分失去中性碎片 Δm 变成 M_2 而形成亚稳离子峰 m^*，此时可将此峰看成 M_1 和 M_2 的“混合峰”，在质谱中表现为一个宽峰，极易识别，可提供母离子和子离子之间的关系。例如：对羟基苯乙酮断裂过程中母离子、子离子与亚稳离子的关系，如图 12–16 所示。

亚稳离子的表观质量 m^* 可由 M_2 的平方除以 M_1 进行计算，通常不是整数。亚稳离

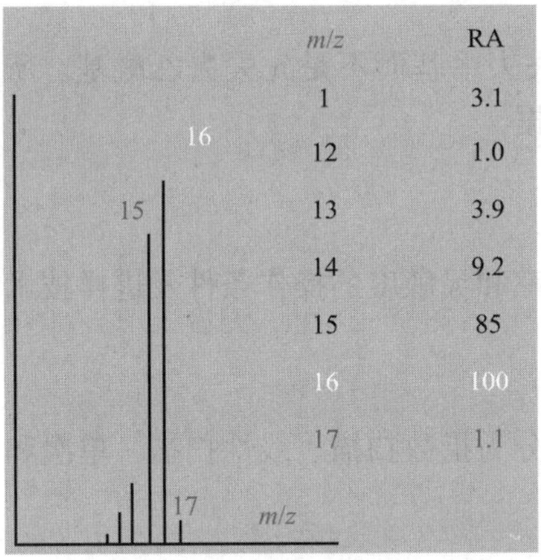

图 12–13 甲烷质谱图

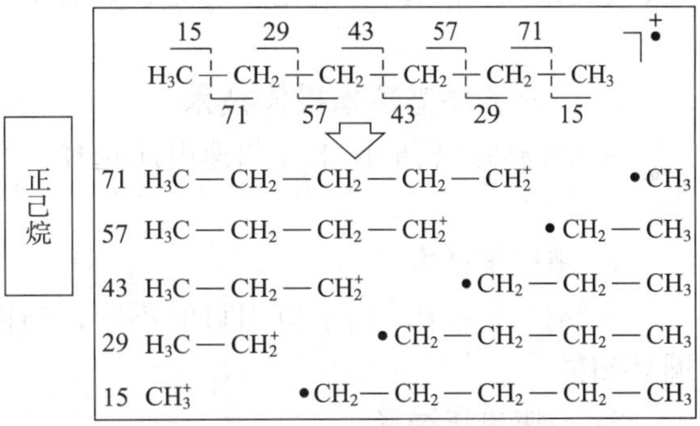

图 12–14 正己烷裂解示意图

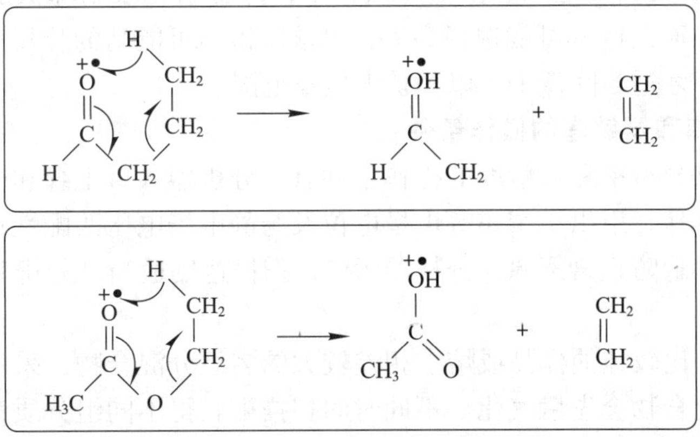

图 12–15 丁醛和乙酸乙酯分子上的 γ–H 重排后产生的重排离子

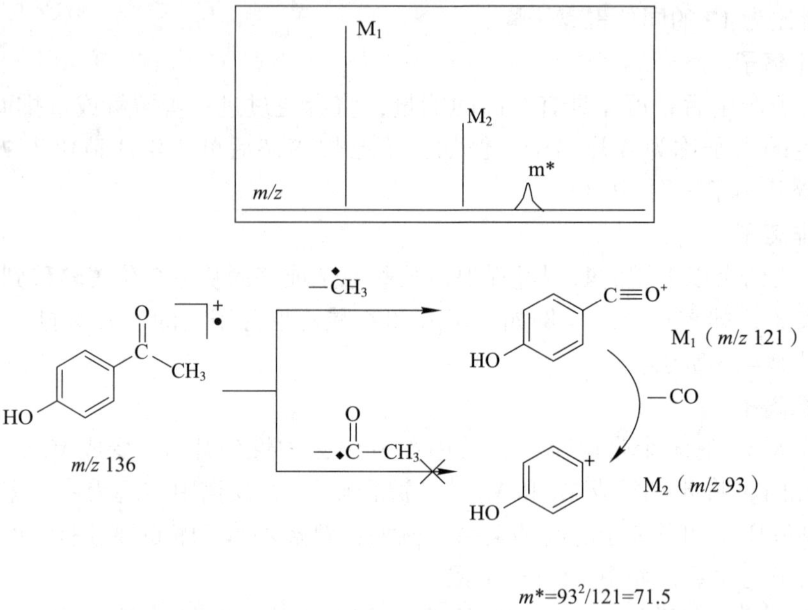

图 12-16　对羟基苯乙酮断裂过程中母离子、子离子与亚稳离子的关系

子的出现，证明了对羟基苯乙酮的裂解途径是：先失去甲基而不是先失去乙酰基。所以，亚稳离子峰可为有机化合物的裂解提供有力的证据。

二、分子质谱基本操作技术

主要包括磁扫描技术、加速电压选择、影响分辨率和灵敏度的操作条件及进样技术等 4 个方面。

1. 磁扫描技术

磁扫描技术中，由于应用目的不同，扫描方式可分为指数扫描、线性扫描、单次和循环扫描。

2. 加速电压选择

加速电压选择中，离子 *m/z* 与加速电压 *U* 呈反比，*U* 越高，测定离子质量范围越小，而降低 *U* 可扩大质量范围。但实际操作中，并不以无限制降低加速电压，以期获得更高质量范围，而是以尽可能选择高 *U*，以求获得尽可能高的分辨率和灵敏度。只有在分子量较大时，才适当降低 *U*，以稍扩大质量范围。

3. 影响分辨率和灵敏度的操作条件

影响分子质谱分辨率和灵敏度的操作条件有：分析器入口主缝和分析器出口接收缝的大小；离子源推斥、引出、聚焦等电极电位及与静电场电压匹配性；噪声信号；分析系统真空度；要尽量防止离子源、分析器污染；扫描速度适当；分辨率选择。

4. 进样技术

进样技术中，比较纯的样品或熔点相差较大的多组分混合物，采用程序升温直接进样，不同熔点的化合物会先后气化。不同时间扫描可获得不同组分质谱。复杂混合物根据沸点、热稳定性的差异，需气相色谱或液相色谱分离后再进样。

进样过程中，不论采用何种进样，在获得预期分析目标前提下，尽量降低进样量。过量样品会导致灵敏度降低、有损电子倍增器寿命，甚至超出计算机数据系统峰强范围而无法归一化。

三、分子质谱法的应用

分子质谱法可用于化合物的定性分析、结构鉴定及定量分析。

1. 化合物的定性分析

（1）标准谱图检索定性

将在一定质谱分析条件下获得的质谱图与相同条件下标准谱图对照，是对已知纯化合物最简便的定性方法，称为标准谱图检索定性。

（2）分子量测定定性

采用该法时，须注意以下几点：

a. 原则上除同位素峰外，分子离子峰是最高质量的峰。但要注意“醚、胺、脂的 $(M+H)^+$ 峰”及“芳醛、醇等的 $(M-H)^+$ 峰”。

b. 分子离子峰应符合“氮律”。什么是“氮律”呢？即在 C、H、O 组成的化合物中，分子离子峰的质量数一定是偶数；在含 C、H、O、N 化合物中，含偶数个 N 的分子离子峰的质量数为偶数，含奇数个 N 的分子离子峰的质量数为奇数。

c. 分子离子峰与邻近峰的质量差是否合理？我们知道，有机分子失去碎片大小是有规律的，如失去 H、CH_3、H_2O、C_2H_5……，因而质谱图中可看到 M−1、M−15、M−18、M−29 等峰，而不可能出现 M−3、M−14、M−24 等峰，如出现这样的峰，则该峰一定不是分子离子峰。

2. 新化合物的结构鉴定

（1）由同位素相对丰度法推导分子式

在自然界中，各元素同位素的比例是恒定的，一般用百分比来表示同位素的丰度比。表 12−2 列出部分常见元素的高质量天然同位素丰度表。

表 12−2　部分常见元素的高质量天然同位素丰度表

同位素	^{13}C	^{2}H	^{17}O	^{18}O	^{15}N	^{33}S	^{34}S	^{37}Cl	^{81}Br
丰度 /%	1.08	0.016	0.04	0.20	0.37	0.78	4.40	32.50	98.0

表 12−2 中，^{13}C 下面的 1.08 表示（$^{13}C/^{12}C$）×100。所谓丰度比最高的低质量同位素是 ^{12}C、^{1}H、^{16}O、^{14}N、^{32}S、^{35}Cl 和 ^{79}Br。

用 I 表示质谱峰相对强度，同位素离子峰相对强度与其元素天然丰度及存在原子个数成正比。对于由 C、H、O、N 组成的分子 $C_wH_xO_yN_z$，同位素离子峰$[M+1]^+$、$[M+2]^+$ 与 M^+ 的强度比值可由式 12−1、12−2 近似计算：

$$\frac{I_{M+1}}{I_M}=(1.08w+0.02x+0.37y+0.04z)\% \qquad (12-1)$$

$$\frac{I_{M+2}}{I_M}=\left[\frac{(1.08w+0.02x)^2}{200}+0.2z\right]\% \qquad (12-2)$$

Beynon 等人根据式 12-1、12-2 计算出含 C、H、O、N 组成的不同分子量各种组合的质量和同位素丰度$[M+1]^+$、$[M+2]^+$与M^+的强度比值，并编制成表，称为 Bcynon 表。分子量 500 以下的各种组合均可在有机质谱专著附录中查到 Beynon 表。

根据同位素丰度$[M+1]^+$、$[M+2]^+$与M^+的强度比值与 C、H、O、N 同位素原子数目关系的计算公式，结合氮律、碎片离子峰或其它波谱信息，即可从 Beynon 表确定分子式。

（2）用高分辨质谱仪器确定分子式

高分辨质谱仪器测定分子离子或碎片离子质荷比的误差可小于10^{-5}，据此可求出分子离子峰的精密质量。因此，用高分辨质谱仪器测定精确分子量后，与 Beynon 表的数据对照，配合其他信息，也可确定合理的分子式。

3. 化合物的定量分析

（1）质谱直接定量分析

质谱直接定量分析时，有以下几个基本假设或条件：

a. 组分特征峰及强度不受样品中其它组分或本底干扰。

b. 样品中任何组分的离子流强度与其在进样装置中的分压呈正比。

c. 样品中存在具有相同特征谱峰的组分，发生质谱峰叠加时，叠加峰的强度是各被叠加峰强度的线性累加。

在满足以上三个假设时，如果是对单一组分进行定量分析，则可在质谱图上先确定合适的 *m/z*，再根据其强度与组分浓度呈正比的关系进行定量，这个技术称为选择离子检测。

如果是对混合多组分进行定量分析，则要求各组分特征峰无叠加，可以代表各个组分，具有特定 *m/z* 的质谱特征峰强度可作为定量的依据。若组分特征峰发生叠加，则需通过叠加特征峰强度的线性累加方程，计算各组分含量。

（2）内标法定量分析

无论单一组分或多组分的定量分析，均可采用内标法，选择待测物与内标物特征离子或碎片离子作为定量依据，待测物相对内标的峰信号强度之比是被分析物浓度的函数。加入内标是为了减少样品制备和引入过程中的误差。一种方便的内标就是用同位素标记被分析物的相似物；另一种内标是分析物的同系物，它可以得到和被分析物碎片相似的碎片峰，并且具有相当的强度，可以被检测到。

（3）色谱 - 质谱联用定量分析

对于含 10 个以上、数十乃至数百个组分的复杂混合物，求解联立方程过于复杂，难以用质谱直接定量，通常采用色谱 - 质谱联用分析，让样品先通过各种色谱柱分离，再将流出物引入质谱检测。

第三节 分子质谱的联用技术

分子质谱可与气相色谱（GC）、液相色谱（LC）和毛细管电泳（CE）等色谱分离技术联用，也可与质谱（MS）联用，形成串联质谱。

一、气相色谱 - 质谱联用

典型 GC–MS 仪器如图 12–17 所示。

待测样品经 GC 分离柱分离后，流经 GC–MS 接口，导入离子源，不同 *m/z* 的离子经质量分析器分离后，进入检测器，经放大后输出质谱图。

1. GC–MS 联用中的技术问题

（1）GC–MS 接口

GC–MS 接口是成功实现 GC 与 MS 联用的关键。理想的 GC–MS 接口应当能够除去全部载气，然而却不损失待测样品组分。常用的 GC–MS 接口有：直接导入型接口、开口分流型接口和喷射式分子分离器接口。

① 直接导入型接口

直接导入型接口是指色谱柱的流出物包括载气、试样等全部导入质谱的离子源，如图 12–18 所示。毛细管气相色谱柱的末端直接插入质谱仪器的离子源内，色谱的流出物

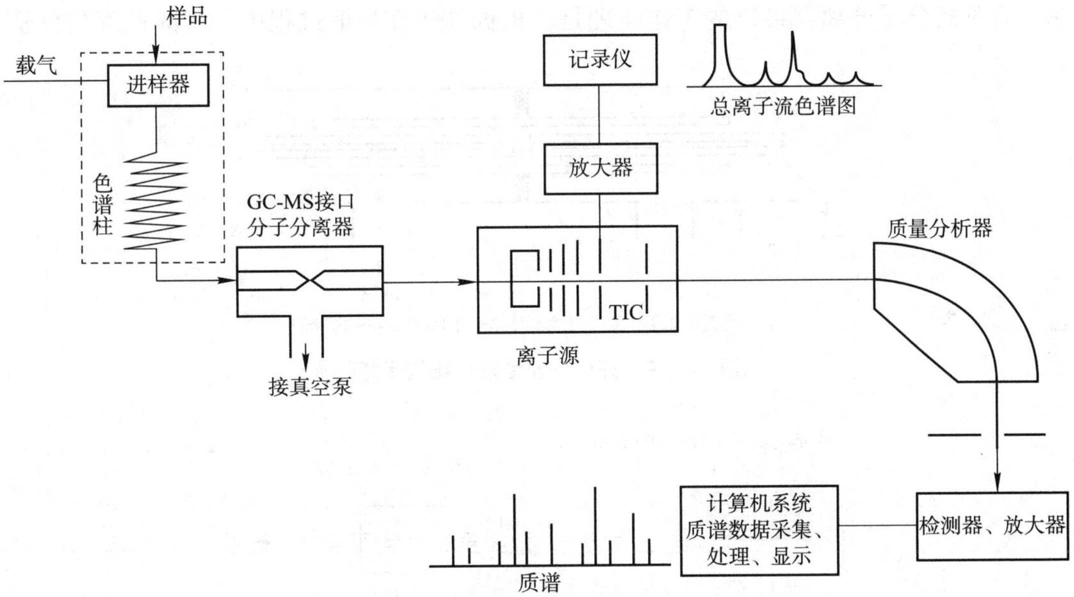

图 12–17　气相色谱 - 质谱联用仪结构示意图

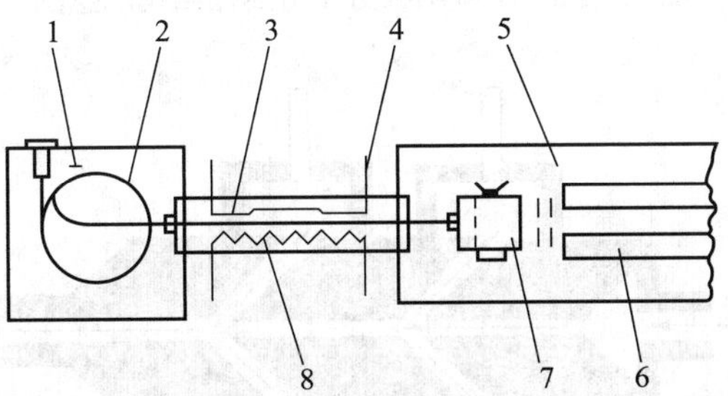

1—气相色谱仪；2—毛细管色谱柱；3—直接导入接口；4—温度传感器；
5—质谱仪；6—四极滤质器；7—离子源；8—加热器。

图 12–18　毛细管气相色谱柱直接导入质谱仪器离子源

直接进入离子源。

直接导入型接口的优点是结构简单、收率高，可达到100%；缺点是无浓缩作用。

② 开口分流型接口

与直接导入型接口不同，开口分流型接口中，仅有一部分色谱流出物被送入质谱仪，其余部分直接排空或引入其它检测器。

图 12-19 是一个开口分流型接口的工作原理图。气相色谱柱的一端插入接口，其出口端正对质谱仪器限流毛细管的入口。色谱柱和限流毛细管外有一根充满氦气的外套管，当色谱仪流量大于质谱仪器工作流量时，氦气口被冲开，过多的色谱流出物随氦气流出接口；当色谱仪流量小于质谱仪器工作流量时，氦气提供气流补充。

这种接口的优点在于结构简单，操作方便；缺点在于当色谱流出量较大时，分流过多，待测试样离子化效率低，给检测、定量等带来困难。

③ 喷射式分子分离器接口

喷射式分子分离器接口有单级的也有多级的，图 12-20 和 12-21 分别是单级的和两级的喷射式分子分离器接口示意图。

喷射式分子分离器接口的工作原理是：根据气体在喷射过程中，相同速度的分子，

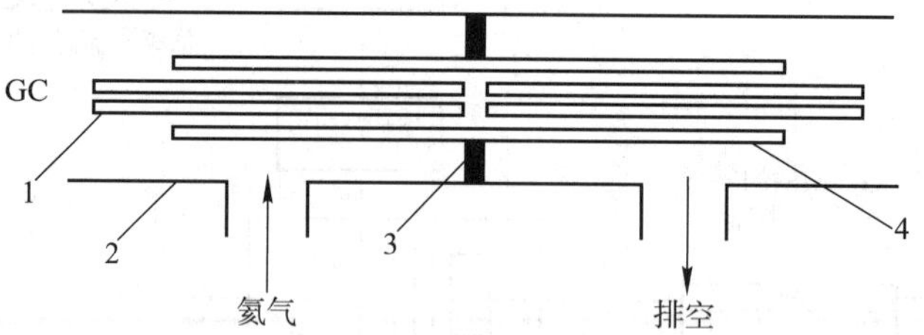

1—限流毛细管；2—外套管；3—中隔板；4—内套管。

图 12-19 开口分流型接口结构示意图

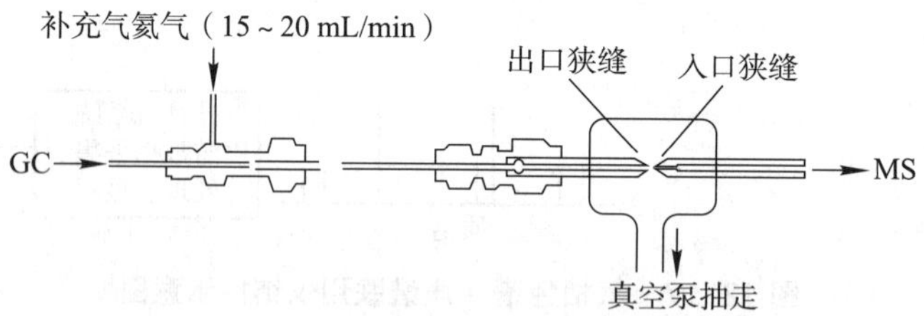

图 12-20 单级喷射分子分离器结构示意图

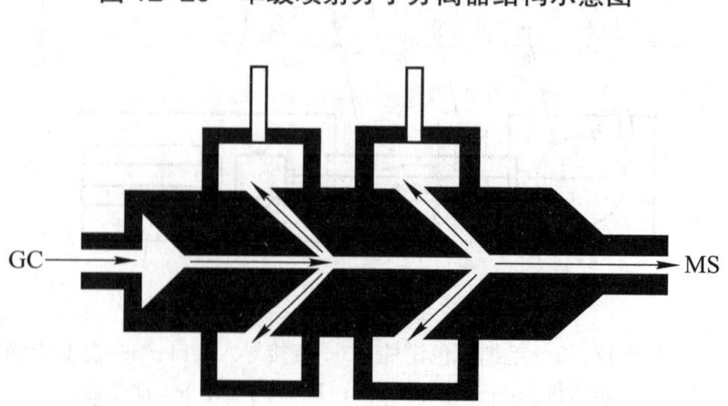

图 12-21 Ryhage（赖哈格）型两级分子分离器结构示意图

如果其质量不同，所具有的动量也不同，动量大的分子易于保持喷射方向的直线运动，而动量小的分子易于偏离喷射方向。因此，将色谱流出物接入喷射式分子分离器接口后，分子量小的载气在喷射过程中偏离喷射方向，被真空泵抽走，分子量大的试样沿喷射方向进入质谱的离子源系统，最终经离子化后检测。由于试样分子与载气分离，喷射式接口有利于浓缩试样。因此，又称为浓缩型接口。

（2）对 GC 的要求

GC–MS 联用中，要求充分老化 GC 分离柱或限制使用温度；要求根据接口部件的特点选择不同类型的色谱柱；要求 GC 载气必须纯度高、化学稳定性好、易于和待测组分分离、易于被真空泵排出；通常在 GC–MS 中选用的载气为氦气，纯度在 99.995% 以上。

（3）对 MS 的要求

要求 MS 真空有高的效率、大的排空容量，便于最大限度的抽出载气，避免干扰。

由于气相色谱分离高效、快速，色谱峰都非常窄，有的仅几秒钟时间，但是，一个完整的色谱峰通常需要 6 个以上的数据采集点。所以，要求 MS 质量分析器有高的扫描频率。

（4）GC–MS 分析条件

在 GC–MS 联用分析中，色谱的分离和质谱数据的采集是同时进行的。为了使每个组分都实现良好的分离和鉴定，必须设定合适的色谱和质谱分析条件。

色谱条件包括色谱柱类型、固定液种类、载气种类、载气流量、样品汽化温度、分流比、程序升温方式等。

质谱工作条件包括电离电压、扫描速度、扫描质量范围、扫描模式等。

（5）GC–MS 数据采集

GC–MS 数据采集可以有总离子流色谱图（TIC）、质谱图和质量色谱图（MC）三种。

① 总离子流色谱图

图 12–22 是一个多组分样品的总离子流强度随时间变化的总离子流色谱图 TIC。TIC 的形状与一般 GC 色谱仪获得的色谱图是相似的，也可依据出峰时间进行化合物的定性鉴别，依据峰面积进行化合物的定量分析。

② 质谱图

由总离子流色谱图可以得到任何一组分的质谱图。离子流进入质量分析器，只要设定好分析器扫描的质量范围和扫描时间，计算机就可以采集到每个组分洗出过程中连续的质谱信号。如果色谱分离良好，根据扫描速度，每个色谱峰可采集到多组分全扫描质

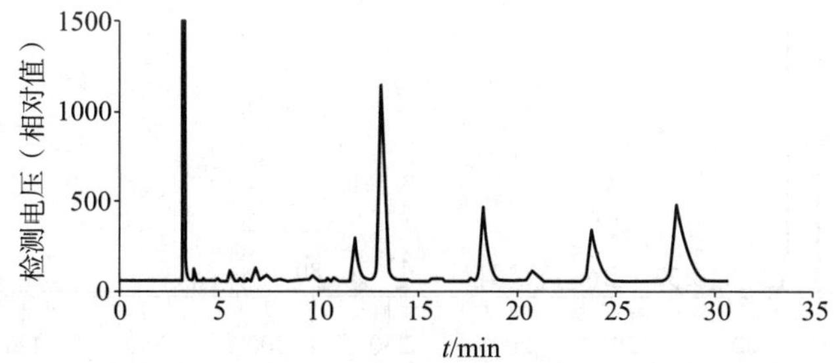

图 12–22 总离子流色谱图

谱图，且同一组分不同色谱峰位置的质谱图应基本一致，但强度不同。

③ 质谱色谱图

总离子流色谱图是将单位时间内所有离子加合得到的。也可以通过选择不同质量的离子做质量色谱图（MC），使色谱不能分开的两个峰实现分离，以便进行定性、定量分析。

图 12-23 是一个利用质量色谱图分离重叠峰的例子。在 TIC 中不能完全分离的 A、B 两个峰，分别提取 m/z=91 和 136 的质量色谱图后，便可以得到两个漂亮的色谱峰。

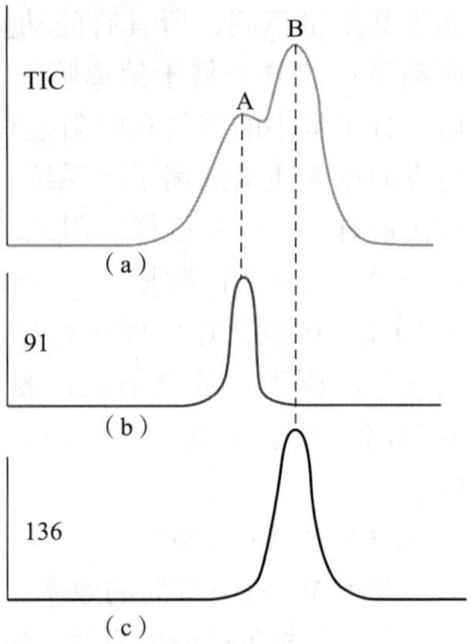

图 12-23 质量色谱图

④ 库检索

在获得质谱图后，可以进行计算机库检索，对已知化合物进行定性。

⑤ GC-MS 灵敏度

GC-MS 灵敏度是指在一定的试样、一定的分辨率下，产生特定信噪比的分子离子峰所需的试样量。在 GC-MS 中，最常选用的标准测试样是 1 pg 八氟萘，依据其在 m/z = 272 处产生的信噪比来评价 GC-MS 的灵敏度。

⑥ GC-MS 的应用实例

克伦特罗，化学名为羟基叔丁肾上腺素（α-[（叔丁氨基）甲基]-4-氨基-3,5-二氯苯甲醇，clenbuterol），俗称瘦肉精，是一种禁用饲料添加剂。由于克伦特罗的化学结构中有不易气化的羟基和氨基，采用 GC-MS 分析前，须先将试样衍生化。图 12-24 和 12-25 分别是武汉大学化学院分析研究中心实验室开发的经 N,O-二（三甲基硅）三

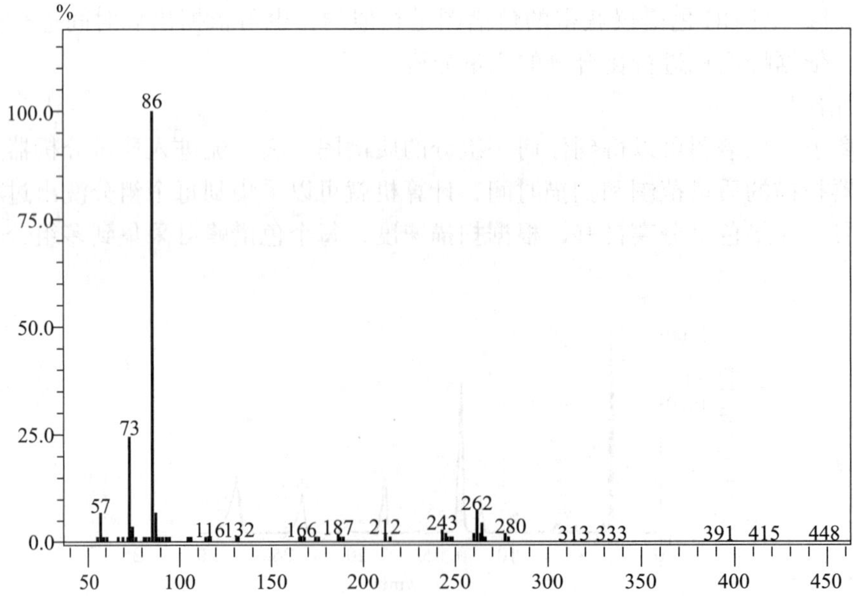

图 12-24 经 BSTFA 衍生的克伦特罗质谱图

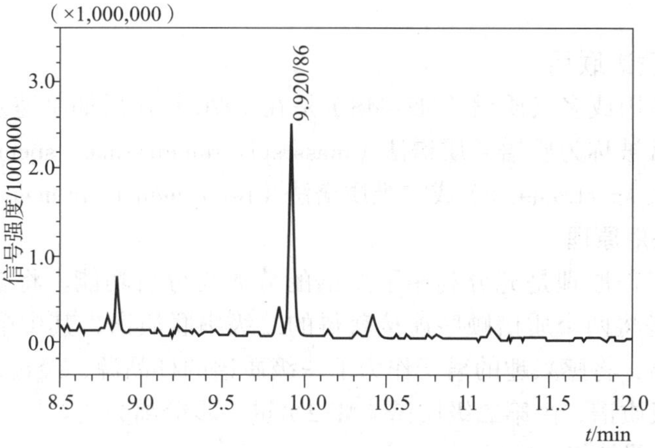

图 12-25 添加 20 μg/kg 克伦特罗猪肉样品的选择离子（m/z = 86）色谱图

氟乙酰胺（BSTFA）衍生后的克伦特罗的质谱图和添加 20 μg/kg 克伦特罗到猪肉样品、在 $m/z=86$ 的选择离子色谱图。

二、液相色谱 - 质谱联用

与 GC-MS 相比，LC-MS 连接更为复杂，对接口的要求更为苛刻。LC-MS 接口的功能是去除溶剂并使样品离子化。

目前，几乎所有的 LC-MS 联用仪都使用大气压电离源作为接口装置和离子源。

图 12-26 是一个大气压电离源的示意图。大气压电离利用待测样品与溶剂电离能力的不同，将分析物首先在大气压或略低于大气压条件下电离，尔后利用电场导引，将带电样品“萃取”入质谱高真空系统。

大气压电离源有大气压电喷雾电离源 APESI 和大气压化学电离源 APCI 两种。APESI 源主要用来分析极性化合物，APCI 源主要用来分析中等极性或非极性的化合物。

除了接口外，在 LC-MS 联用分析中，为了使每个组分都实现良好的分离和鉴定，同样必须设定合适的色谱和质谱分析条件。

三、毛细管电泳 - 质谱联用

CE 与 MS 联用时需解决的关键问题主要有以下三点：

（1）高电压的匹配问题。

（2）在 CE 分离中，电渗流起着关键作用，与质谱连接时，质谱的高真空可能对电渗流产生影响。

（3）CE 通常用毛细管分离柱，柱容量低，所分析的对象也往往是痕量的样品。因此，质谱必须提供非常高的灵敏度才可能与 CE 匹配。

关于 CE 与 MS 联用中关键问题的解决可参考 CE-MS 联用专著。

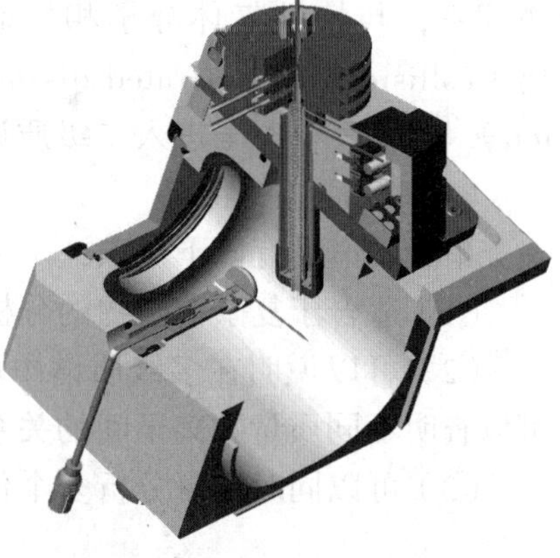

图 12-26 大气压电离源

四、质谱 - 质谱联用

质谱 - 质谱联用或多级质谱（MS-MS）是在 1970 年代后期迅速发展起来的一种新型质谱技术，通常被称为质谱 - 质谱法（mass spectrometry-mass spectrometry）、串联质谱法（tandem mass spectrometry）或二维质谱法（two dimensional mass spectrometry）。

1. MS-MS 联用原理

多级质谱的工作原理是充分利用了质谱的分离与分析功能。将多个质谱串联在一起，最简单的就是将两个质谱顺序连接获得的二级串联质谱，其中第一级质谱（MS1）对离子进行预分离，将感兴趣的离子作为下一级质谱的样品源，经过适当方式获得碎片离子，送入第二级质谱，由第二级质谱（MS2）进一步分离分析。

2. MS-MS 仪器结构

图 12-27 是典型二级串联质谱的扫描模式示意图。一个典型的二级串联质谱由 3 大部分构成：一级质谱、碰撞室、二级质谱。有 4 种扫描模式：子离子扫描、母离子扫描、中性丢失扫描和多反应监测。

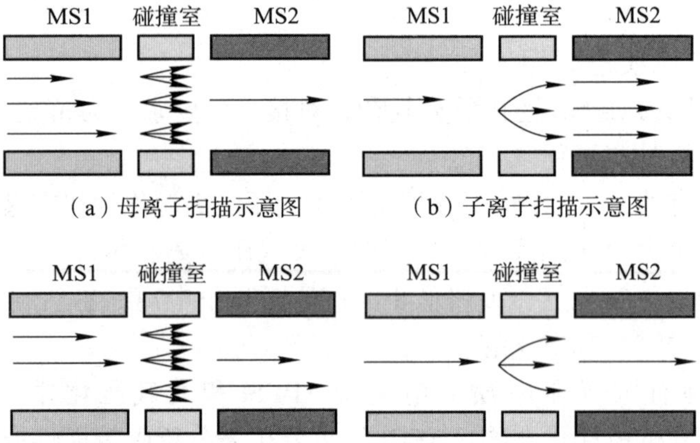

（a）母离子扫描示意图　（b）子离子扫描示意图

（c）中性丢失扫描示意图　（d）多反应监测

图 12-27　二级串联质谱扫描模式示意图

一级质谱用于感兴趣离子的捕获，称之为母离子（parent ion），将母离子送入碰撞室，与惰性气体分子相撞而裂解，即碰撞诱导解离过程（CID）或碰撞活化解离（collisionally activated dissociation，CAD），产生碎片离子，即子离子（daughter ion），而后，子离子进入二级质谱分离、检测并记录，得到与母离子相关的结构信息。

3. 串联质谱的特点

串联质谱具有以下优点：

（1）适合于复杂混合物的分析，有利于获得结构信息。

（2）可以说明在多级质谱中母离子与子离子间的联系，根据各级质谱的扫描模式，可以查明不同质量数离子间的关系。

（3）可以同时定量分析多个化合物。

第四节 气相色谱 - 质谱联用仪的使用

一、GC-QQQ-MS 的分析过程及特点

在气相色谱 - 三重四极杆质谱联用（GC-QQQ-MS）的分析中，气体或液体样品经进样口玻璃衬管高温气化后，由氦气载入，通过色谱柱进入 GC，色谱柱在程序升温方式下，对不同待测组分进行分离，被分离后的待测组分经接口按照时间顺序依次进入离子源，在电子电离源作用下，电离成不同质荷比的离子。不同质荷比离子被导入三重四极杆质量分析器，经第一个四极杆质量分析器后，提取需要检测的母离子；经碰撞池（即第二个四极杆质量分析器）后，母离子在诱导气体（氩气）的作用下被裂解为不同的子离子；经第三个四极杆质量分析器后，子离子被进一步分离，并送入检测器进行检测。根据某一待测组分母离子 / 子离子的离子对的质荷比大小进行定性分析，根据该待测组分母离子 / 子离子的离子对的信号强度进行定量分析，根据该待测组分母离子 / 子离子的离子对的裂解规律进行结构分析，最终完成一个分析过程，如图 12-28 所示。

GC-QQQ-MS 的特点及应用领域：与普通气质联用仪相比，GC-QQQ-MS 拥有高灵敏、高通量、高效率的特点；具有全扫描（full-scan）、选择离子监测（SIM）和多反应监测（MRM）等分析模式，还可任意选择上述两种模式，进行组合后同时扫描，例如 Scan/MRM、Scan/SIM 等。GC-QQQ-MS 主要应用于农药残留、代谢物、中药药用成分及环境污染物等待测组分的分析和鉴定。

二、GC-QQQ-MS 的操作步骤

本节以岛津公司生产的 GC-QQQ-MS TQ8040（图 12-29）测定茶叶农药残留组分为例，从开机、系统配置、系统启动、方法编辑、检漏调谐、样品测定及系统关闭 7 个方面讲解 GC-QQQ-MS 的操作步骤。

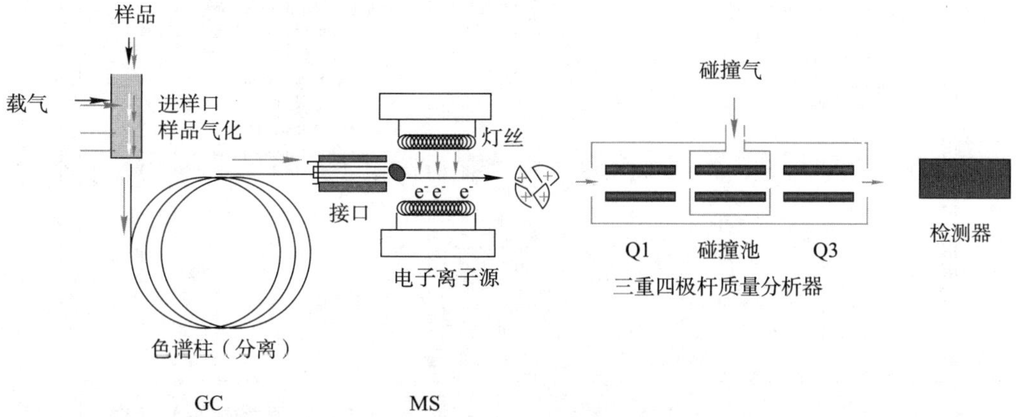

图 12-28 GC-QQQ-MS 分析过程示意图

1. 开机

（1）打开载气

首先开启氦气和氩气瓶，调节氦气分压为0.7 ~ 0.8 MPa，氩气分压为0.35 ~ 0.45 MPa；

（2）打开气相电源、质谱电源及电脑电源；

（3）双击“实时分析 GCMS Real Time Analysis”，连接 GCMSMS。

2. 系统配置

（1）设置用于分析的组件

首先设置需要用于分析的组件，单击实时分析助手栏中的系统配置（System Configuration）图标（图 12–30），检查设置过的已用于分析的组件（Modules

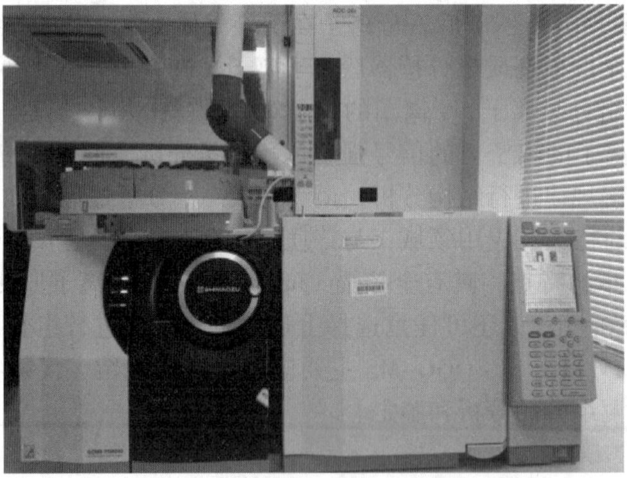

图 12–29　岛津 GC–MS TQ8040 示意图

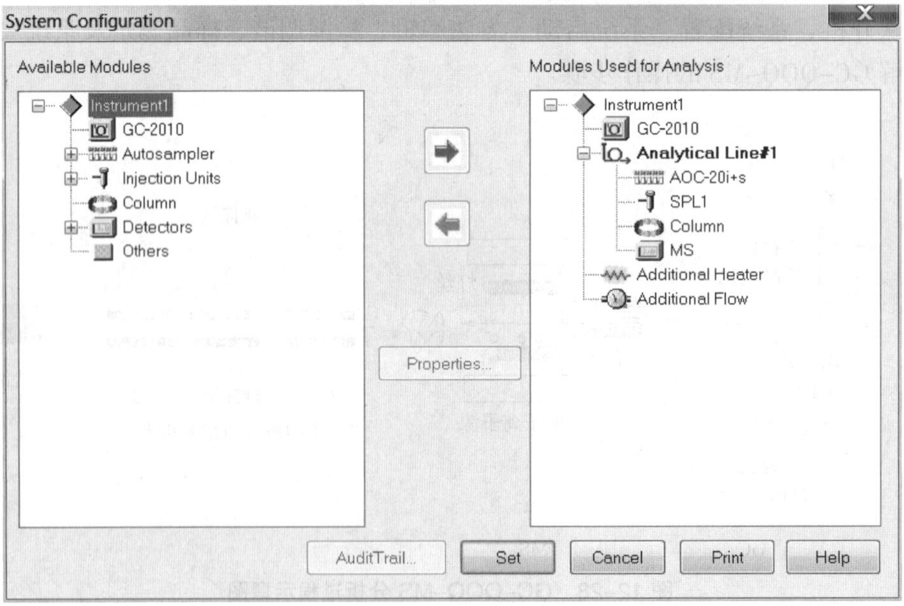

图 12–30　系统配置

Used for Analysis），如果用于分析的组件没有设置，则须在可用的组件（Available Modules）中选择要使用的组件，单击蓝色箭头，表明该组件在已用于分析的组件中注册成功。

（2）自动进样器和色谱柱组件的属性设置

接下来设置分析流路组件的属性，双击已用于分析组件中的AOC-20i图标，在分析流路1组件（Modules of Analytical Line#1）窗口中分别进行AOC-20i、SPL1、Column、MS等属性设置，我们重点讲色谱柱属性的设置，如果连接到仪器的色谱柱与所设置的色谱柱信息不一致，应务必更改此属性，我们在已用于分析组件中点击色谱柱图标，在注册色谱柱信息表（Registered Column）中选择要使用的色谱柱，然后点击Select，点击OK。返回系统配置窗口。

（3）启动用于分析的组件

最后启动已用于分析的组件，单击系统设置窗口中的设置（Set），系统配置信息就被传输到仪器中了。这样系统配置（图12-30）就可以了。

3. 系统启动

（1）点击实时分析辅助栏中的"Vacuum Control"；

（2）点击"Auto Startup"启动真空；

（3）待真空系统显示"Ready"时，完成启动（图12-31）。

4. 方法编辑

系统启动抽真空完成后，一般需要等待两个小时，才能保证系统处于高真空状态，在这段时间里可以完成仪器的方法编辑。本节主要讲一下全扫描方法文件的创建。

（1）首先单击实时分析助手栏中的数据采集（Date Acquisition）图标，在采集界面中，单击文件（File）菜单中的新建文件方法（New Method File），单击采集助手栏中方

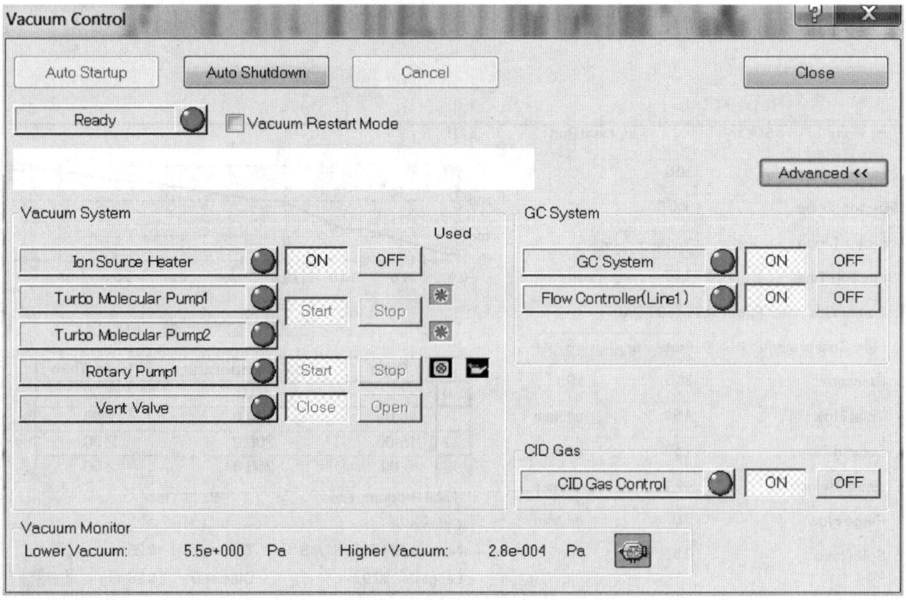

图12-31 启动真空

法细节（Method Detail）图标。

（2）在仪器参数（Instrument Parameters）窗口中分别对进样器（Sampler）、GC 和 MS 参数进行设置。

首先我们对自动进样器参数进行设置，将进样前的溶剂冲洗次数［#of Rinses with solvent（Pre-run）］设为 0，进样后的溶剂冲洗次数［#of Rinses with solvent（Post-run）］设为 6，样品冲洗次数（#of Rinses with sample）设为 1，柱塞进样速度［Plunger speed（Injection）］选择“High”。

其次我们对 GC 参数进行设置，进入 GC 界面，将柱箱温度（Column Oven Temp）设为 60，进样口温度（Injection Temp）设为 280。因为是未知浓度样品，我们将进样方式（Injection Mode）设为分流（Split）。将流量控制方式（Flow Control Mode）选择为恒线速度（Linear Velocity），将压力（Pressure）数值设在 75 ~ 150 之间，柱流量（Column Rate）数值设在 1 ~ 2 之间，在未知浓度样品条件下，我们尽量将分流比（Split Rate）数值设在 20 以上。

GC 参数设置中，还要进行柱箱的程序升温设置。我们选择 Column Oven Temperature，在不同阶段设定用于测定所需要的升温速率（Rate）、最终温度（Final Temp）和保留时间（Hold Time）。我们在进样口详情（Detail of Injection port）里面选择高压进样。点击“OK”，即完成对 GC 参数的设置。

最后，我们进行 MS 参数信息的设置。一般将离子源温度（Ion Source Temp）设置在 200 ~ 220 之间，接口温度（Interface Temp）设置在 250 ~ 280 之间。溶剂延迟时间（Solvent Cut Time），即灯丝开启时间，一般设在溶剂峰出峰后，我们这里设为 2.5，一般将扫描开始时间（Strat Time）晚于溶剂延迟时间 0.5 min，这里我们设为 3。在检测器电压（Detector Voltage）中我们勾选相对于调谐结果（Relative to the Tuning Result），数值设为 0.1，MS 的扫描结束时间（End Time）与程序升温时间一致，采集方式（Acq. Mode）选择 Q3Scan 和 *m*/*z* 扫描范围中 Start *m*/*z* 设为 45，End *m*/*z* 设为 500。

将设置好的所有参数在文件中保存，方法文件就创建好了（图 12–32）。

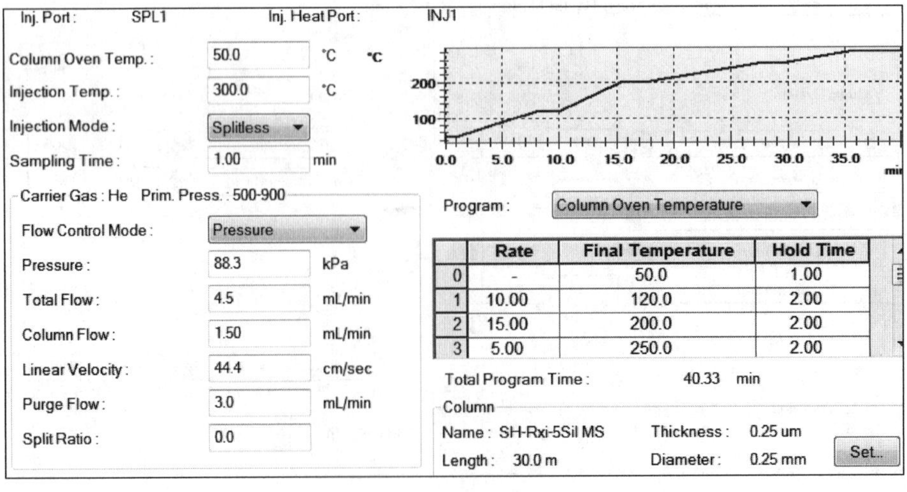

图 12–32　方法编辑

5. 检漏调谐

（1）等仪器准备就绪2小时，点击辅助栏的“调谐”，点击“峰监测窗”，选择“监测组”中的“Water、Air”，打开灯丝按钮，通过比较质荷比（*m/z*）为18的水峰和*m/z*为28的氮气峰的强度之比，查看系统是否泄漏。

如果氮气峰强度大于水峰强度，但在水峰强度2倍以内，则表明GC–MS联用仪不漏气。如果氮气峰强度超过水峰强度2倍，再查看氮气峰强度与*m/z*为32的氧气峰强度之比。如果二者比值小于4，则依旧表明GC–MS联用仪不漏气；如果二者比值大于等于4，则表明GC–MS联用仪漏气，须检查泄漏点。一般来说，氮气峰强度与氧气峰强度的比值越大，表明GC–MS联用仪泄漏程度越严重，如果二者强度之比远远大于4，则表明GC–MS联用仪的泄漏可能是因管道中空气过多引入而导致载气纯度显著下降所致。

（2）打开Q3–Scan方法，点击工具栏中的“采集”“下载初始参数”，等待约2个小时后，先点击辅助栏中的“调谐”，再点击工具栏中的“文件”，新建调谐文件，选择正常调谐模式中的自动调谐条件，调节质量轴分辨率和*m/z* 264处的灵敏度（图12–33），完成后，点击“OK”。

（3）点击辅助栏“数据采集”，编辑AOC–20i、GC、MS参数，保存方法。

（4）点击工具栏上的“File”，保存调谐条件，输入文件名称，开始自动调谐（图12–34）。

（5）点击工具栏上的“File”，保存调谐结果，查看CID气开启状态下的质量轴分辨率（图12–35）和全氟三丁胺调谐标液各碎片离子的灵敏度（图12–36），如果*m/z* = 502的相对强度大于2%、*m/z* = 69为基峰且*m/z* = 69、*m/z* = 219和*m/z* = 502质量轴的分辨率在0.6 ± 0.1以内，则表明调谐通过（图12–35和图12–36）。

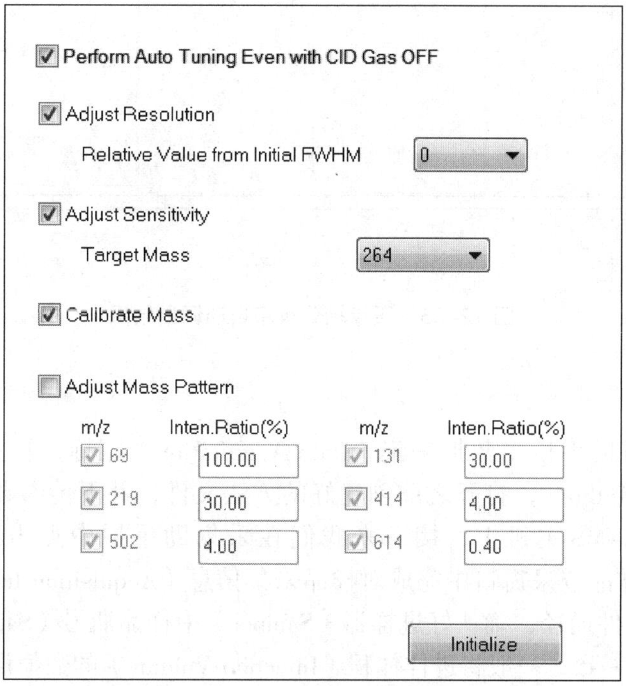

图12–33 自动调谐条件设置

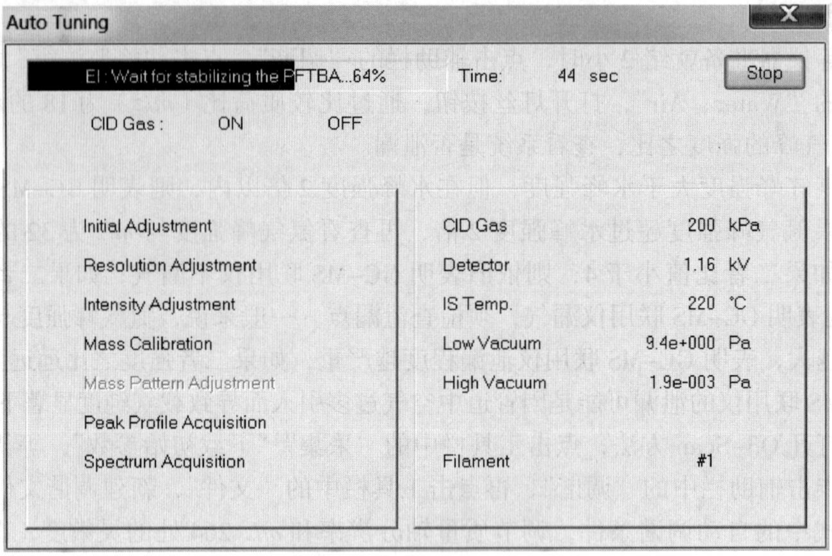

图 12-34 自动调谐

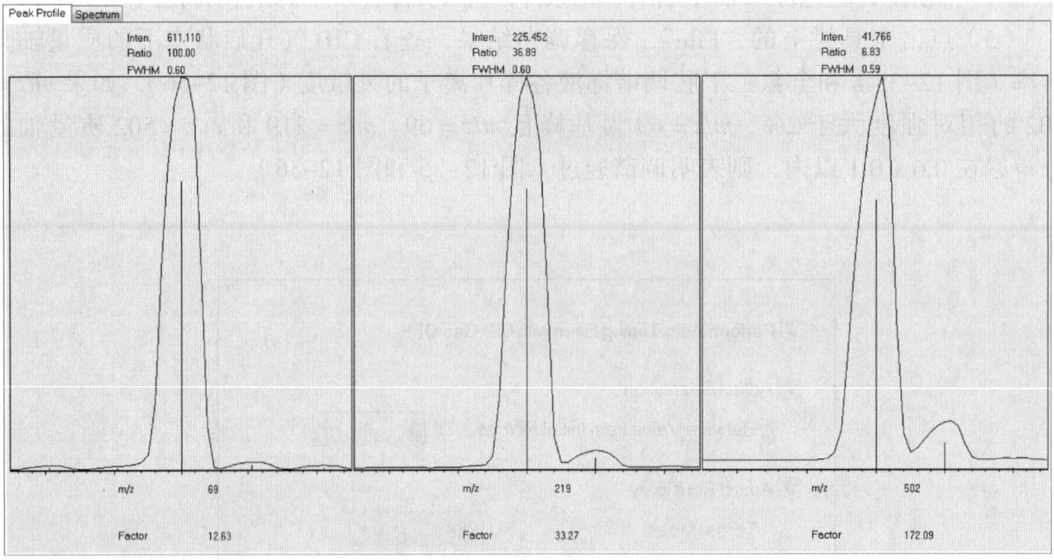

图 12-35 质量轴分辨率自动调谐结果

6. 样品测定

(1) 样品登录

单击实时分析助手栏中数据采集（Date Acquisition）图标，再点击菜单栏，打开方法文件（Open Method），打开之前创建好的方法文件，并下传参数（Download Initial Parameters）至 GC-MS 主机上，接下来我们在采集助手栏中点击样品登录（Sample Login）图标，在样品登录窗口中完成对样品采集信息（Acquisition Information）的填写，设置保存好数据文件通径，确认好进样器（Samper）中样品瓶号（Sample Vial#）是否与进样架所处的位置一致，一般将进样体积（Injection Volume）的数值设为 1，最后选定之前做好的调谐文件，确认信息后，点击“确认”，即完成对样品的登录（图 12-37）。

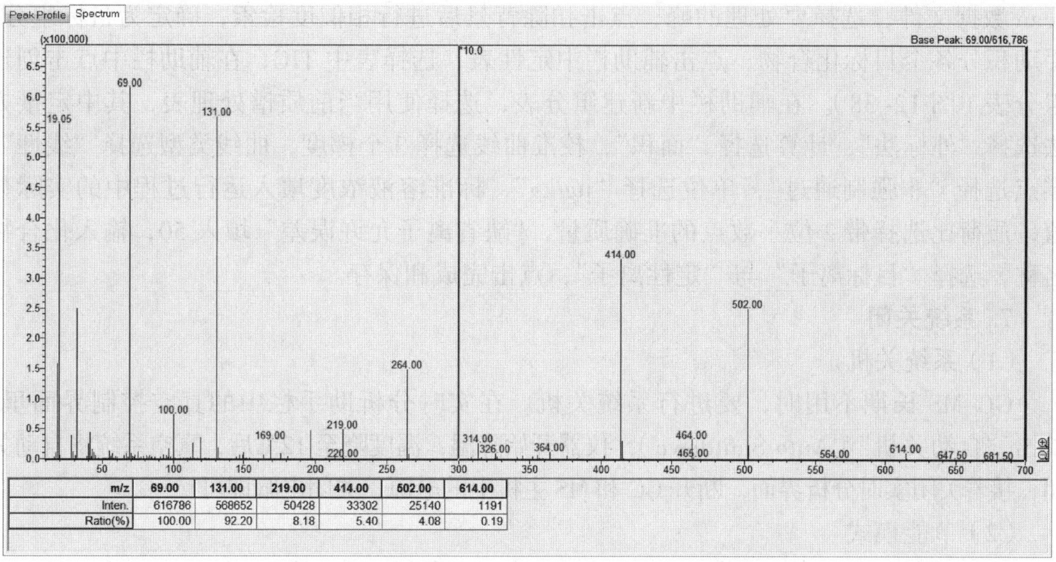

图 12–36 全氟三丁胺调谐标液的自动调谐质谱图

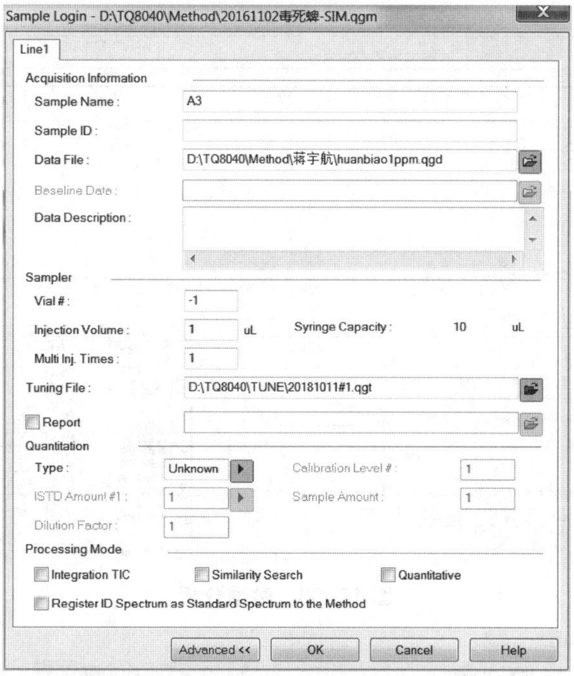

图 12–37 样品登录

（2）进样

进行自动进样操作，只要单击采集助手栏中“Download”图标，即可进行自动进样。一般情况下，若要停止数据采集，须单击采集助手栏中“Stop”图标，同时按 GC 主机上“Stop”按钮，数据采集才能完全停止。

（3）数据分析

双击后处理 GCMS Postrun Analysis，点击辅助栏“定性”，打开农药标准品的 Q3-

Scan 数据文件，选择要处理的峰，点击扣除背景后进行相似度检索，确定为目标组分，手动积分各个目标化合物，点击辅助栏中定性表，选择表中 TIC，在辅助栏中点击创建组分表（图 12–38）。在辅助栏中新建组分表，选择使用当前质谱处理表，其中定量方法选择“外标法”，计算选择“面积”，校准曲线选择 3 个梯度，曲线类型选择“线性”，零点选择“非强制通过”，单位选择“μg/kg”，标准溶液浓度填入运行过程中的实际数值，质荷比选择带 2 位小数点的准确质量，“缺省离子允许误差”填入 50，输入化合物名称，选择“目标离子”与“定性离子”，点击完成和保存。

7. 系统关闭

（1）系统关机

GC–MS 长期不用时，要进行系统关机。在实时分析助手栏中的真空控制界面里，单击“自动关机”（Auto Shutdown），仪器开始降温，温度降至 12℃后，真空系统将自动关闭，接着关闭实时分析界面，断开 GC 和 MS 主机上的电源，关闭电脑即可。

（2）节能模式

若短时间需要用时，在仪器监视器里点击“节能模式”（Ecology Mode）中的 eco 图标，在弹出窗口中点击“Yes”，仪器就切换到节能模式（图 12–39）。

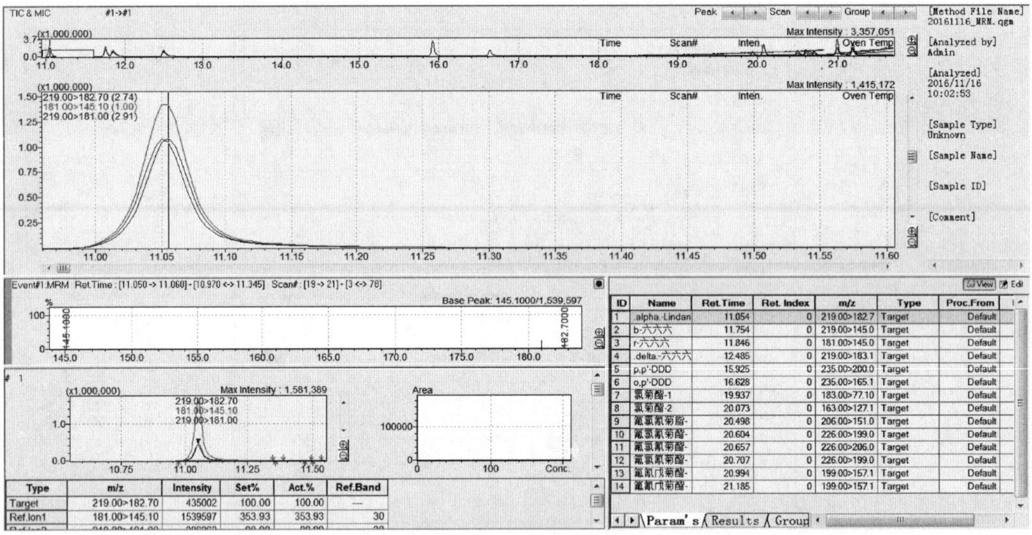

图 12–38 数据分析

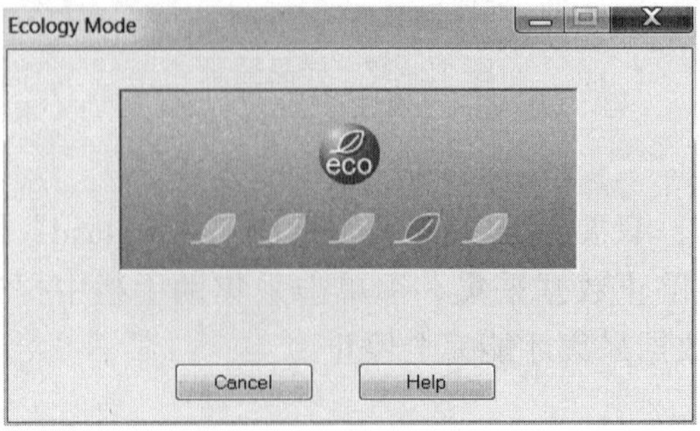

图 12–39 节能模式

第五节　超高效液相色谱 - 飞行时间质谱联用仪的使用

一、UPLC-QTOF-MS 的分析过程及特点

在超高效液相色谱 - 飞行时间质谱联用（UPLC-QTOF-MS）的分析中，样品经过超高效液相色谱的分离，首先进入电喷雾离子源，离子化后，不同质荷比的离子被四级杆质量分析器提取，而后进入飞行时间质量分析器（TOF）被进一步分离，如图 12-40 所示。

m/*z* 大的，漂移时间长，*m*/*z* 小的，漂移时间短，根据到达检测器时间的差异，可以把不同质量的离子按照 *m*/*z* 值大小进行分离。

QTOF-MS 的特点：

（1）高效定性分析能力。无论检测组分在色谱上是否可分离，QTOF-MS 都能够确定出精确的母离子质量数和碎片离子数据。

（2）高灵敏度、高分辨率、高质量准确度。

（3）灵活应对多变需求。对天然产物成分、代谢组学、蛋白质等成分的定性分析。

二、UPLC-QTOF-MS 的操作步骤

本节以 Waters 公司生产的 UPLC G2-XS QTOF-MS（图 12-41）为例，从开机、设定质谱参数、校正质谱、准备液相系统、建立样品序列表、采集数据和待机 7 个方面介绍超高效液相色谱 - 飞行时间质谱联用仪的操作步骤。

1. 开机

依次打开电脑、液相色谱模块的电源，打开氮气发生器的电源，确证压力指示在

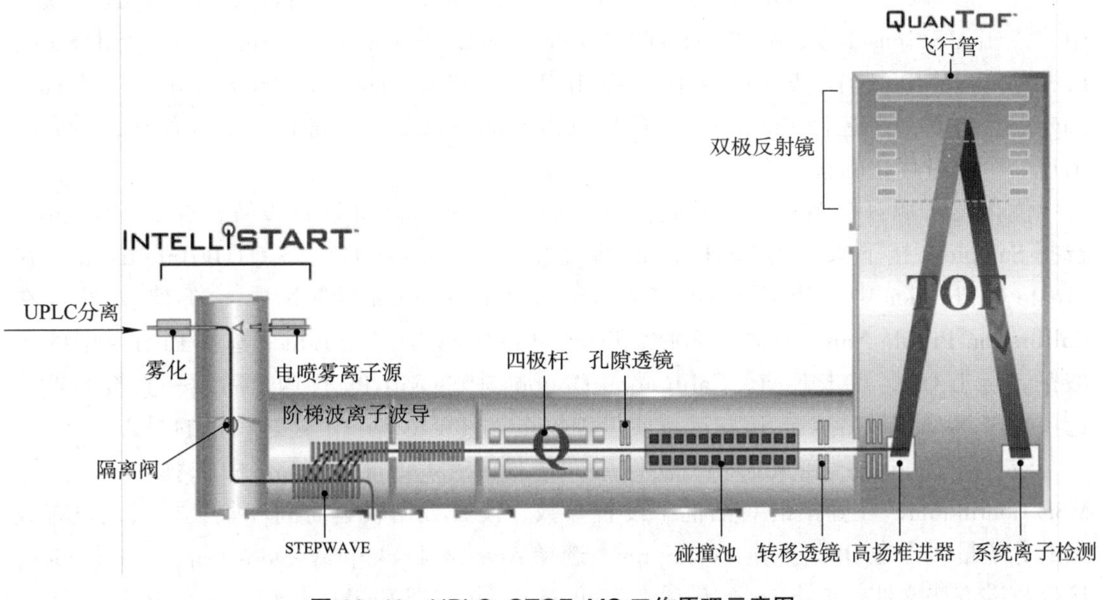

图 12-40　UPLC-QTOF-MS 工作原理示意图

图 12-41 Waters 公司 UPLC G2-XS QTOF-MS 示意图

100 psi（约 689.48 kPa）；打开氩气减压阀，确证压力指示在 7 psi（约 48.26 kPa）。打开质谱电源开关，打开 Epc 电源开关。双击 Masslynx V4.1 图标，等待主窗口状态栏出现“Not Scanning”，打开 MS Console，依次选中 Xevo G2 XS QTOF 的 Intellistart，在右侧窗口点击 Operate 图标，随后真空泵发出很大噪声，声音逐渐变小。打开 MS Tune，打开氩气控制开关，关闭氩气，等待右下角红色方块变成绿色，完成开机。

2. 设定质谱参数

选择 MS Tune，打开质谱调谐界面，点击质谱右下角开关按钮，仪器处于开机状态，在质谱界面选择离子模式，设置质谱参数，保存质谱参数设置。

3. 校正质谱

优化质谱：在 MS Tune 界面中，Sprayer Position 选择 LockSpray。在 Masslynx 软件中，点击 MS Console/Xevo G2-XS QTOF/Intellistrat，在 LockSpray Setup 中，点击 Strat，LockSpray Profile 选择已有的文件，点击 Next，选择 Custom，点击 Next，选择 Tune Page，点击 Next，选择 Automatic，最后点击 Strat，仪器自动进行离子源优化，最后会出现一个通过优化的报告。

优化离子源：在 MS Tune 界面，对 Sample Flow Control 进行设置，Sprayer Position 选择 Sample。接下来转到 MS Console 界面里，点击 Xevo G2-XS QTOF/Intellistrat，在 Create Calibration 中，点击 Strat，Calibration Profile Editor 的 File 中，新建文件，在 Calibration Profile Name 中输入名称，Positive Polarity 中点击 Edit，选择 Enable 中的甲酸钠，点击 OK，点击 Next，Calibration Options 中 Sensitivity 打钩，后续一直按照默认选项点击 Next，最后点击 Strat 进行质量轴校正。直至出现一个通过校正的报告。

建立质谱方法：在 Masslynx 软件中，选择 MS Method，在 File 中选择 New，点击 MSE Continuum，在弹出的对话框中设置参数，设置数据收集时间和收集模式，设置收集的分子量，点击 OK，点击 LockSpray，选择 Acquire LockSpray-Do not apply correction，选择校准方法文件，点击 OK。最后在 Method Event 中把 Enable 打钩，保存方法。

4. **准备液相色谱系统**

包括准备样品、灌注四元泵、灌注自动进样器、建立液相方法和平衡系统。

特别提醒：由于飞行时间质谱需要气化流动相，禁止使用盐类流动相。

5. **建立样品序列表**

在 Masslynx 主窗口中的 File 建立新的 Samplelist 样品表，右键 Add 可增加样品表行数、File Name 样品名和 File Text 样品信息。双击 MS File，选择质谱方法。双击 Inlet File，选择液相方法、Bottle（样品瓶）位置和 Inject Volume（进样体积）。

6. **采集数据**

选中要采集的样品，点击 Run，单击 OK，进行采样。

数据采集完成后，选中要查看的样品，点击色谱，可以查看样品色谱图（图 12–42），单击色谱图右键，可以查看该位置的质谱图（图 12–43）。

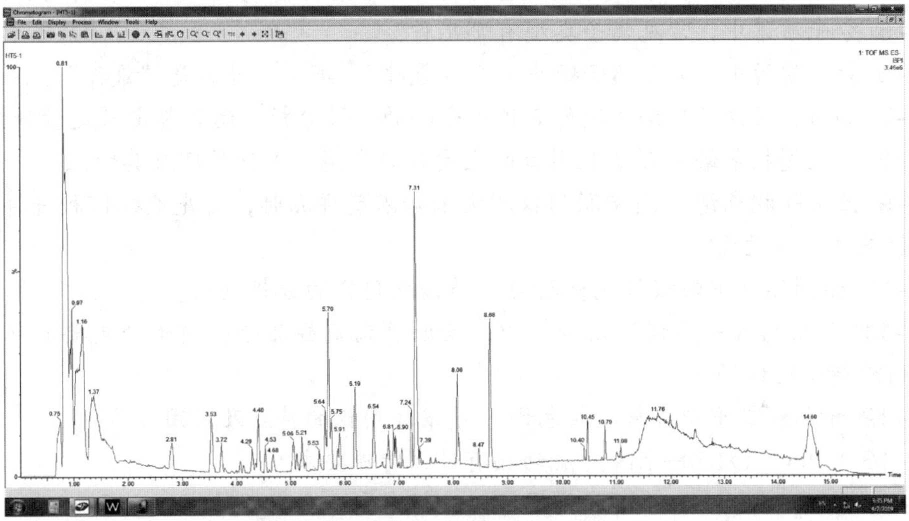

图 12–42　样品色谱图

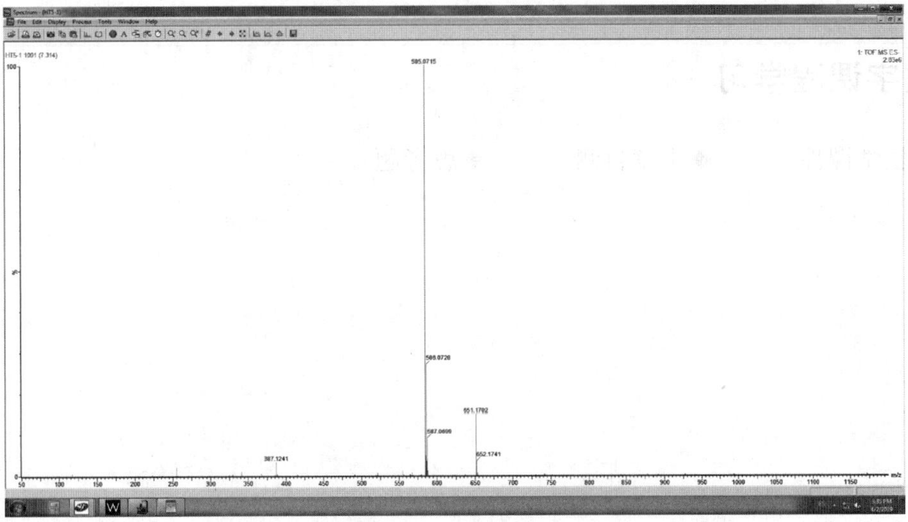

图 12–43　样品质谱图

7. 待机

UPLC-QTOF-MS 不用时，可以选择进入待机状态。待机前，将色谱流动相流路切换至 90% 乙腈水溶液，以 0.3 mL/min 流速冲洗色谱柱 20 min。接着在 5 min 内将色谱流速从 0.3 mL/min 缓慢降至 0 mL/min。打开 MS Tune 窗口，将质谱流路切换至“Wash”模式，充分清洗质谱流路。最后点击“Stand by”按钮，仪器进入待机模式。

思考与练习题

12-1 什么是分子质谱法？它与原子质谱法有何异同？

12-2 试说明分子质谱仪器主要组成部件及各部件功能，它们与原子质谱仪器有何不同？

12-3 分子质谱仪中，常见进样方式有哪几种？分别适用于什么物质？

12-4 分子质谱仪中，常见离子源有哪些？电离原理分别是什么？各有何特点？

12-5 分子质谱中，常见离子类型有哪几种？

12-6 分子质谱中，分子离子峰应符合“氮律”。那么，什么是“氮律”呢？

12-7 如何利用分子质谱法进行有机化合物的定性分析、结构鉴定及定量分析？

12-8 简述气相色谱－质谱联用仪的主要接口类型、工作原理及其特点。

12-9 使用气相色谱－质谱联用仪测定未知浓度样品时，首先选择何种进样方式？分流比值应该如何设置？

12-10 请简述三重四极杆气相色谱－质谱联用仪的分析过程。

12-11 气相色谱－质谱联用分析中，检漏调谐是样品分析前十分重要的环节，请简述如何进行系统检漏。

12-12 请简述三重四极杆气相色谱－质谱联用仪的特点及应用领域。

12-13 UPLC-QTOF-MS 对流动相有什么特殊要求？

12-14 UPLC-QTOF-MS 的谱图可以分析未完全分离的待测组分吗？

12-15 UPLC-QTOF-MS 实现对未知物定性分析的原理是什么？

数字课程学习

◆教学课件　　◆本章自测　　◆思考题

实 验 篇

实验 1
火焰原子吸收分光光度法测定自来水中镁的含量

一、实验目的

1. 了解原子吸收分光光度计的基本结构、工作原理和使用方法。

2. 学会利用原子吸收分光光度法进行定量分析的方法（标准曲线法）。

二、实验原理

原子吸收分光光度法是基于物质所产生的基态原子蒸气对特定谱线（即待测元素的特征谱线）的吸收作用来进行定量分析的一种光谱分析方法。当含待测元素的溶液以雾状被喷入高温火焰时，由于高温的作用，含有该元素的化合物分子被分解为自由原子，并转化为原子蒸气。在一定的原子化（火焰法）条件下，待测元素的含量与吸光度呈正比，即符合朗伯 - 比尔定律：$A = Kc$（K 为比例系数）。

本实验中所用的样品为自来水，所以样品的前处理过程相对简单，在加入释放剂（抗干扰剂）后即可直接上机测定，以标准曲线法对自来水中的镁进行定量分析。

三、实验仪器与试剂

1. 仪器

原子吸收分光光度计（A3 系列，北京普析通用），镁空心阴极灯，容量瓶（50 mL），移液管（5 mL，10 mL）。

2. 试剂

镁标准贮备液（10 mg/L），锶溶液（3% $SrCl_2$–HCl），去离子水，待测样品（自来水）。

四、实验步骤

1. 镁标准溶液的配制及测定

（1）在 6 个 50 mL 容量瓶中，分别加入镁标准贮备液（10 mg/L）0、1.0、2.0、3.0、4.0 和 5.0 mL。

（2）再分别加入锶溶液 5.0 mL，用去离子水定容，配制成镁质量浓度为 0、0.2、0.4、0.6、0.8 和 1.0 mg/L 的系列标准溶液。

（3）在原子吸收分光光度计上，按仪器操作步骤设定镁的实验条件，待仪器稳定后，依次测定各瓶溶液的吸光度。

2. 待测液的制备与测定

（1）准确吸取 10.0 mL 自来水样品，置于 50 mL 容量瓶中。

（2）加入锶溶液 5.0 mL。

（3）用去离子水稀释至刻度，摇匀。

（4）以去离子水代替水样，按同样方法制备一份样品空白溶液。

（5）在与标准溶液测定相同的实验条件下，测定自来水待测液（包括样品空白溶液）的吸光度。

五、结果与分析

1. 记录实验条件

（1）吸收线（即分析线）波长（nm）________________。

（2）空心阴极灯电流（mA）________________。

（3）光谱通带或光谱带宽（nm）________________。

（4）乙炔流量（L/min）________________。

（5）空气流量（L/min）________________。

2. 按表 1 记录测量所得的镁标准溶液的吸光度，然后在坐标纸上，以吸光度为纵坐标，以镁标准溶液质量浓度为横坐标，绘制镁的标准曲线。

表 1　镁标准系列溶液和待测液的吸光度

容量瓶编号	标准溶液						空白液	待测液
	1	2	3	4	5	6		
镁标准溶液质量浓度 ρ/（mg/L）	0	0.2	0.4	0.6	0.8	1.0		
吸光度 A								
线性相关系数 R^2							/	/

3. 根据自来水待测液的吸光度 A_x（扣除空白液的吸光度后），在上述标准曲线上查得水样待测液中镁的质量浓度 ρ_x = ________________ mg/L，再换算为原水样中镁的质量浓度：

$$\rho(\text{镁}) = \frac{\rho_x}{\text{水样体积}} \times \text{定容体积} = \underline{\qquad\qquad\qquad} \text{ mg/L}$$

注意事项

1. 实验时，要打开通风设备，使金属蒸气及时排出室外。

2. 点火时，先开空气，后开乙炔；熄火时，先关乙炔，后关空气。室内若有乙炔气味，立即关闭乙炔气源，通风，排除问题后，再继续实验。

3. 排液管应水封，防止回火。

4. 钢瓶附近严禁烟火。

5. 要定期检查乙炔钢瓶的管道和钢瓶接头是否漏气。

思考题

1. 在本实验中为何需要加入锶溶液？

2. 原子吸收光谱仪为何要用待测元素的空心阴极灯做光源？能否用氢灯或钨灯代替？为什么？

3. 原子吸收分光光度计由哪些部件组成？请画出仪器结构简图。

附：A3 系列原子吸收分光光度计的使用方法

1. 开机

打开稳压电源和计算机电源，进入 Windows 桌面系统；打开原子吸收主机电源。双击电脑桌面上的程序图标“AAwin”，选择“联机”，单击“确定”，进入仪器自检画面。打开空压机电源。

2. 输入仪器参数

（1）选择元素灯及测量参数

① 选择“工作灯（W）”和“预热灯（R）”后，单击“下一步”。

② 设置元素测量参数，可以直接单击“下一步”；进入“设置波长”步骤，单击“寻峰”，待寻峰完成后，单击“关闭”。

③ 单击“下一步”，进入完成设置页面，单击“完成”。

（2）设置测量样品和标准样品

① 单击“样品”，进入“样品设置向导”主要选择“浓度单位”。

② 单击“下一步”，进入标准样品页面，根据所配制的标准样品设置标准样品的数目及浓度；继续单击“下一步”，最后单击“完成”。

3. 点火

打开抽烟设备，打开空气压缩机，使空气压力稳定在 0.24 MPa 左右，打开乙炔钢瓶主阀，调节出口压力为 0.1 MPa，检查水封及隔板，在“火焰”菜单中的空气－乙炔框中输入合适的乙炔流量（1～3 L/min），回车。点击“点火”，待火焰正常点燃后按“确定”关闭对话框。等燃烧器预热 15 min 或稳定后再开始测量。

4. 绘出标准曲线

依次喷入系列标准溶液，测其吸光度值，记录测定数据，并绘出标准曲线。

5. 样品测定

分别喷入待测液及空白样，数据记录，从标准曲线上查出待测元素的浓度（或从仪器上直接读出）。

6. 关机

（1）待样品分析完毕后，继续吸入去离子水，燃烧 3～5 min。点击“熄火”按钮，待火焰熄灭后，先关乙炔主阀，再关空气开关。

（2）关闭主机电源，关闭计算机电源，稳压器电源。15 min 后再关闭抽烟设备。

实验2
原子吸收分光光度法测定自来水中锌的含量

一、实验目的

1. 掌握原子吸收分光光度法的基本原理。

2. 了解原子吸收分光光度计的基本结构和使用方法。

3. 掌握应用标准曲线法测定自来水中锌的含量。

二、实验原理

原子吸收分光光度法是基于试样中待测元素的基态原子蒸气对同种元素发射的特征谱线进行吸收，依据吸收程度来测定试样中该元素含量的一种方法。该法具有灵敏度高、选择性好、操作简便、快速和准确度好等特点，因而被广泛应用于各部门，是测定微量元素的首选分析方法。一般情况下，其相对误差大约在1%～2%之间，可用于70余种元素的微量测定。

实验测定自来水中锌的含量，分析线波长选用213.9 nm。先将试液喷射成雾状进入燃烧火焰中，含锌盐的雾滴在火焰温度下，挥发并解离成锌原子蒸气，再用锌空心阴极灯作光源，它发射出波长为213.9 nm的锌特征谱线的光，当通过一定厚度的锌原子蒸气时，部分光被蒸气中基态原子吸收而减弱。在固定的试验条件下，若使用锐线光源，待测组分为低浓度的情况下，基态原子蒸气对共振线的吸光度与待测组分的浓度成正比，即$A = Kc$。根据标准曲线法求出自来水中被测定元素锌的浓度。

三、实验仪器与试剂

1. 仪器

WFX-130A型原子吸收分光光度计，乙炔钢瓶和无油气体压缩机，烧杯（250 mL）、吸量管（2 mL、5 mL、10 mL），容量瓶（50 mL），洗瓶，洗耳球。

2. 试剂

6 mol/L盐酸，锌标准贮备液（10 mg/L），自来水。

四、实验步骤

1. 标准溶液的配制

在6个干净的50 mL容量瓶中，分别加入0、0.50、1.00、1.50、2.00和2.50 mL锌的工作标准溶液（10 mg/L），然后各加入6 mol/L盐酸1 mL，用蒸馏水稀释至刻度，摇匀。

2. 水样的准备

取水样 25.00 mL，转移至干净的 50 mL 容量瓶中，加入 6 mol/L 盐酸 1 mL，用蒸馏水稀释至刻度，摇匀。所得溶液作为待测液备用。

3. 测量

按原子吸收分光光度计中的仪器操作步骤启动仪器，预热 10 ~ 30 min，然后开启空气压缩机，并调节空气流量达到预定值，再开乙炔气体，调节乙炔流量比预定值稍大，立即点火，再精细调节至选定流量，待火焰稳定 5 ~ 10 min 后，即可测定。

用空白溶液调节仪器的吸光度为 0。按由稀到浓的次序测量实验步骤 1 ~ 2 中所配制溶液的吸光度。

五、结果与分析

1. 实验条件

（1）仪器型号：　WFX-130A 型
（2）波长（nm）：　213.9
（3）光谱带宽（nm）：　0.4
（4）灯电流（mA）：　3
（5）乙炔流量（L/min）：　1.0
（6）空气流量（L/min）：　6.5
（7）燃助比：　约为 1 : 4
（8）燃烧头高度：　6 mm

2. 按表 2 记录测量所得锌标准系列溶液、未知水样溶液的吸光度。

表 2　锌标准曲线与含量测定

容量瓶编号	1	2	3	4	5	6	待测水样
锌标准贮备液用量 /mL	0	0.50	1.00	1.50	2.00	2.50	/
水样用量 /mL							25.00
锌标准溶液质量浓度 ρ/（mg/L）	0	0.10	0.20	0.30	0.40	0.50	ρ_x
6 mol/L 盐酸用量 /mL	1.00						
定容体积 /mL	50.00						
吸光度 A							

3. 绘制标准曲线，并求出自来水中锌的含量。

用锌的系列标准溶液的吸光度和对应的质量浓度绘制标准曲线，由自来水待测液的吸光度，求出自来水中锌的含量。并乘上稀释倍数，求得原始水样中锌含量。

注意事项

1. 空气压缩机

（1）开启：先开启风机开关（绿色按钮），再开启压机开关（红色按钮），调节读数至 0.24～0.25 左右，必须在其读数大于 0.2 以上人方可离开，防止其读数瞬间变大，如出现这种情况，应立刻按住上方白色（手动放气）按钮，让其读数减至 0。

（2）启动后，用户一定要注意：当气水分离器中的水超过三分之一以后一定要放水。

（3）关闭：先关闭压机开关，再关闭风机开关，最后按住上方白色按钮至其读数减小至 0。

2. 乙炔钢瓶

（1）乙炔气源附近严禁明火或过热高温物体存在。

（2）使用乙炔设备之前：请用肥皂水检查所有的调压器、管道和钢瓶接头是否漏气。

（3）开启：乙炔钢瓶总阀不能开启得超过大约 1.5 圈，大约开半圈左右；打开乙炔钢瓶减压阀（压力表读数为 0.06～0.08 MPa）。

（4）使用：确保使用充实乙炔（一般大于 0.25 MPa）的钢瓶，为避免空气进入钢瓶内，请勿完全用尽气体（小于 0.15 MPa）。室内若有乙炔气味，应立即关闭乙炔气源，通风，排除问题后，再继续实验。

（5）关闭：先关钢瓶总阀，火自然熄灭，再关减压阀。

3. 换灯

开机后不能用手转动灯架，更换空心阴极灯时，要将灯电流关掉，以防触电和造成灯电源短路。建议开机前换灯。

4. 测试

（1）测试前：应先打开仪器罩，开启仪器上方抽气设备，抽吸仪器内外气体 20 min 左右，以防止燃气管道系统泄漏的积存燃气点火时被引燃爆炸，损伤仪器。

（2）点火前：应确保废液管水封良好，防止回火爆炸及燃气泄露。

（3）测定前及测定时：要打开通风设备，使金属蒸气及时排出室外；

（4）测定结束后：用超纯水（18.2 MΩ）喷雾清洗原子化器 5～10 min，空烧 3～5 min。

? 思考题

1. 本实验中，配制标准液和待测液时，为什么要各加入 1 mL 6 mol/L 盐酸？

2. 本实验中，锌原子谱线变宽主要是由于什么原因引起的？

3. 如果忘记更改阴极灯电流为 0 就直接退出工作站，会出现什么情况？此时应如何操作才能正确关闭阴极灯？

附：WFX-130A 型原子吸收分光光度计的使用方法

1. 打开原子吸收分光光度计原子化器上方及灯架上方的仪器罩；接着开启原子化器上方的抽气设备，抽吸仪器内外气体 20 min 左右，以防止燃气管道系统泄漏的积存燃气点火时被引燃爆炸，损伤仪器；测定时也要打开通风设备，使金属蒸气及时排出室外。

2. 点火前确保废液管水封良好，防止回火爆炸及燃气泄露。

3. 开机：开启微机电源开关，接着开启主机电源开关，按主机前火焰键，火焰原子化器将自动移到光路中心。

4. 编辑分析方法：双击微机显示屏上 wfx130 快捷图标，进入工作界面。点击菜单项“操作”，再点击“编辑分析方法”，出现“操作说明”对话框。

（1）选择⊙火焰原子吸收。

（2）选择⊙创建新方法（或⊙修改已有方法）

（3）点击“继续”按钮，出现“创建分析方法”对话框，点击“…”，进入元素周期表，选中你所要分析的元素，点击“确定”，回到上一个界面，一切设定好之后，点击“确定”。

5. 分析条件选择：

（1）仪器条件设定

①“分析波长”：默认

②“元素灯”：默认（HCL）

③“元素灯位置”：一共有 4 个位置可以选择，选中你所要分析的元素灯所在的位置（1，2，3，4）。

④“背景矫正器”：一般默认“无”。

⑤“狭缝”、“灯电流”：根据不同元素的分析选择不同的狭缝光谱带宽和输入不同的灯电流。

⑥“预热灯电流”：不预热输入“0”，也可以输入不同的灯电流进行预热，为下一个方法分析做准备。（建议预热 10 ~ 30 min，以稳定光谱输出。）

（2）测量条件设定：点击“测量条件”标签，出现“测量条件”页面。

①“分析信号”：默认“时间平均”。

②“测量方式”：根据需要选择“工作曲线法”（或“标准曲线法”）。

③“读数延时”：默认“0”。

④“读数时间”：表示采集样品的快慢，一般选择 1 s（或 2 s）。

⑤“阻尼常数”：可减少噪声，一般选择为 2 s。

（3）标准工作曲线的建立：点击“工作曲线参数”标签，出现“工作曲线参数”页面。

①“方程”：选择“一次”。

②“标准空白”：可选可不选，如果选，表示每次测量标准样品点时扣除标准空白；如果不选，表示强制过零点，此时需把 S1 输成标准空白。

③“浓度单位”：选择“μg/mL”。

④“浓度”：根据需要（用几个点做标准曲线就用几个浓度）由小到大顺序输入。

⑤“测量次数”：根据需要选择不同次数，结果取平均值。

（4）火焰条件的设置

①“火焰类型”：选择“空气 – 乙炔火焰”。

②“燃气流量、空气流量、氧气流量、燃烧头高度”：可参考分析手册依据不同元

素的分析条件进行输入，以便在报告中打印出来。

（5）QC 质量控制：根据需要选择是否自动重置斜率。

点击“确认”键，又回到“操作说明”对话框，点击“完成”。

6. 设定条件

点击菜单项“文件”中“新建”选项，弹出“分析光源”对话框，选择⊙火焰原子吸收，点击“确定”。出现“分析任务设计”页面。

（1）分析任务设计

① 输入“任务名称”及“分析者”。

② 点击“选择方法”按扭，选择你所要用的方法，点击“确定”。

③ 点击“样品表”，依次输入“编号”“样品名”“取样量”“定容体积”“测量次数”，输入所有项目后，再点击“确定”，回到“分析任务设计”界面，点击“完成”。进入“仪器控制”界面。

（2）仪器控制

待初始化灯架后，点击“自动波长”。待其完成后，点击“自动增益”，使其自动调整“主光束”能量达到最大值。

取一张硬白纸，底边成一直线，划一条与底边垂直的竖线，竖线对准火焰缝口，调节主机前上下前后键，使光圈中心在火焰缝口上方高度与分析条件设置中燃烧头高度一致，光圈直径恰好与竖线重合，点击“完成”。

7. 点火

（1）开启空气压缩机：先开启风机开关（绿色按钮），再开启压机开关（红色按钮），调节读数至 0.24 ~ 0.25 左右，必须在其读数大于 0.2 以上人方可离开，防止其读数瞬间变大，如出现这种情况，应立刻按住上方白色（手动放气）按钮，让其读数减至 0。空气压缩机启动后，用户一定要注意：当气水分离器中的水超过三分之一以后一定要放水。

（2）打开乙炔钢瓶总阀开关（大约 0.5 圈，不能超过 1.5 圈），通过减压阀调节乙炔读数 0.06 ~ 0.08 MPa 左右。

（3）稍等一会儿，按“主机”上的“点火”键，乙炔即燃烧，如未点燃，主机会发出“滴滴”的响声，这时应再次按“点火”键，使其关闭。过一会儿，再重新点火，如点火成功，可通过调节主机上的“乙炔”旋钮，调节乙炔气流量。预热 3 min。

8. 测量

（1）将主机前原子化器毛细管浸入去离子水，点击工作界面中“调零”。

（2）将进样管浸入标准空白溶液，待基线平稳后，点击“读数”。

（3）将进样管浸入第一瓶标准溶液，待基线平稳后，点击“读数”，读数完毕后，依次测量其它标准溶液。

（4）待所有标样都测完以后，点击页面上“工作曲线”标签，看哪个数据偏离较大。

（5）点击“数据表”标签，点中偏离较大的那组数据，点击“重做”。

（6）点击“测量”标签，回到“测量”界面，重测该标样。

（7）开始测待测样：测待测样品时，可进行“斜率重置”（主要是考虑不同时间各种外界条件不一样，会造成同一样品吸光度值不一致），点击界面左下方重置斜率图标

“∟”，出现“选择标准样品”页面，任选一标样，点击“确定”，重新回到“测量”页面，将进样管浸入该标准溶液，点击“读数”即可。接着可以继续测量。

（8）测定结束后，用去离子水喷雾清洗原子化器 5 ~ 10 min，空烧 3 ~ 5 min。

9. 关机

（1）先关闭乙炔气体：先关闭乙炔钢瓶总阀，让管道内剩余乙炔气燃尽，火焰自然熄灭，再关闭减压阀开关。

（2）关闭空气压缩机：先关闭压机开关，再关闭风机开关，最后按住上方白色按钮至其读数减小至 0。

（3）点击仪器控制图标，将阴极灯电流改为 0。

（4）退出工作站。

（5）关闭主机。

（6）关闭微机。

实验 3

火焰光度法测定海水中钾的含量

一、实验目的

1. 掌握火焰光度法的原理及仪器操作方法。

2. 学习应用标准加入法测定海水中钾的含量。

二、实验原理

当原子或离子受到电能、热能或光能激发（如电弧、电火花、等离子体、火焰、激发光源）时，核外电子获得能量跃迁到离原子核较远的轨道上，当这些被激发的电子返回到低能态时，原先吸收的能量就以光的形式重新发射出来，这就产生了发射光谱，各种元素都有自己特定的发射光谱。

火焰所能提供的能量比电火花等其它激发方式要小得多，只能激发电离能较低的元素，以火焰为激发光源的原子发射光谱法称为火焰光度法。其基本原理是将待测试样溶液用喷雾的方法，以气溶胶形式引入火焰中，借助火焰的热能将待测元素（如钾、钠）原子化并激发出它的特征光谱，通过滤光片或其它波长选择装置（单色器），使该元素所产生的特征波长的光照射到检测器上，利用光电检测系统测量待测元素特征谱线的强度。当实验条件（包括燃气和助燃气的供应速度、进样速度等）保持一定，且待测元素浓度较低时，发射光谱的强度 I 与待测元素的浓度 c 成正比：

$$I = ac \text{（} a \text{ 为一稳定的常数）}$$

一般可通过测量待测元素特征谱线的强度，以标准曲线法进行定量分析。但为了消除标准溶液与待测样品基体组成差异所引起的误差，可采用标准加入法（见附注）进行测定，以获得更为准确的结果。

在火焰激发下，钾原子在 766.5 nm 有较强的发射谱线，可通过测量该谱线的发射强度，测定海水中钾的含量。因为海水的基体成分较复杂，会影响钾的火焰原子化和激发过程，干扰钾的测定，所以本实验采用标准加入法进行定量分析。

三、实验仪器与试剂

1. 仪器

原子吸收分光光度计（A3 系列，发射测量模式），烧杯（250 mL），滴管，洗瓶，容量瓶（50 mL、100 mL），移液管（5 mL、10 mL），三角瓶（100 mL、250 mL），漏斗，滤纸，搪瓷盘。

2. 试剂

氯化钾（分析纯，110℃烘干 2 h），钾标准贮备液（100 mg/L），海水。

四、实验步骤

1. 样品前处理

吸取适量海水，过滤入100 mL三角瓶中，用移液管准确移取10 mL滤液于100 mL容量瓶中，加去离子水定容至刻度，摇匀。

2. 钾标准溶液的配制

吸取5份5 mL上述制备好的海水待测溶液，分别放入5个50 mL的容量瓶中，再依次加入100 mg/L钾标准贮备液0、1.0、2.0、3.0和4.0 mL，用去离子水定容至刻度，即得含有等量待测样品溶液的系列标准溶液，钾的质量浓度分别为0、2.0、4.0、6.0和8.0 mg/L。

3. 海水中钾的定量

在原子吸收分光光度计上，选择原子发射测量模式，并按仪器操作步骤设定钾的实验条件。待仪器稳定后，先将进样管浸入一杯预先准备好的去离子水中，点“校零”，将其显示数值调为0，再依次测定各瓶钾标准溶液的发射强度，记录测定结果。以钾标准溶液质量浓度为横坐标，所对应的发射强度为纵坐标，在坐标纸上绘制标准曲线图，标准曲线延长线与横坐标交点的绝对值，即为样品溶液中的钾质量浓度（指样品溶液加入并定容后，所产生的质量浓度）。

五、结果记录与分析

1. 数据记录（如表3所示）：

表3 钾标准溶液的配制与发射强度测定

容量瓶编号	1	2	3	4	5
待测试液体积 /mL	5	5	5	5	5
钾标准贮备液（100 mg/L）加入量 /mL	0	1.0	2.0	3 .0	4.0
钾标准溶液质量浓度 ρ/（mg/L）	0	2.0	4.0	6.0	8.0
发射强度 I					

2. 用坐标纸绘制钾的标准曲线。

3. 从标准曲线上查出待测试液含钾质量浓度 ρ_x 为__________ mg/L。

4. 结果计算：

$$\text{海水中钾含量}\ \rho（\text{钾}）= \rho_x \times \frac{V}{V_s} \times \frac{100}{10}$$

式中：V 为标准溶液的定容体积（mL）__________；

V_s 为配制标准加入系列溶液时的取样量（mL）__________。

注意事项

1. 溶液配制和测定：每个小组均独立完成样品前处理、样品吸取、标准加入和定容等溶液配制操作，并动手完成发射强度的测量和数据处理。

2. 仪器使用

（1）保持实验过程通风；检查燃气、空气压缩机及进样系统各管路是否已连接好；同一样品每次使用的火焰强度应一致；读数稳定时方可记录数据；实验速度操作要快，保持较好的重现性。

（2）点火时，先开空气，后开乙炔；熄火时，先关乙炔，后关空气。室内若有乙炔气味，立即关闭乙炔气源，开通风，排除问题后，再继续实验。

（3）排液管应水封，防止回火。

（4）钢瓶附近严禁烟火。

（5）测量结束后要喷入去离子水 3～5 min，以清理管道和原子化器系统。

思考题

1. 原子发射光谱法中的激发源有何作用？请列出主要的激发方式及相应的分析法名称。

2. 本实验为何要用标准加入法？请说明标准加入法的优缺点。

3. 为什么原子吸收光谱法一般不用于定性分析，而发射光谱法则可以？

附注：标准加入法

当试样组成复杂，配制的标准溶液与试样组成之间存在较大差别时，常采用标准加入法。该法是取若干份体积相同的试液（c_x），依次按比例加入不同量（如倍增）的待测物的标准溶液，定容后浓度依次为：c_x，c_x+c_0，c_x+2c_0，c_x+3c_0，……；分别测得信号强度（吸光度 A 或发射强度 I）为：A_x，A_1，A_2，A_3，……。以加入标样的浓度为横坐标，相应的吸光度或发射强度为纵坐标，绘出标准曲线（如图 1 所示）。图中横坐标与标准曲线延长线的交点至原点的距离 c_x 即为试液中所含待测物的浓度（c_x），再通过换算就可求得样品中待测物的含量。

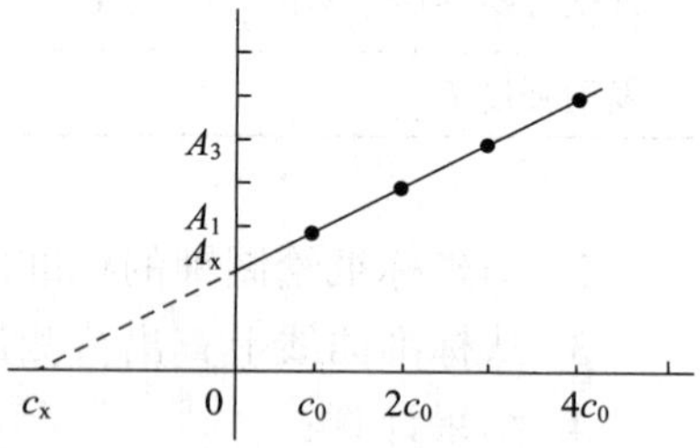

图 1　标准加入法

标准加入法可最大限度地消除基体的影响，对成分复杂的少量样品测定和低含量成分分析，准确度较高。但对批量样品的测定手续太繁。

实验 4
微波消解 – 火焰光度法测定紫菜中的钾含量

一、实验目的

1. 了解火焰光度计的构造、原理和使用方法；

2. 学习和熟悉火焰光度法测定植物样品中钾的方法。

二、实验原理

同实验 3“实验原理”。

本实验使用液化石油气 – 空气火焰，测定紫菜样品中钾的含量。先在密闭微波消解仪中，用浓 HNO_3 和 H_2O_2 的混合液消解紫菜样品，经定容、0.22 μm 滤膜过滤后，处理成分析试液，然后用标准曲线法进行定量分析。为了抵消样品前处理过程中提取剂及其它物质的干扰，同时做试剂空白，所有用水均为超纯水（18.2 MΩ）。

三、实验仪器与试剂

1. 仪器

FP640 火焰光度计，ETHOS UP 密闭微波消解仪，电子天平，离心管（10 mL，14 个），烧杯（250 mL，3 个），5 mL 移液枪（1 支），100 μL 移液枪（1 支），5 mL 移液枪头、200 μL 移液枪头若干，容量瓶（1 000 mL，1 个；50 mL，6 个），洗瓶 1 个，滤膜一盒（0.22 μm，水系），滤头（2.5 cm，4 个），注射器（10 mL，4 个），滤纸片。

2. 试剂

KCl（分析纯，110℃ 烘干 2 h），钾标准贮备液（100 mg/L），浓 HNO_3（GR，优级纯），H_2O_2（GR，优级纯），紫菜。

四、实验步骤

1. 钾标准溶液的配制

称取 KCl（分析纯，110℃烘干 2 h）0.1907 g 溶于 18.2 MΩ 超纯水中，定容至 1 L，即为含 100 mg/L 钾的标准贮备液。

准确吸取 100 mg/L 钾标准贮备液 0、0.5、1.0、1.5 mL、2.0 mL、2.5 mL，放入 50 mL 容量瓶中，用超纯水（18.2 MΩ）定容，即得 0、1.0、2.0、3.0、4.0、5.0 mg/L 系列标准溶液。

2. 紫菜中总钾的提取

将市售紫菜粉碎，称取 3 份 0.30 g 紫菜于 TFM 内罐，同时做一份空白。将内罐置于通风橱中，依次加入 7.5 mL 浓硝酸和 1.5 mL 双氧水，静置，预消解 10 min 左右。再置于密闭微波消解仪中消解，提取紫菜中的总钾。密闭微波消解仪的使用步骤参见理论篇第一章第三节。消解完成后，定容至 30 mL、过 0.22 μm 孔径的水系滤膜，所得溶液作为紫菜提取液。火焰光度计测定时，取 100 μL 紫菜提取液，加入 7.90 mL 超纯水（18.2 MΩ），配制成 8.00 mL 紫菜待测液。

3. 紫菜中钾含量的测定

开启火焰光度计和空气压缩机的电源开关，调节空气过滤减压阀，使压力表显示 0.15 MPa。将进样毛细管置于超纯水（18.2 MΩ）中。打开燃气，点火并调节到适当的火焰强度，通过滤光板观察到中间有十个蓝色火焰形成的圆环即可。仪器在进超纯水的条件下预热 30 min，才能进行测试。（注意仪器点火后，不能空烧，一定要把毛细管放入水中进样，同时废液杯中有水排出。）

钾系列标准溶液测定：按火焰光度计中的仪器操作步骤调节好钾的高低量程开关。测定钾系列标准溶液吸光度时，先将进样管浸入 0 mg/L 钾溶液，将其显示数值调为 0，取出进样管擦干，然后从稀到浓依序进行测定，测定过程中，待读数稳定后方可记录数据。

紫菜待测液钾含量的测定：将进样管浸入 0 mg/L 钾溶液，待其显示数值降为 0 左右，取出进样管擦干，再进行试剂空白和紫菜待测液的测定。实验完成后，在燃烧状态下，进超纯水（18.2 MΩ）清洗 5 min，然后，先关液化气钢瓶开关，再关燃气阀（微调阀不要关，下次开机点火时，仪器能保持原有的火苗大小）。最后切断空气压缩机和火焰光度计的电源，做好实验登记和卫生，方可离开实验室。

五、结果与分析

1. 钾标准曲线的绘制及其含量的测定

（1）数据记录

表 4　钾标准曲线与含量测定

容量瓶编号	1	2	3	4	5	6	待测液	试剂空白
钾标准贮备液（100 mg/L）加入量 /mL	0	0.5	1.0	1.5	2.0	2.5	/	/
钾标准溶液质量浓度 ρ/（mg/L）	0	1.0	2.0	3.0	4.0	5.0	ρ_x	$\rho_{空白}$
溶液吸光度 A								

（2）用坐标纸绘制标准曲线图。

从标准曲线上查出待测试液含钾质量浓度，即待测液钾质量浓度 ρ_x 为______ mg/L。

紫菜中钾含量 ρ（钾）$=\rho_x \times 100 \times 80 =$ ______ mg/kg 紫菜 = ______ g/kg 紫菜。

注意事项

1. 保持实验过程通风；
2. 检查液化气、空气压缩机及进样系统各管路是否已连接好；
3. 燃烧室中形成十个蓝色小火焰方可进行样品测定；
4. 火焰强度调节适宜即可；
5. 同一样品每次使用的火焰强度应一致；

6. 读数稳定时方可记录数据；
7. 实验速度操作要快，保持较好的重现性。

思考题

1. 火焰光度计属于哪类光谱分析方法？火焰光度计中的滤光片有什么作用？
2. 如果系列标准溶液浓度范围过大，则标准曲线会弯曲，为什么？
3. 用火焰光度计是否能测电离能较高的元素，为什么？

附：FP640火焰光度计的使用方法

1. 打开面板上的电源开关。

2. 打开空气压缩机电源，调节空气过滤减压阀，使压力表显示0.15 MPa。同时把毛细管浸没在18.2 MΩ的超纯水中。

3. 打开液化气钢瓶上的开关（逆时针）。

4. 按下面板上的燃气阀调节旋钮，有“嗒、嗒、嗒”声音，从关闭位置左转90°，按住不放就能点火，点着后手指向里推一下再放手。点火完成，再把燃气阀向左转一直到不能转为止，此时可以调节微调阀控制火苗大小。火焰最佳状态（图2），即外形为锥形、呈蓝色，尖端摆动较小，火焰底部有10个小突起，周围有波浪形的圆环，整个火焰高度约为50 mm左右，火焰中不得白色亮点。

5. 仪器在进超纯水的条件下预热30 min，才能进行测试。（注意仪器点火后，不能空烧，一定要把毛细管放入水中进样，同时废液杯中有水排出。）

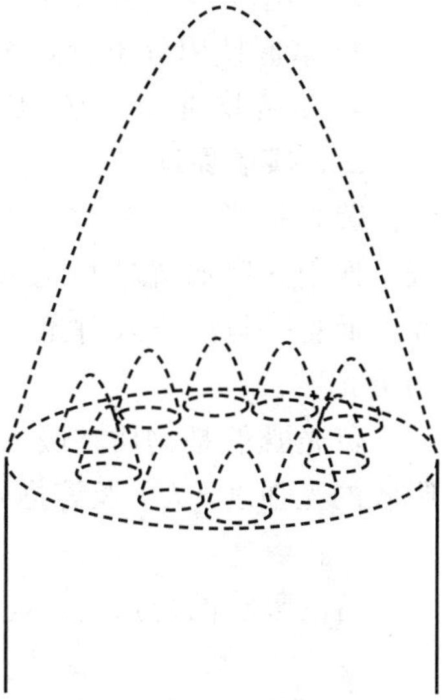

图2　火焰性状最佳状态

6. 通过超纯水对管内通道进行清洗。一般先把浓度选择放在高浓度的位置，小数点选择一位小数，预热完成后，放超纯水，用低标旋钮调“0”，放一组标准溶液中最高浓度的标样，用高标调“10.0”。再放蒸馏水，用低标调“0”，再放高浓度调“10.0”。反复几次直到数字稳定为止。再把其它几个标准溶液也读一下，记下对应数值。

7. 再浸入系列标准溶液，按照从低到高浓度，依次观察读数，待读数稳定后记录其数据。

8. 实验结束后，在燃烧状态下，进超纯水（18.2 MΩ）清洗5 min，然后，先关液化气钢瓶开关，再关燃气阀（微调阀不要关，下次开机点火时，仪器能保持原有的火苗大小）。最后切断空气压缩机和仪器的电源。记录本上登记完成情况。

9. 做卫生。

实验 5
苯酚荧光光谱分析及定量测定

一、实验目的

1. 掌握分子荧光分光光度法的分析原理。

2. 熟悉分子荧光分光光度计的结构及特点，掌握其使用方法。

3. 掌握使用分子荧光光谱标准曲线法定量测定苯酚含量的方法。

4. 了解物质分子的组成、结构等对荧光光谱的影响。

二、实验原理

荧光是指一种光致发光的冷发光现象。当物质经某种波长的入射光（通常是紫外线）照射，吸收光能后进入激发态，并且立即退激发并发出比入射光波长更长的出射光，而且一旦停止入射光，发光现象也随之立即消失。具有这种性质的出射光就被称之为荧光。

荧光既然是物质在吸光之后所发射的辐射，因而溶液的荧光强度（I_f）应与该溶液吸收的光强度（I_a）及该物质的荧光量子产率（φ_f）有关，即

$$I_f = I_a \varphi_f$$

溶液吸收的光强度 I_a 应为入射光的光强 I_0 与透射光的光强 I_t 之差，即

$$I_a = I_0 - I_t$$

从朗伯 – 比尔定律可知 $I_t = I_0 10^{-\varepsilon bc}$，因此

$$I_f = I_a \varphi_f = \varphi_f (I_0 - I_t) = \varphi_f I_0 (1 - 10^{-\varepsilon bc}) = \varphi_f I_0 (1 - e^{-2.303\varepsilon bc})$$

式中，ε 为摩尔吸光系数，b 为样品溶液的光程（即液池的厚度），c 为样品浓度。

而 $e^{-2.303\varepsilon bc}$ 可表示为

$$e^{-2.303\varepsilon bc} = 1 - 2.303\varepsilon bc + \frac{(2.303\varepsilon bc)^2}{2!} - \frac{(2.303\varepsilon bc)^3}{3!} + \frac{(2.303\varepsilon bc)^4}{4!} + \cdots$$

当 εbc 非常小时（$\ll 0.05$），$e^{-2.303\varepsilon bc} \approx 1 - 2.303\varepsilon bc$，代入式 $I_f = \varphi_f I_0 (1 - e^{-2.303\varepsilon bc})$，得

$$I_f = 2.303 \varphi_f I_0 \varepsilon bc$$

由上式可知，对于某种荧光物质的稀溶液，所测溶液的荧光强度与该荧光物质的浓度成正比。然而，当 $\varepsilon bc \geqslant 0.05$ 时，则荧光强度和溶液的浓度不呈线性关系，其原因是受激后的激发态分子与体系中的其它分子碰撞，使其以非辐射跃迁的形式去激化，产生荧光猝灭。

苯酚属于芳香类物质，在光激发下容易产生较强的荧光发射。常见芳香类物质的相对荧光强度见表 5 所示。

表 5 芳香类物质的相对荧光强度和发射波长

化合物	相对荧光强度	发射波长 /nm
C_6H_6（苯）	10	270 ~ 310
$C_{10}H_8$	20	320 ~ 330
C_6H_5COOH	3	310 ~ 390
$C_6H_5NO_2$	0	
$C_6H_5CH_3$	17	270 ~ 320
C_6H_5OH	18	285 ~ 365
$C_6H_5OCH_3$	20	285 ~ 345
$C_6H_5NH_2$	20	310 ~ 405
C_6H_5CN	20	280 ~ 360
C_6H_5Cl	7	275 ~ 345
C_6H_5Br	5	290 ~ 380
C_6H_5I	0	

三、实验仪器与试剂

1. 仪器

Edinburgh FS5 荧光光谱仪。

2. 试剂

苯酚，去离子水。

四、实验步骤

1. 定性分析

（1）配制 100 mg/L 苯酚贮备液一份。

（2）打开荧光光度计和计算机。

（3）改变不同的激发波长，扫描发射光谱，通过叠加的谱图确定物质的荧光发射波长。

（4）固定发射波长，扫描激发光谱，找到最强激发波长值。

（5）固定最强激发波长，再次扫描荧光发射谱。

2. 定量分析

（1）将苯酚贮备液稀释成 0、0.2、0.4、0.6、0.8、1.0 mg/L 的苯酚标准溶液。

（2）固定激发波长和发射波长，测试苯酚标准溶液的荧光强度。

（3）通过荧光强度和对应的浓度，绘制标准工作曲线。

（4）测定苯酚未知液的荧光强度，通过标准曲线确定浓度。

（5）数据处理。

五、结果与分析

1. 苯酚荧光光谱的最强发射波长 ________________ nm，最强激发波长 ____________________ nm。

2. 苯酚荧光发射光谱（画图）

3. 苯酚荧光激发光谱（画图）

4. 苯酚标准溶液工作曲线绘制（画图）

苯酚标液浓度 /（mg/L）	0	0.2	0.4	0.6	0.8	1.0	待测液
荧光强度 I							
线性相关系数 R^2							/

注意事项

1. 实验中途不要频繁退出荧光仪控制软件，以免影响氙灯的使用寿命。
2. 苯酚溶液配制需要在通风橱中进行。

思考题

1. 从分析方法的原理及仪器的简单构造、结构方面阐述分子荧光分析法的应用特点及范围。
2. 影响荧光定量分析准确性的因素有哪些？在分析过程中应该注意哪些问题？
3. 解释荧光分子的激发光谱和发射光谱的相互关系。

附：Edinburgh FS5 荧光光度计的使用方法

参见第四章第四节。

实验 6
分光光度法定量测定植物叶绿素的含量

一、实验目的

1. 了解紫外－可见分光光度计的基本结构、工作原理和使用方法。

2. 掌握利用公式计算法同时定量测定植物叶叶绿素的含量。

二、实验原理

根据吸光度加和性原理，即混合物在某一波长处的吸光度为各组分吸光度之和，由朗伯－比尔定律（$A = \varepsilon c$，测定时用 1 cm 厚的比色皿）得出：

$$A_\lambda = \varepsilon_a c_a + \varepsilon_b c_b$$

欲同时测定叶绿素 a 和 b（两者吸收光谱双向重叠）的含量，只需测定该提取液在叶绿素 a 和 b 的最大吸收波长（λ_a 和 λ_b）处的总吸光度 A（λ_a）及 A（λ_b），并根据叶绿素 a、b 在该波长下的吸光系数（ε_a、ε_b），即可用公式法计算出两种叶绿素各自的浓度（c_a、c_b）。

已知：叶绿素 a 的 $\lambda_{max} = 665$ nm，叶绿素 b 的 $\lambda_{max} = 649$ nm；

在 $\lambda_a = 665$ nm 时，$\varepsilon_a = 83.81$，$\varepsilon_b = 23.10$（95% 乙醇，c_a、c_b 以 g/L 为单位）；

在 $\lambda_b = 649$ nm 时，$\varepsilon_a = 24.58$，$\varepsilon_b = 46.84$（95% 乙醇，c_a、c_b 以 g/L 为单位）。

可列出下列关系式：

$$A_{665} = 83.81\ c_a + 23.10\ c_b$$

$$A_{649} = 24.58\ c_a + 46.84\ c_b$$

解上述联立方程组并转换成 mg/L 单位后得

$$c_a = 13.95\ A_{665} - 6.88\ A_{649}$$

$$c_b = 24.96\ A_{649} - 7.32\ A_{665}$$

将 c_a 和 c_b 相加，即可得提取液中叶绿素总浓度 c_T，即

$$c_T = c_a + c_b = 18.08\ A_{649} + 6.63\ A_{665}$$

三、实验仪器与试剂

1. 仪器

双光束紫外－可见分光光度计 TU–1950，电子天平，剪刀，研钵，量筒，漏斗，滴管，玻棒，容量瓶（50 mL）。

2. 试剂

95% 乙醇，石英砂，碳酸钙。

3. 其它用品

定量滤纸，新鲜植株叶片。

四、实验步骤

1. 取新鲜植株叶片，擦净组织表面污物，剪碎（去中脉），混匀，

称取新鲜叶片样品 0.2 g。

2. 将样品置于研钵中，加入少量碳酸钙和石英砂及 1 ~ 2 mL 95% 乙醇，先研磨成匀浆，再加入 10 mL 左右 95% 乙醇继续研磨 2 min 至组织变白，静置 3 ~ 5 min。

3. 取滤纸一张，放入漏斗中，用 95% 乙醇湿润，沿玻棒把提取液倒入漏斗中，滤入 50 ml 容量瓶里，用少量 95% 乙醇冲洗研钵数次，合并。

4. 用滴管吸取 95% 乙醇，一滴一滴地将滤纸上的叶绿素提取液全部洗入容量瓶中，最后用 95% 乙醇定容至 50 mL，摇匀。

5. 把叶绿素提取液倒入光径 1 cm 的比色杯内，以 95% 乙醇为空白对照，在分光光度计上分别于 665 nm 和 649 nm 处测定其吸光度。

五、结果与分析

1. 记录实验条件与原始数据

（1）入射光波长（λ_a）________________；（λ_b）________________。

（2）$A(\lambda_a)$ ________________________；$A(\lambda_b)$ ________________。

（3）称样重 W ______________________。

（4）溶剂__________________________。

（5）参比溶液________________________。

2. 由公式 $c_a = 13.95\,A_{665} - 6.88\,A_{649}$ 和 $c_b = 24.96\,A_{649} - 7.32\,A_{665}$ 分别计算提取液中叶绿素 a 和 b 的浓度（mg/L），相加后即得提取液中叶绿素总浓度 c_T（mg/L）。

3. 再按下式分别计算新鲜叶片中的各叶绿素含量：

$$\text{叶绿素 a 含量（mg/g）} = \frac{c_a \times V}{W \times 1\,000}$$

$$\text{叶绿素 b 含量（mg/g）} = \frac{c_b \times V}{W \times 1\,000}$$

$$\text{叶绿素总含量（mg/g）} = \frac{c_T \times V}{W \times 1\,000}$$

式中：c_a、c_b、c_T 分别为提取液中各叶绿素浓度（mg/L）；

V 为提取液定容体积（mL）；W 为样品鲜重（g）。

注意事项

1. 为了避免叶绿素的光分解，操作应在弱光下进行。

2. 研磨时间应尽可能短些，以不超过 2 min 为宜。

思考题

1. 本实验中定量分析的依据是什么？说明它们的数学表达式和成立的条件。
2. 简述紫外 – 可见分光光度计的基本结构，并按顺序说明各个部件主要作用。
3. 在实际测定工作中，导致产生偏离朗伯 – 比尔定律现象的主要原因有哪些？

附：TU–1950 型双光束紫外 – 可见分光光度计的使用方法

1. 开机。

2. 打开桌面文件“UVWin”。

3. 进入初始化模式，计算机将对仪器进行自检并初始化，在相应的测试项后显示 OK，整个过程需要 4 min 左右，仪器必须经过 15 ~ 30 min 的预热稳定再开始测量。

4. 点击界面左侧设置的光度测量

（1）在界面上方进入编辑：修改波长为 649 nm、665 nm。

（2）其余参数均保留默认值，不做更改。点击 OK 确认。

5. 当弹出对话框后，打开仪器滑盖，在上方槽中放入盛有空白试剂的比色皿，在下方槽中放入盛有待测试液（植物叶色素提取液）的比色皿，注意比色皿的透光面应对准光路，关上滑盖，点击对话框中 OK 键确认。

6. 点击界面上方绿色开始按钮，开始测量。

7. 得到待测试液的吸光度。

8. 记录待测溶液的相应吸光度数值，根据公式计算植物叶绿素的含量。

9. 清洗比色皿和玻璃仪器，整理仪器，关闭软件、仪器。

10. 切断电源。

实验 7
紫外吸收光谱法测定苯甲酸、山梨酸和未知物

一、实验目的

1. 通过测定有机化合物紫外吸收光谱，学会鉴别化合物中发色团及其化合物类型的方法。

2. 掌握有机化合物结构与紫外吸收光谱之间内在联系的规律。

二、实验原理

用紫外或可见光照射含有共轭结构的不饱和化合物时，分子中的价电子会从基态向激发态跃迁，此时，电子吸收了某一波长的紫外（可见）光，所吸收光的波长取决于化合物的结构。

利用紫外吸收光谱鉴定有机化合物，其主要依据是化合物的吸收光谱特征，如吸收曲线的形状、吸收峰数目以及各吸收峰波长及摩尔吸收系数等。

苯甲酸具有芳烃结构，在波长 227 nm 和 272 nm 处有 E 吸收带和 B 吸收带；山梨酸具有 α,β– 不饱和羰基结构，在波长 250 nm 处有 $\pi \rightarrow \pi^*$ 跃迁的 K 吸收带。

本实验将通过测定苯甲酸、山梨酸及未知物的紫外吸收光谱，根据它们的紫外吸收光谱特征鉴定未知物是苯甲酸还是山梨酸。

三、实验仪器与试剂

1. 仪器

紫外 – 可见分光光度计 TU–1950，分析天平，容量瓶（100 mL），刻度试管（10 mL），吸量管（1 mL）。

2. 试剂

苯甲酸（AR），山梨酸（AR），无水乙醇（AR），未知物（苯甲酸或山梨酸）。

四、实验步骤

1. 配制标准溶液：称取 100 mg 苯甲酸，用乙醇溶解，移入 100 mL 容量瓶中，用乙醇定容（此溶液质量浓度为 1 mg/mL），再用乙醇稀释至所需的质量浓度（依据实验要求而定）。

同上方法配制山梨酸标准溶液（即溶液质量浓度为 1 mg/mL），再用乙醇稀释至所需的质量浓度（依据实验要求而定）。

2. 配制 $1^{\#}$ 未知物待测溶液：

（1）吸取质量浓度为 200 μg/mL 的 $1^{\#}$ 未知物溶液 1 mL，用乙醇稀释至 10 mL（此

溶液质量浓度为 20 μg/mL）。

（2）再吸取质量浓度为 20 μg/mL 的 1# 未知物溶液 1 mL，用乙醇稀释至 10 mL（此溶液质量浓度为 2 μg/mL）。

3. 配制 2# 未知物待测溶液：

（1）吸取质量浓度为 20 μg/mL 的 2# 未知物溶液 1 mL，用乙醇稀释至 10 mL（此溶液质量浓度为 2 μg/mL）。

（2）再吸取质量浓度为 20 μg/mL 的 2# 未知物溶液 0.5 mL，用乙醇稀释至 10 mL（此溶液质量浓度为 1 μg/mL）。

4. 测定和记录

用 1 cm 吸收池，以乙醇为参比，在波长 210 ~ 310 nm 范围，分别测定苯甲酸、山梨酸及未知物三种溶液（各两种质量浓度）的紫外吸收光谱。

五、结果与分析

1. 利用谱图进行定性分析

完成表 6（由光谱图可定出相应各吸收峰波长 λ 及其吸光度 A，并通过计算可得相应的 ε 值），然后将未知物谱图与已知化合物的谱图对照，推测未知物为苯甲酸或山梨酸。

表 6　苯甲酸、山梨酸和未知液在 227、250、272 nm 处的吸光度和吸光系数

波长条件		λ_{227}	λ_{250}	λ_{272}
苯甲酸标液	A			
	ε			
山梨酸标液	A			
	ε			
未知液 1#（20 μg/mL）	A			
	ε			
未知液 1#（2 μg/mL）	A			
	ε			
未知液 2#（2 μg/mL）	A			
	ε			
未知液 2#（1 μg/mL）	A			
	ε			

2. 利用谱图进行结构分析

根据苯甲酸或山梨酸溶液的紫外吸收光谱，判断各吸收带的电子跃迁类型及发色团。

注意事项

1. 由于苯甲酸与普通玻璃中的 Na_2SiO_3 等物质会发生化学反应，使得样本试液混有其它杂质，导致吸收光谱发生较大偏差。同时普通玻璃也会对紫外光产生少量吸收，产生小的吸收峰，造成误差。所以本实验应避免使用玻璃比色皿。

2. 由于物质的紫外吸收光谱会受到温度和溶剂等实验条件的影响，因此，本实验中，应使标准样品应与未知物在同一个条件下，进行扫描，获得相应的紫外吸收光谱图，以保证谱图的可比性。

思考题

1. 紫外－可见吸收光谱是如何产生的？常见的电子跃迁类型有哪些？

2. 说明紫外－可见吸收光谱图是如何描绘的？并说明利用紫外－可见吸收光谱如何进行定性鉴定？

3. 本实验与植物叶绿素含量测定中所采用的光源和吸收池的材料一样吗？具体说明一下。

附：紫外－可见分光光度计的使用方法

参见实验 6 附。

实验 8

有机化合物的紫外吸收光谱及溶剂性质对吸收光谱的影响

一、实验目的

1. 了解利用紫外吸收光谱进行定性测定的原理和方法。

2. 了解不同取代基对待测物质吸收带的影响。

3. 了解溶剂不同 pH 值对待测物质吸收带的影响。

4. 了解溶剂极性对 $n \rightarrow \pi^*$ 跃迁及 $\pi \rightarrow \pi^*$ 跃迁产生的吸收带的影响。

二、实验原理

紫外吸收光谱、红外光谱、核磁共振波谱和质谱是有机结构解析的四大工具，尽管紫外吸收光谱谱带数目少，缺少精细结构，光谱的特征不强，但它在有机化合物结构鉴定中仍是一种有用的辅助手段，特别对于芳香族化合物，由于它在紫外区的特征吸收，给鉴定提供了有用的信息。具有不饱和结构的有机化合物，如芳香族化合物，在紫外区（200 ~ 400 nm）有特征吸收，为有机化合物的鉴定提供了有用的信息。

紫外吸收光谱定性的方法是比较未知物与已知纯样品在相同条件下绘制的吸收光谱；或将未知物的吸收光谱与标准谱图（如 Sadtler 紫外光谱图）相比较，若两光谱图的最大吸收峰的位置和摩尔吸收系数相同，表明它们是同一有机化合物。极性溶剂对有机物的紫外吸收光谱吸收峰的波长、强度、形状有一定的影响。溶剂极性增加，使 $n \rightarrow \pi^*$ 跃迁产生的吸收带蓝移，而 $\pi \rightarrow \pi^*$ 跃迁产生的吸收带红移。

三、实验仪器与试剂

1. 仪器

双光束紫外 - 可见分光光度计 TU-1950，石英吸收池（光程 1 cm），分析天平，容量瓶（100 mL），具塞刻度试管（10 mL），移液管（1 mL），滴管。

2. 试剂

苯，苯甲酸，异亚丙基丙酮，无水乙醇，环己烷，盐酸，氢氧化钠。

四、实验步骤

1. 配制标准溶液

（1）配制 HCl（0.1 mol/L），NaOH（0.1 mo1/L）。

（2）配制苯的无水乙醇溶液（1 : 10），苯甲酸的无水乙醇溶液（1 mg/mL）。

（3）配制异亚丙基丙酮的水溶液（1 : 10），无水乙醇溶液（1 : 10）、三氯甲烷溶液（1 : 10）。

2. 在两个 10 mL 具塞刻度试管中，分别加入苯的无水乙醇溶液（1∶10）1 mL 和苯甲酸的无水乙醇溶液（1 mg/mL）1 mL，用无水乙醇溶液稀释至刻度，摇匀。用带盖的 1 cm 石英吸收池，无水乙醇作参比溶液，在紫外区波长 210 ~ 310 nm 范围进行波长扫描，得出它们的吸收光谱。

3. 在两个 10 mL 具塞刻度试管中，分别加入苯的无水乙醇溶液（1∶10）1 mL，分别用 HCl 0.1 mol/L 和 NaOH 0.1 mol/L 溶液稀释至刻度，摇匀。用带盖的 1 cm 石英吸收池，以去离子水作参比溶液，在紫外区波长 210 ~ 310 nm 范围进行波长扫描，得出它们的吸收光谱。

4. 在三个 10 mL 具塞刻度试管中，分别加入异亚丙基丙酮的水溶液（1∶10）、无水乙醇溶液（1∶10）和三氯甲烷溶液（1∶10）各 1 mL，再分别用去离子水、无水乙醇、三氯甲烷溶液稀释至刻度，摇匀。用带盖的 1 cm 石英吸收池，分别以去离子水、无水乙醇、三氯甲烷溶液作参比溶液，在紫外区波长 210 ~ 350 nm 范围进行波长扫描，得出它们的吸收光谱。

五、结果与分析

1. 说明不同基团对苯环的影响。
2. 说明溶剂不同 pH 值对待测物质吸收带的影响。
3. 说明溶剂极性对异亚丙基丙酮溶液的 λ_{max} 和 ε_{max} 的影响。

注意事项

1. 本实验所用试剂应为光谱纯或经提纯处理。

2. 用作样品池和参比池的一对吸收池必须严格匹配，使它们的光学性质、壁厚和吸收程度等完全相同。

3. 对于易挥发试样，应在吸收池上盖上玻璃片。

4. 注意保护吸收池，吸收池的光学面必须清洁干净，不准用手触摸。如果光学面外表面有污物或尘土，可用擦镜纸轻轻拭去。吸收池内部用去离子水冲洗，然后用少量乙醇或丙酮脱水处理，常温放置干燥。

思考题

1. 为什么在紫外 – 可见光区常用水、乙醇和己烷作为溶剂测定物质的紫外吸收光谱？

2. 为什么极性溶剂有助于 $n \rightarrow \pi^*$ 跃迁产生的吸收带蓝移，而 $\pi \rightarrow \pi^*$ 跃迁产生的吸收带红移？

3. 分光光度法对参比溶液的选择有何要求？要如何选择测量条件？

实验 9

紫外–可见分光光度法测定消毒片中 $KMnO_4$ 含量

一、实验目的

1. 掌握紫外–可见分光光度法测定高锰酸钾的原理和方法。

2. 进一步熟练掌握应用普析 TU1950 型紫外–可见分光光度计进行定量分析的方法和基本操作。

二、实验原理

紫外–可见吸收光谱是由分子外层电子能级跃迁产生，同时伴随着分子的振动能级和转动能级的跃迁，因此吸收光谱具有带宽。紫外–可见吸收光谱的定量分析采用朗伯–比尔定律，被测物质的吸光度与其浓度成正比，即 $A=\lg\frac{I_0}{I}=\lg\frac{1}{T}=\varepsilon bc$

其中 A 是吸光度，I_0、I 分别为光透过样品前、后的强度，ε 为摩尔吸光系数，b 为液层厚度。当不同波长的单色光通过被分析的物质时，测得不同波长下的吸光度。以吸光度为纵坐标，波长为横坐标作图，可获得物质的吸收光谱曲线。无机盐 $KMnO_4$ 在可见光区具有固定的最大吸收波长位置，在水溶液中它的最大吸收波长值 λ_{max} 为 525 nm 和 545 nm 左右，并且具有特征的峰形。

高锰酸钾为强氧化剂，遇有机物即放出新生态氧而起到杀灭细菌作用，杀菌力极强，用于杀菌、消毒，且具有收敛作用。市面销售的多为以高锰酸钾为主要有效成分的消毒片，高锰酸钾含量为 80%～95%，可杀灭肠道致病菌、化脓性球菌和致病性酵母菌。当其溶解作为外用药品洗涤消毒皮肤黏膜时，最佳使用浓度为 3 700 mg/L。本实验采用标准工作曲线法对高锰酸钾溶液进行定量分析时，在最大吸收波长处，首先测量系列已知准确浓度的 $KMnO_4$ 溶液，以 $KMnO_4$ 溶液的浓度为横坐标，以各浓度对应的吸光度值为纵坐标作图，即可得到 $KMnO_4$ 的标准工作曲线。将市售 $KMnO_4$ 消毒片溶解稀释，在相同实验条件下测量吸光度，即可在工作曲线中找出其对应的浓度，进而检测出 $KMnO_4$ 消毒片的有效成分的实际含量。

三、实验仪器与试剂

1. 仪器

普析 TU1950 型紫外–可见分光光度计，烧杯（250 mL，1 个），容量瓶（25 mL，5 个；250 mL，1 个），石英比色皿（1 cm，1 个），吸量管（1 mL、2 mL、5 mL 各 1 支），洗耳球（1 个），洗瓶（1 个）。

2. 试剂

$KMnO_4$ 标准贮备液（1 mmol/L），市售 $KMnO_4$ 消毒片，去离子水。

四、实验步骤

1. 标准溶液的配制

取 5 只 25 mL 容量瓶，编号，依次分别用吸量管加入 1.00、2.00、3.00、4.00、5.00 mL $KMnO_4$ 标准贮备液，用去离子水稀释至刻度摇匀，作为标准溶液系列。

2. 未知样溶液的配制

将 1 片（0.2 g）$KMnO_4$ 消毒片用 54.05 mL 蒸馏水溶解，配制质量浓度为 3 700 mg/L（即浓度为 0.023 4 mol/L）的消毒原液。移取 2 mL 消毒原液至 250 mL 容量瓶中稀释定容。

3. 吸收曲线的绘制

取 5 号容量瓶中的 $KMnO_4$ 溶液，在仪器的“光谱扫描”模式下，设定扫描波长为 400 ~ 700 nm，用 1 cm 比色皿，以去离子水为参比，绘制 $KMnO_4$ 的光谱吸收曲线。

4. 标准曲线的绘制和未知样中 $KMnO_4$ 的测定

切换仪器模式至“定量测定”，在最大吸收波长（525 nm）处，用 1 cm 比色皿，以去离子水为参比，按浓度由低到高测定各溶液的吸光度。以 $KMnO_4$ 标准溶液浓度为横坐标，相应的吸光度 A 为纵坐标，绘制标准曲线。根据未知样的吸光度，从标准曲线上查出未知样的浓度。（单位为 mmol/L）。

五、结果与分析

由实验测得 $KMnO_4$ 紫外 – 可见吸收光谱中最大吸收波长（525 nm）的吸收峰情况如表 7 所示。

表 7　$KMnO_4$ 系列标准溶液与待测液的吸光度

编号	1	2	3	4	5	未知样
移取标液体积 /mL	1.00	2.00	3.00	4.00	5.00	/
吸光度 A						
溶液浓度 /（mmol/L）						

用坐标纸绘制标准工作曲线图，根据未知样的吸光度，查出未知样溶液中 $KMnO_4$ 的浓度为________ mmol/L。

$KMnO_4$ 消毒片中有效成分的含量为____________。

$$\omega = \frac{c \times \text{稀释倍数} \times V \times M}{10^6 \times m} \times 100\%$$

ω：消毒片中 $KMnO_4$ 的质量分数；

c：稀释后未知样 $KMnO_4$ 溶液的浓度，单位 mmol/L；

V：1 片（0.2 g）消毒片溶解后的消毒原液体积，单位 mL；

M：$KMnO_4$ 的摩尔质量 158 g/mol；

m：每片消毒片的总质量 0.2 g。

注意事项

1. 保持紫外可见分光光度计内部干燥，切勿将溶液洒落其中。

2. 比色皿的使用：使用时，先用待装液润洗 2～3 遍，装液为 2/3 左右，用擦镜纸将外表残留的液滴擦干。

3. 测定标准工作曲线时，应从低浓度至高浓度依次测定，过程中待测液润洗比色皿以减少误差。

思考题

1. $KMnO_4$ 标准储备液为什么要装在棕色试剂瓶中?

2. 如何绘制 $KMnO_4$ 的吸收曲线和工作曲线?

3. 本实验中，市售消毒片中 $KMnO_4$ 含量约为多少? 要获得准确测定结果，有哪些注意事项?

实验 10
红外吸收光谱法测定苯甲酸的结构

一、实验目的

1. 掌握红外光谱法进行物质结构分析的基本原理，能利用红外光谱鉴别官能团；

2. 了解仪器的基本结构及工作原理，掌握红外光谱测定样品的制备方法；

3. 学会傅立叶变换红外光谱仪的使用。

二、实验原理

红外吸收光谱法是通过研究物质结构与红外吸收光谱间的关系对物质进行分析，红外光谱可以用吸收谱带的位置和峰的强度加以表征。测定未知物结构是红外光谱定性分析的一个重要用途。根据实验所测绘的红外光谱图的吸收峰位置、强度和形状，利用基团振动频率与分子结构的关系，来确定吸收带的归属，确认分子中所含的基团或键，并推断分子的结构。鉴定物质的步骤如下：

1. 对样品做初步了解，如样品的纯度、外观、来源及元素分析结果，及物理性质（分子量、沸点、熔点）。

2. 确定未知物不饱和度，以推测化合物可能的结构；

3. 图谱解析；

（1）首先在官能团区（4 000 ~ 1 300 cm^{-1}）搜寻官能团的特征伸缩振动；

（2）再根据“指纹区”（1 300 ~ 400 cm^{-1}）的吸收情况，进一步确认该基团的存在以及与其它基团的结合方式。

三、实验仪器与试剂

1. 仪器

Nicolet FT-IR Spectrometer，压片机（包括压模等），玛瑙研钵，红外灯，镊子等。

2. 试剂：KBr 粉末（光谱纯），无水乙醇（分析纯），脱脂棉，丙酮，苯甲酸。

四、实验内容

1. 了解仪器的基本结构及工作原理（图 3）

2. 红外光谱仪的准备

（1）打开红外光谱仪电源开关，待仪器稳定 30 min 以上，方可测定。

（2）打开电脑，打开 Omnic 软件；在 Collect 菜单下的 Experiment Set up 中设置实验参数。

（3）实验参数设置：分辨率 4 cm^{-1}，扫描次数 8 ~ 16，扫描范围 4 000 ~ 400 cm^{-1}；纵坐标为 Transmittance。

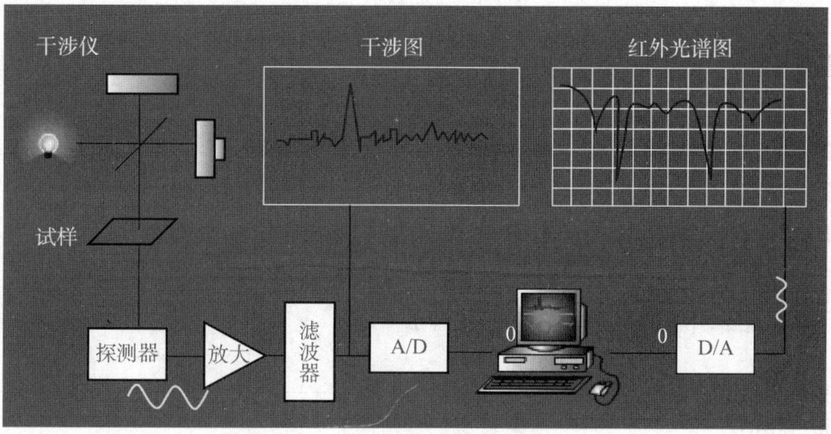

图 3　红外光谱仪工作原理

3. 红外光谱图的测试

将所有的模具擦拭干净，保持在红外灯下烘烤，在研钵中加入适量 KBr 研磨 10 min。将研磨好的 KBr 粉末装入模具，在压片机上压片，压力上升至 25 ~ 30 MPa 左右，稳定 5 min。打开傅里叶红外光谱仪，将压制好的 KBr 薄片固定在红外光谱仪内的支架上，设置样品测试的各项参数后进行测试，得到背景的扫描谱图。取一定量的样品和 KBr（样品：KBr = 1：100 ~ 1：200 左右）放入研钵中研细，然后重复上述步骤得到试样的薄片，按照上法测试得到苯甲酸的红外光谱图。对样品红外光谱图进行简单的编辑和修饰，并标注出吸收峰值，保存试样的红外光谱图。然后在红外光谱仪自带的谱图库中进行检索，检出相关度较大的已知物的标准谱图，对样品的红外光谱图进行解读，参考标准谱图得出鉴定结果。光谱扫描结束后，取下样品架和薄片，按红外光谱仪的操作要求将模具和样品架等清理干净，妥善保存。

五、结果与分析

根据苯甲酸的光谱进行图谱解析：

1. 在基团频率区，芳烃的 C—H 的伸缩振动峰在 3 020 ~ 3 000 cm^{-1} 之间，C═C 骨架伸缩振动峰大约在 1 600 cm^{-1} 和 1 500 cm^{-1} 处；酸 O—H 伸缩振动峰在 3 400 ~ 2 400 cm^{-1} 之间，而 C═O 伸缩振动峰一般在 1 760 cm^{-1} 或 1 710 cm^{-1} 处。

2. 在指纹区，705 cm^{-1} 和 662 cm^{-1} 左右为单取代苯 C—H 变形振动的特征吸收峰。

注意事项

1. 制备试样是否规范直接关系到红外图谱的准确性，磨具每次测定前后均用无水乙醇清洁，并在红外灯下烘干。样品经研磨后也应随时注意防止吸水，盐片应保持干燥透明。

2. 仪器注意防震、防潮和防腐蚀。

思考题

1. 为什么进行红外吸收光谱测试时要做空气背景扣除？
2. 在红外光谱分析中，为什么常选用 KBr 压片作为试样池？
3. 进行固体样品测试时，为什么要将样品研磨至 2 μm 左右？

附 1：标准品苯甲酸的红外光谱（图 4）

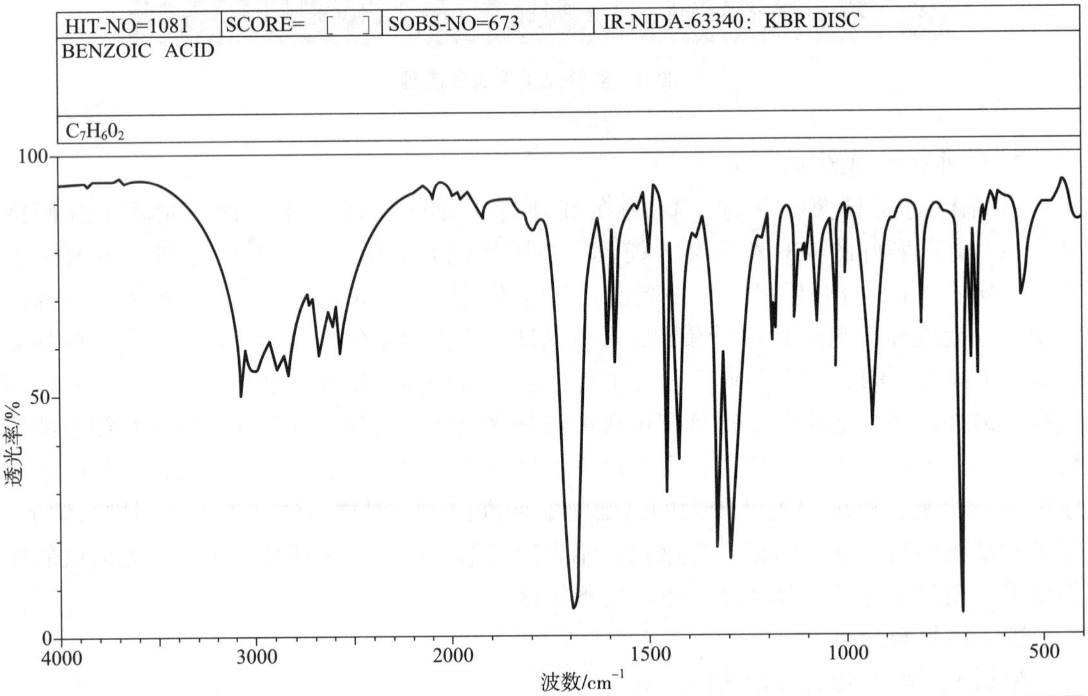

3073	49	2678	67	1426	36	1112	77	936	42
3012	53	2607	62	1327	17	1107	77	812	62
2998	53	2564	57	1294	14	1102	74	805	70
2986	63	1689	6	1187	58	1074	62	708	4
2886	52	1603	58	1180	60	1028	53	685	55
2838	52	1585	59	1129	64	1001	72	667	52
2726	66	1464	28	1118	77	943	60	664	68

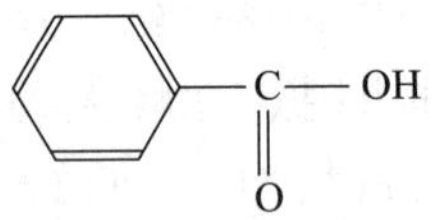

图 4　标准品苯甲酸的红外光谱

附 2：Omnic 软件的使用方法

1. 文件结构

Omnic 6.0 以上版本的缺省的文件分别存在于三个目录中：C：\My Documents\Omnic，在其子目录中分门别类地存放数据与参数等文件。

2. Omnic 显示面板

（1）Omnic 可以显示一个或多个显示窗口，当显示多个窗口时可以选择平铺（Tile）或层叠（Cascade）方式。光谱图可以在窗口间拖动、复制与粘贴。

（2）在每个显示窗口中，最后加入的光谱是自动被选中的，缺省颜色是红色。需要有多个被选中的光谱时，通过按住 Ctrl 或 Shift 键操作鼠标来增减被选中光谱。

（3）标题框在光谱窗口的上面，标题内容为人工输入，或根据使用的需要，通过“选项”中所设定的方式中适当选择自动生成。

（4）按“信息按钮”或双击“标题框”中的标题，打开“选中”光谱的采集和数据处理记录的窗口，在其中的注释（Comment）等若干框中，可以输入文字信息，这些信息可以随同谱图打印。

（5）当显示多个光谱图时，按“标题框”右边的箭头，显示出所有谱图的标题表。用鼠标点击标题表（选中）后，用键盘上的箭头键可以改变被选中的光谱，同时可以编辑被选中的光谱的标题。按住 Ctrl 或 Shift 对标题表或窗口中的光谱点击鼠标左键，可以增加或减少一个或多个被选中的光谱。

3. 数据采集设置

从 Collect 下选 Experiment Setup，就打开了它的窗口，从中选择与采集有关的条件和参数。也可以调用现有的参数组文件（.exp）或保存调整选择好的条件。

（1）Collect 选项卡的参数选择

扫描次数 Number of Scans；分辨率 Resolution；光谱格式 Final Format；矫正 Correction；文件管理 File Handling 背景管理 Background Handling，环境干扰补偿 Automatic Atmospheric Suppresion；光谱预览 Preview Data Collection，在采集光谱之前需要核实或调整样品时选用，这一功能对于显微及某些附件应用时非常有效。

（2）Bench 选项卡，从中可以检查红外干涉信号强度并包括：

增益 Gain，调整红外干涉信号强度，一般将 Max 调到 2 ~ 8 V；速度 Velocity，取决于检测器和应用（速度及响应）；光阑 Aperture，取决于光谱分辨率、光强的调整（也可以使用衰减屏）；光谱范围 Spectral Range，可根据需要变更；样品位置 Sample Compartment，对于红外的系统，在指定它后，一系列其它参数均可由软件自动配套完成设置。

（3）Quality 选项卡，通过适当设定需要检查的各个因素及其程度等，系统在采集过程中即时指示并记录相关因素的状态，用于保证光谱质量。使用时注意，因素及其（量化）程度选择必须适当，否则软件不能提供正确的提示。Use Spectral Quality Checks 决定是否使用此项功能。

（4）Advanced 选项卡中的参数选择

Zero Filling 用以改善谱图曲线的连续性。Apodization 变迹函数，在分辨率与信噪比之间权衡。其中 Boxcar 应用于高分辨率，Blackman-Harris 应用于高信躁比，而 Happ-Genzel 最常用，它兼顾了信躁比和分辨率。Sample Spacing 采样间隔，Phase Correction 相位矫正。Low（High）Pass Filter 低（高）通滤波器转折频率。

（5）背景与样品数据文件的采集

用 Collect Background 和 Collect Sample 的指令进行数据采集。在背景管理 Background Handling 中选择前两项之一时，背景要按照所提示的顺序采集。选择第三项时，后面输入的数值就是设定的背景有效使用分钟数，到时候软件会提示需要重新采集背景。

4. 数据的分析处理

（1）转换：透过（Transmittance）与吸收（Absorbance）之间的转换。Other

Conversions 其它转换，包括漫反射、光声光谱、反射率的对数和 X 轴的波数 / 波长转换。

（2）数据处理：Reprocess 再处理，须存有干涉图、单光束光谱图。Baseline Correct/Automatic 基线校正 / 自动基线校正；Other Corrections 其它校正。Blank/Straight Line 使空白 / 直线生成 Subtract 差谱；Fourier Self-Deconvolution 自去卷积，以改善峰重叠；Smooth/Automatic 平滑 / 自动平滑，以压缩噪声，但分辨率会有不同程度下降；Change Data Spacing 改变数据点的间隔，用以不同分辨率间的比较和处理；Derivative 导数光谱；Spectral Math 数学运算；Multiply 乘（某一系数）；Add 相加（两个光谱）；Normalize Frequency 频率标准化；Normalize Scale Y 坐标标准化。

（3）分析：Find Peaks 峰查找，点击鼠标设定阈值，灵敏度则与标峰多少有关；Noise 噪声水平测量；Average 平均值测量；Statistical Spectra 统计光谱；Library Setup 谱库设置，选择谱库路径 / 谱库，建立谱库组，选择检索类型、内容、定义光谱检索范围、结果保留及显示的个数；Search 光谱检索；IR Spectral Interpretation 光谱解析，获取可能的对应结构信息。

实验 11

阳离子交换色谱法测定自来水中 K^+、Na^+、Ca^{2+}、Mg^{2+} 的含量

一、实验目的

1. 了解离子交换色谱仪的基本结构、工作原理和使用方法。

2. 学习利用离子交换色谱法测定自来水中 K^+、Na^+、Ca^{2+}、Mg^{2+} 的含量的方法。

二、实验原理

离子交换色谱法是高效液相色谱的一种分离模式，它利用被分离组分与固定相之间发生离子交换能力的差异来实现分离，分离后的阴离子或阳离子可用电导检测器检测，根据各离子在交换柱中被洗脱液洗脱的速度（即保留时间）进行定性分析，根据检测信号的强度与待测离子浓度的线性关系进行定量分析。

本实验所测样品为自来水，含有人体所需要的 K^+、Na^+、Ca^{2+}、Mg^{2+} 等各种阳离子，为了解自来水中 K^+、Na^+、Ca^{2+}、Mg^{2+} 的含量，将自来水过 0.22 μm 滤膜后，采用阳离子交换色谱法进行测定，采用单点校正法计算自来水样中 K^+、Na^+、Ca^{2+}、Mg^{2+} 的含量。

三、实验仪器与试剂

1. 仪器

CIC-260 离子色谱（青岛盛瀚），真空过滤器，容量瓶（50 mL），烧杯（50 mL），塑料烧杯（1 L），移液枪（1 ml、5 ml、100 μL），注射器（10 ml），滤头（0.22 μm），滤膜（0.45 μm）。

2. 试剂

甲烷磺酸，含 1 000 mg/L K^+、1 000 mg/L Na^+、1 000 mg/L Ca^{2+}、1 000 mg/L Mg^{2+} 的单标溶液，超纯水，待测样品（自来水）。

四、实验步骤

1. 4.5 mmol/L 甲烷磺酸淋洗液的配置

用 1 mL 移液枪移取 300 μL 优级纯甲烷磺酸（密度 1.48 g/mL）于 1 L 塑料烧杯中，用 18.25 MΩ 超纯水定容至 1 L，0.45 μm 滤膜过滤后，装入淋洗液瓶中。

2. 阳离子标准溶液的配制及水样中 K^+、Na^+、Ca^{2+}、Mg^{2+} 含量的测定

（1）用移液枪分别移取 15 μL K^+ 单标、50 μL Na^+ 单标、50 μL Ca^{2+} 单标、10 μL Mg^{2+} 单标至同一 10 mL 离心管中，加入 4.875 mL 超纯水，配制成 5 mL 含 3 mg/L K^+、10 mg/L Na^+、10 mg/L Ca^{2+}、2 mg/L Mg^{2+} 的阳离子混合标样。自来水样过 0.22 μm 滤膜后，用 10 mL 离心管收集，进行离子色谱分离测定。

（2）在离子色谱上，按仪器操作步骤设置好各实验条件，待仪器稳定后，将超纯水样、标样、自来水样分别进行测定，并将结果记录于表 8。

五、结果与分析

表 8　不同样品中 K^+、Na^+、Ca^{2+}、Mg^{2+} 各离子的出峰时间及峰面积

待测离子	Na^+	K^+	Mg^{2+}	Ca^{2+}
标样浓度 /（mg/L）				
标样保留时间 /min				
标样峰面积 /（μs · min）				
超纯水样各离子峰面积 /（μs · min）				
自来水样各离子峰面积 /（μs · min）				
自来水样质量浓度 /（mg/L）				

待水样测完后，按仪器操作步骤处理好图谱，并从处理结果中读出自来水样中 K^+、Na^+、Ca^{2+}、Mg^{2+} 等离子的质量浓度，再换算为原自来水样中各离子的质量浓度。

$\rho(K^+)$ = ________ mg/L，$\rho(Na^+)$ = ________ mg/L，

$\rho(Ca^{2+})$ = ________ mg/L，$\rho(Mg^{2+})$ = ________ mg/L。

注意事项

1. 流动相瓶中滤头要注意始终处于液面以下，防止将溶液吸干。
2. 启动泵前观察从流动相瓶到泵之间的管路是否有气泡，如果有，则应将其排除。
3. 所有样品都要用过滤头过滤后才能置于样品管中进样分析，样品里如果有有机物，建议使用 C18 预处理小柱除去有机物，再用过滤头过滤后，再进样分析。

思考题

1. 简述阳离子交换法的交换原理。
2. 为什么需要在电导检测池前加入抑制器？
3. 离子交换色谱分为哪两种？各自的常用流动相分别是什么？

附：CIC-260 离子色谱仪的使用方法

一、离子交换柱使用指南

1. 打开电脑、离子色谱仪的电源开关。
2. 打开离子色谱工作站和反控程序。
3. 设置仪器运行参数：

（1）打开反控软件，先联机。

联机后，。即可把柱温加上去（不同的柱子的柱温不同，根据实际需要设定所需的温度）。先在设定所需的温度，再在这里打钩，按确定即可。

（2）开泵。设置流量，先输入0.30 ml/min，再“确定”，开启泵，同时打开电流，设置“75”→“打钩”→“确定”，2～3 min后，流量改为0.5 ml/min，再“确定”；1 min后在把流量改为0.7 ml/min（不同柱子的最佳流量不同，根据实际情况设定）。测阴离子，量程选“1”；测阳离子，量程选“6”。

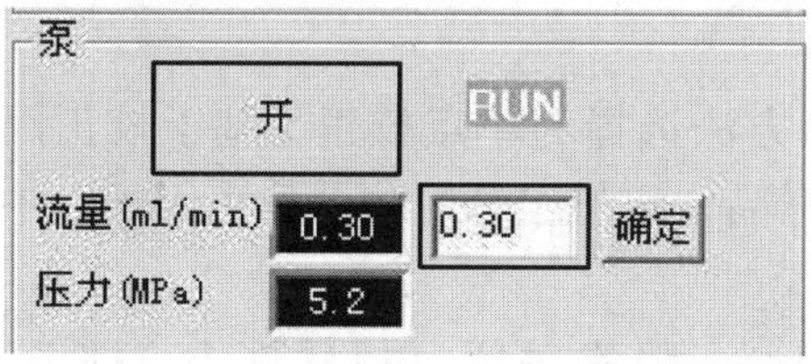

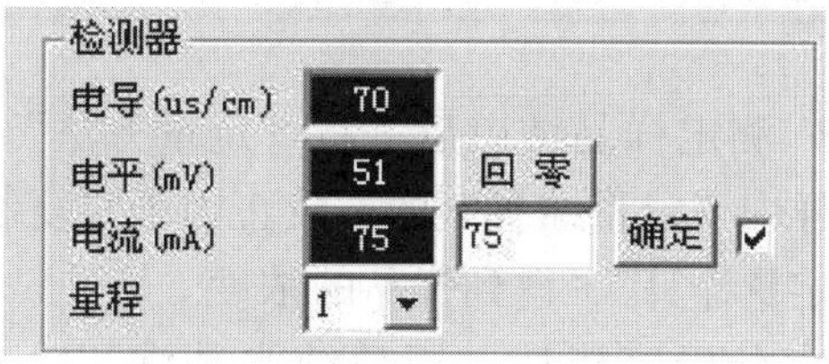

4. 点击“谱图采集”，等待基线稳定。（大约40 min）。

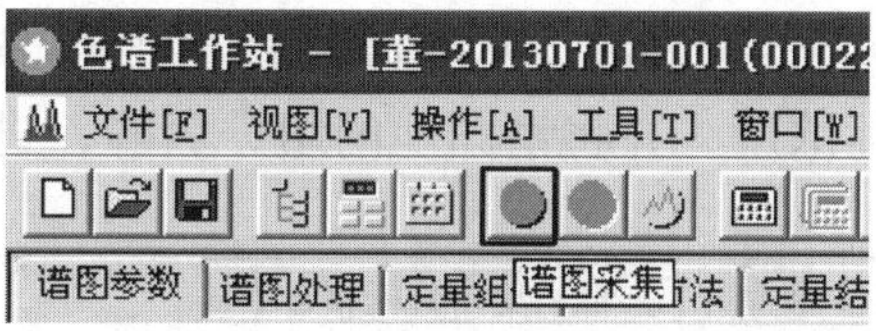

5. 基线稳定后，在电脑磁盘中新建一个文件夹，在色谱工作站中的“选项”更改保存目录，进样分析。

6. 先分析标样，运行结束后，将做好的标准曲线谱图保存在指定的文件夹中。

工作站软件界面下，“文件”→“打开”→选定的文件夹→选定的谱图，点击“当前表存档”保存曲线。

	保留时间	组份名称	校正因子	浓度	峰面积	峰高	半高峰宽	峰标志
1	6.867	F	1.09919e-(	0.5	454880	28745	14.861	LM
2	11.750	Cl	1.51288e-(	0.75	495744	27390	16.997	RM
3	15.078	NO2	3.07887e-(	1.25	405993	16687	22.848	RM
4	24.150	NO3	2.86072e-(	2.5	873905	26243	31.273	RM
5	31.308	SO4	2.10938e-(	2.5	1185184	33351	33.373	RM
6								

7. 在“定量方法”中选“计算校正因子”→“峰面积”→“计算”，为做样品准备好曲线。

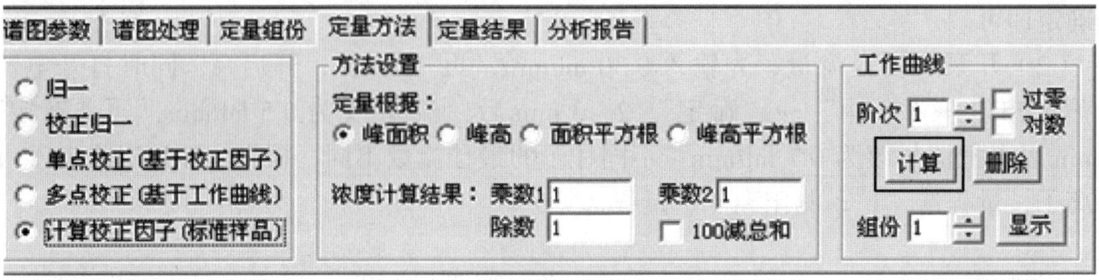

8. 测定样品结束后，将“定量方法”中的方法选择为单点校正（基于校正因子），把标样中“定量结果”的“校正因子”复制到样品“定量组分”的“校正因子”中。点击“定量计算”，得到样品的浓度。

9. 分析完毕后，用超纯水冲洗“后冲洗管”，依次关闭反控软件中“柱温”“电流”“泵”（流量 0.7 ml/min → 0.5 ml/min → 0.3 ml/min），退出工作站，最后关闭电源。

二、标准曲线制作方法

1. 配置标准曲线的梯度标准溶液，从小浓度依次进样保存谱图，将每个谱图定量组分里的浓度值填写其实际浓度，并将谱图上的组分套峰，进行定量计算，最后保存。

2. 将标准曲线的谱图打开，在定量结果中点击“当前表存档”

3. 将所有标准曲线的谱图存档后，在定量方法中的曲线一栏中单击计算，此时就可以在曲线中显示个组分的曲线。

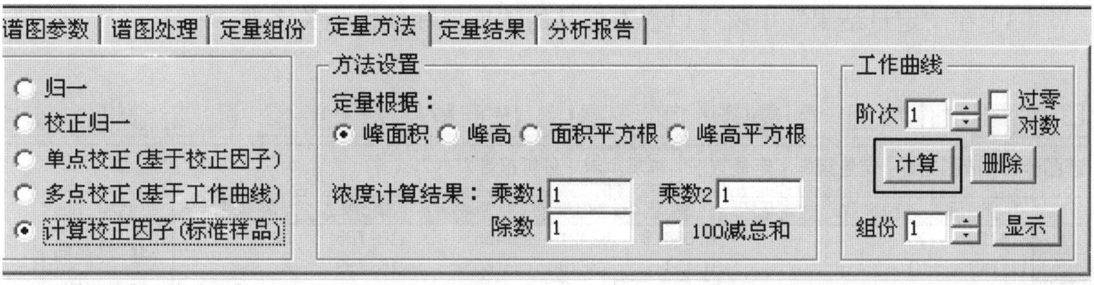

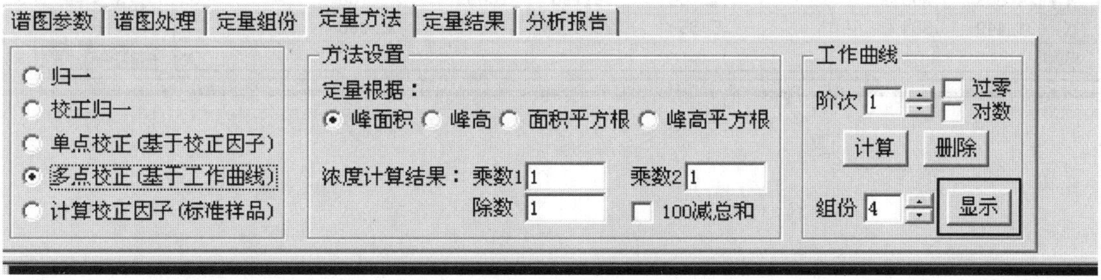

4. 各样品结果的计算

（1）在定量方法中选择“多点校正法（基于工作曲线）”

（2）在工具栏中点击“定量计算”

（3）在“定量结果”中就可以查看样品的浓度值和线性相关系数。

	保留时间	組份名称	校正因子	浓度	峰面积	峰高	半高峰宽	峰标志
1	6.871	F		0.08873	62421	4253	13.783	LM
2	11.743	Cl		0.434	286780	16032	16.799	R
3	15.086	NO2		0.1214	4519	206	20.601	
4	24.089	NO3		1.706	597790	18859	29.768	LM
5	31.449	SO4		5.35	2689024	76547	32.990	RM
6								

实验 12 气相色谱法测定藿香正气水中乙醇的含量

一、实验目的

1. 熟悉气相色谱仪的工作原理和操作方法。
2. 掌握气相色谱内标法进行定量测定的计算方法。
3. 了解气相色谱仪在复杂样品分析中的应用。

二、实验原理

气相色谱仪是以气体作为流动相（载气），当样品由微量注射器或气体进样器“注射”进入汽化室后，被载气携带进入填充色谱柱或毛细管色谱柱。由于样品中各组份在色谱柱中的流动相（气相）和固定相（液相或固相）间吸附或分配的差异（即保留作用不同），在载气的冲洗下，各组份在两相间作反复多次分配并在柱中得到分离，随后依次通过柱后检测器。该检测器可将各组份的浓度或质量信号转换为电信号，并送至色谱数据处理系统绘出色谱图给出定量、定性分析结果。

内标法（internal standard method）是气相色谱分析中一种常用的定量方法，尤其在没有标准物对照时，此法更显其优越性。它是将一定量的纯物质作为内标物（s）加到一定量的被分析样品（i）中，然后对含有内标物的样品进行色谱分析，分别测定内标物和待测组分的峰面积（或峰高）及相对校正因子（f），按下列公式和方法即可求出被测组分在样品中的百分含量（w_i）：

精密称（量）取内标物和被测组分的对照品，分别配成溶液，精密量取各溶液，配成校正因子测定用的对照溶液。取一定量进样，记录色谱图。用含对照品和内标物的对照溶液所得色谱峰响应值，按下式算出 f：

$$f=\frac{m_i}{A_i}\times\frac{A_s}{m_s}$$

其中 A_i 和 A_s 分别为对照品和内标物的峰面积或峰高，m_i 和 m_s 分别为加入对照品和内标物的量。

再取含有内标物的待测组分溶液进样，记录色谱图，再根据含内标物的待测组分溶液色谱峰响应值，计算含量（w_i）：

$$w_i=\frac{m_i}{m}=f\times\frac{A_i}{A_s}\times\frac{m_s}{m}$$

其中 A_i 和 A_s 分别为供试品溶液中待测组分和内标物的峰面积或峰高，m_s 为加入内标物的量，m 为待检样品的量。必要时，再根据稀释倍数、取样量和标示量折算成为标示量的百分含量，或根据稀释倍数和取样量折算成百分含量。

三、实验仪器与试剂

1. 仪器

Agilent 7890-GC 型气相色谱仪，微量进样器注射器（1 μL，2 支），吸量管（5 mL，3 支），容量瓶（50 mL，2 个），注射器（1 mL、2 支），滤膜（0.45 μm，2 个）。

2. 试剂

无水乙醇（分析纯），无水丁醇（分析纯）（内标物），藿香正气水。

四、实验步骤

1. 溶液配制

（1）对照溶液配制：准确吸取无水乙醇 2.50 mL 及丁醇（内标物）2.50 mL，置 50 mL 容量瓶中，加水稀释至刻度，摇匀。

（2）样品溶液配制：准确吸取样品 5.00 mL 及丁醇 2.50 mL，置 50 mL 容量瓶中，加水稀释至刻度，摇匀。

2. 仪器操作条件

色谱柱：ZB-waxplus（30 m × 0.25 mm；0.25 μm） 柱温：90℃；

检测器：FID； 检测器温度：220℃；

气化室温度：200℃； 氮气（载气）：0.5 MPa；

氢气：0.3 MPa； 空气：0.5 MPa

进样量：1 μL；

3. 相对校正因子的测定：

待气相色谱仪基线走平直后，取对照溶液 1 μL，连续注入气相色谱仪 3 次，记录峰面积值，算出平均值，计算相对校正因子。

4. 样品溶液的测定：

取样品溶液 1 μL，连续注入气相色谱仪 3 次，记录峰面积值，根据相对校正因子计算样品溶液中乙醇的含量。

五、结果与分析

1. 完成表 9：

表 9 对照溶液和待测溶液中乙醇和丁醇的峰面积

参数	对照溶液			样品溶液		
	1	2	3	1	2	3
峰面积（乙醇，cm^2）						
平均峰面积（乙醇，cm^2）						
相对平均偏差（%）						
峰面积（丁醇，cm^2）						
平均峰面积（丁醇，cm^2）						
相对平均偏差（%）						

2. 根据公式，计算出样品中乙醇含量。（药典规定，藿香正气水中乙醇含量应为 40% ~ 50%。）

注意事项

1. 点燃氢火焰时，应将氢气流量开大，以保证顺利点燃。判明氢火焰已点燃，再将氢气流量缓慢地降至规定值。氢气降得过快，会熄火。

2. 氢火焰是否点燃，可这样判断：旋下检测器盖帽，将冷金属物置于出口上方，若有水汽冷凝在金属表面，表明氢火焰已点燃。

3. 为获得较好的精密度和色谱峰形状，进样时速度要快而果断，并且每次进样速度、留针时间应保持一致。

4. 从微量注射器移取溶液时，必须注意液面上气泡的排除，抽液时应缓慢上提针芯，若有气泡，可将注射器针尖向上，使气泡上浮后推出。

5. 正确使用 1 μL 微量注射器，切记不要把针芯拉出针筒外。

6. 吸取试样的微量注射器，用后需用丙酮溶剂反复洗约十多次，以免针孔堵塞。

7. 正确使用容量仪器，准确配制对照溶液和样品溶液。

思考题

1. 气相色谱仪主要包括哪几部分？简述各部分的作用。

2. 说明氢焰、热导以及电子捕获检测器各属于哪种类型的检测器，它们的优缺点以及应用范围。

3. 气相色谱定量分析的依据是什么？为什么要引入定量校正因子？常用的定量方法有哪几种？各在何种情况下应用？

4. 简述内标物的选择原则。

附：Agilent 7890-GC 型气相色谱仪的使用方法

参见理论篇第 8 章第四节。

实验13
气相色谱法测定植物油脂肪酸

一、实验目的

1. 了解气相色谱仪的基本结构、工作原理和使用方法。
2. 熟悉气相色谱法测定植物油脂肪酸的分析流程。
3. 掌握保留值法定性分析及归一化法定量分析方法。

二、实验原理

植物油脂肪酸（脂肪酸甘油酯）属于高沸点、难挥发物质，在气相色谱仪上难以直接测定，而必须通过衍生反应把它们转化为低沸点、易挥发的相应衍生物（脂肪酸甲酯），再进行气相色谱法测定。原理参见实验12。

在相同色谱条件下，每组分的保留时间（t_R）表现出特征值，可作为定性依据。定量分析的依据是待测物质的质量 m_i 与检测器产生信号 A_i（色谱峰面积）成正比，其数学表达式为：

$$m_i = f_i A_i \text{（}f_i\text{ 称为校正因子）}$$

由于样品中每个脂肪酸在同一次分离当中都能出峰，所以可利用气相色谱归一化法进行定量分析，可按下式计算。

$$w_i = \frac{A_i f_i}{A_1 f_2 + A_2 f_2 + \cdots + A_n f_n} \times 100\%$$

由于样品植物油中的不同脂肪酸属于同系物，其校正因子近似相等，故可按下式计算。

$$w_i = \frac{A_1}{A_1 + A_2 + \cdots + A_n} \times 100\%$$

三、实验仪器与试剂

1. 仪器

气相色谱仪（岛津 GC-2010），色谱柱（毛细管柱 30 m × 0.25 mm），微量注射器（1 μL），具塞试管（25 mL），吸量管（2 mL，5 mL）。

2. 试剂

浸提剂：苯 ∶ 石油醚 = 1 ∶ 1；衍生剂：0.4 mol/L KOH – CH_3OH；混合标准溶液：软脂酸、油酸、亚油酸、硬脂酸。

3. 其它用品

蒸馏水，食用油。

四、实验步骤

1. 色谱操作条件

温度：汽化室280 ℃，检测器（FID）280 ℃，色谱柱185 ℃，气体：载气（氮气，柱流量2 mL/min），尾吹气（氮气，30 mL/min），辅助气（氢气40 mL/min；空气400 mL/min），进样量：1 μL，分流比50∶1。

2. 待测溶液的测定

（1）取25 mg（约1滴）食用油（或标准溶液1 mL）于25 mL具塞试管中，加入2 mL浸提剂于试管中，塞上瓶塞，并按住塞子，振荡数次。

（2）再加入4 mL衍生剂，同上振荡数次。

（3）沿着管壁缓缓加入约10 mL蒸馏水，轻轻地倒置试管1～2次后静置，待分层。

（4）用微量注射器吸取1 μL上清液，注入气相色谱仪进行检测，即可获得色谱图。

五、结果与分析

1. 数据记录于表10。

表10　标准溶液和待测液中各色谱峰的保留时间和峰面积

标准溶液	色谱峰号	1	2	3	4
	t_R/min				
	峰面积				
待测溶液	色谱峰号				
	t_R/min				
	峰面积				

2. 定性分析

根据表10中数据比较纯物质谱图和待测样品谱图中各峰的保留时间（t_R），如果两者t_R值相同，即为同一种物质，从而可以确定样品中的各个组分。

四种标准脂肪酸的出峰顺序依次为：软脂酸（$C_{16:0}$）、油酸（$C_{18:1}$）、亚油酸（$C_{18:2}$）、硬脂酸（$C_{18:0}$）。

3. 定量分析

将表10中待测溶液的各峰峰面积代入公式，计算出样品中各组分的含量（%）。

注意事项

1. 在加入蒸馏水进行提取液的纯化时，不可剧烈振荡试管。

2. 正确使用微量注射器，切记不要把针芯拉出针筒外，进样速度要快而果断。

3. 样品中的每个脂肪酸在同一次分离当中不能全部出峰，则不可利用归一化法进行定量分析。

思考题

1. 本实验中样品前处理的三个主要操作环节及其作用是什么？
2. 毛细管柱气相色谱仪主要由哪几个系统组成？按顺序简述各系统的作用。
3. 什么条件下，可以使用归一化法定量？

附：岛津 GC-2010（CS-Light 色谱工作站）的使用方法

CS-Light 色谱工作站由两部分内容组成：

- GC Realtime Analysis（实时分析）：采集标样 / 样品谱图和数据；
- GC Postrun Analysis（数据分析）：处理标样 / 样品谱图和数据。

一、实时分析

（一）开机顺序

1. 打开氮气钢瓶，将减压阀压力调至 0.8 MPa。

2. 打开 GC 电源开关，打开电脑，双击桌面上图标 *GC Realtime Analysis*，选择（用户名）*Admin*，单击“确定”进入“实时分析”操作总视窗。

3. 系统配置（略）

4. 参数设定

（1）单击屏幕左侧“实时分析”栏中“仪器参数”，进入参数界面，依次输入进样器 SPL、柱箱和检测器 FID 的工作参数。

（2）单击屏幕左侧“实时分析”栏中“下载参数”。

（3）方法文件另存为（A）…选择保存的路径、文件夹并输入保存的文件名。

5. 单击屏幕左侧“实时分析”栏中“开启系统”，界面右侧 GC 状态栏中将出现各项仪器参数的设定值和实际值。

6. 检测器参数设定

（1）等待各项温度等仪器参数都达到设定值后，开启 FID 检测器并打开氢气和空气钢瓶，将减压阀压力分别调至 0.5 ~ 0.6 MPa 左右。

（2）当氢气和空气流量（分别为 40 和 400 mL/min）达到设定值后单击屏幕右侧栏中“火焰：打开”，FID 自动点火。

（二）单次分析

1. 单击屏幕左侧“实时分析”栏中“单次分析”进入分析操作界面。

2. 单击屏幕左侧“单次分析”栏中“样品记录”，输入样品名称、数据文件目录及名称，单击“自动递增”复选框后，单击“确定”。

3. 斜率测定

（1）单击屏幕左侧“单次分析”栏中“开始”，右侧界面上方显示“GC 状态：准备就绪（待机）”；

（2）同时按主机面板上方的「START」键，开始采集数据（未进样即先采集基线信号）。

（3）待基线平稳后单击屏幕左侧“单次分析”栏中“停止”。

（4）调节信号 0 点，再测定斜率（测定值应小于1 000）。

4. 单次分析

（1）再次单击屏幕左侧“单次分析”栏中“开始”，右侧面板上方显示“GC 状态：准备就绪（待机）”；

（2）吸取待测样上清液 1 μL，进样后同时按主机面板上方的「START」键，即开始采集待测样品数据。

（3）待分析流程结束后单击屏幕左侧“单次分析”栏中“停止”。

下一次进样前，用待测溶液清洗微量注射器 5 次后重复第 4 步骤。

（三）关机准备

1. 单击屏幕右侧 GC 状态栏中“火焰：关闭”，关闭 FID 检测器，关闭空气和氢气钢瓶，FID 将火焰熄灭。

2. 通过设置“实时分析”栏中的“仪器参数”并“下载参数”，将进样器、色谱柱和检测器的温度都降到 30℃后，单击“实时分析”栏中，“关闭系统”。

3. 退出工作站。

二、数据分析

1. 双击桌面上图标 *GC Postrun Analysis*，选择（用户名）*Admin*，单击“确定”进入“数据分析”操作总视窗。

2. 先后单击屏幕左侧“数据资源管理器”栏中“数据”和“选择文件夹”图标，即将显示出保存在文件夹中所有的数据文件，选定并双击打开需要进行处理的数据文件。

3. 在屏幕右下侧“方法 – 峰值综合参数”栏中，先后单击“编辑”和“积分”标签，激活谱图积分参数的各项。

4. 单击“定量”标签，在“定量方法”项中选“面积归一法”。再单击“查看”标签，峰值表中将显示出样品各组分的面积百分率。

5. 单击“组分”标签，输入各组分名称及其 t_r 值，峰值表中将显示出样品各组分名。

三、关机

退出工作站，关闭电脑；关闭 GC 主机电源；最后关闭氮气钢瓶。

实验 14 饮料中咖啡因的高效液相色谱分析

一、实验目的

1. 了解高效液相色谱仪的基本结构、工作原理及使用方法。

2. 学习和掌握色谱的外标法（单点校正法）定量方法。

二、实验原理

高效液相色谱法（HPLC）是以液体作为流动相的色谱分析法。HPLC 仪器的工作原理是：利用高压泵将流动相溶剂经进样器送入色谱柱中，然后从检测器的出口流出。当待分离样品从进样器进入时，流经进样器的流动相将其带入色谱柱中进行分离。分离后的组分顺序地通过检测器，该检测器将各组分的浓度或质量信号转换为电信号，经放大后由色谱数据处理系统绘出色谱图，作为定性定量分析的依据。

本实验采用 HPLC（反相）分配色谱法，其实质是利用不同物质在非互溶的两相中（即流动相的极性远大于固定相），具有不同的分配系数。当这些物质在两相中经过反复多次的分配后，最终使得分配系数（K）只有微小差别的组分获得分离。

根据色谱定量分析的依据，即待测物质的质量 m_i 与检测器产生信号 A_i（色谱峰面积）成正比，其数学表达式为：

$$m_i = f_i A_i \text{（} f_i \text{ 称为校正因子）}$$

当各试样之间待测组分的浓度变化范围不大时，可用单点校正法（比较法）定量。即配制一个与待测组分含量接近的标准溶液，定量进样，根据待测组分和外标组分峰面积比（或峰高比）计算待测组分（咖啡因）的浓度 c_i，即

$$c_i = \frac{c_s A_i}{A_s} \times \text{稀释倍数}$$

式中：c_s，A_s—标准溶液中咖啡因的含量和峰面积；

c_i，A_i—饮料样品中咖啡因的含量和峰面积。

三、实验仪器与试剂

1. 仪器

高效液相色谱仪（岛津 LC-10A），超声波振荡器，25 μL 注射器，刻度试管（10 mL），三角瓶（50 mL），吸量管（1 mL）。

2. 试剂

甲醇（色谱纯）；二次蒸馏水；咖啡因标准溶液：用甲醇溶解咖啡因配制成所需的浓度（0.005 mg/mL）。

3. 其它用品

市售可乐饮料。

四、实验步骤

1. 色谱条件

色谱柱：ODS C_{18} 柱（4.6 mm × 150 mm，5 μm）；检测器：UVD（检测波长 254 nm）

流动相：CH_3OH ∶ H_2O = 60 ∶ 40（流速为 0.6 mL/min）。

2. HPLC 待测液的制备

取 20 mL 可乐饮料放入三角瓶中，用超声波振荡器脱气 10 min。用吸量管吸取 1 mL 已脱气的可乐饮料，用二次蒸馏水稀释至 10 mL。

3. 咖啡因标准溶液和饮料待测液的测定

待色谱仪的基线平稳后分别吸取 25 μL（进样量 20 μL）咖啡因标准溶液和饮料待测液，按先标液后待测液的顺序注入 HPLC 仪器进行测定，即可获得色谱图。

五、结果与分析

1. 数据记录于表 11。

表 11 标准溶液和待测液中咖啡因色谱峰的保留时间和峰面积

样品种类	色谱峰号	t_R/min	峰面积
标准溶液			
待测溶液			

2. 定性分析

在相同色谱条件下，每组分的保留时间（t_R）表现出特征值，可作为定性依据。所以，通过比较咖啡因标准溶液和饮料待测液两张谱图中相应色谱峰的 t_R 值，如果两者 t_R 值相同，即为同一种物质，以确定饮料样品谱图中的咖啡因组分峰。

3. 定量分析

将表中数据代入以上公式计算出饮料样品中咖啡因的含量。

注意事项

1. 流动相和待测饮料试样必须脱气，不可带入气泡。
2. 外标法定量分析是建立在相同的色谱条件下，所以应随时用标准样品进行校正。

思考题

1. 解释用反相柱（ODS）分离咖啡因的理论基础。
2. 外标法定量的优缺点是什么？
3. 简述教学实验 HPLC 测定咖啡因的仪器工作流程。

附：岛津 LC–10A 的使用方法

岛津 LC–10A 系统包括：

- DGU–14A 脱气机
- 2 个 LC–10AD VP 溶剂输送泵
  （分主 /A 泵和副 /B 泵）
- SPD–10A VP 紫外 – 可见检测器
- 手动进样阀
- 色谱工作站（电脑）

一、开机步骤

（一）准备工作

1. 准备好样品，选择适当的流动相并正确更换流动相（A= 甲醇；B= 水）。

2. 安装色谱柱（ODS C_{18} 柱，4.6 mm × 150 mm，5 μm，注意方向）。

3. 接通电源，依次开启不间断电源；DGU–14A（脱气机）；LC–10AD VP（B 泵→A 泵）；SPD–10A VP（UVD）的电源开关，等待泵和检测器完成自检。

4. 排气泡

（1）打开 LC–10AD VP（A、B 泵）的排液阀 DRAIN（逆时针转动 180°–OPEN），按「purge」键，pump 指示灯亮，泵执行排气泡（默认 3 min）后自动停止。

（2）关闭 LC–10AD VP（A、B 泵）的排液阀 DRAIN（顺时针旋转 180°–CLOSE）。

（二）设定各模块参数

1. 设定 LC–10AD VP（A、B 泵）主界面的参数：

（在 A 泵显示初始屏幕时）

（1）按 A 泵「func」键一下，光标闪动处，用数据键设定流速，Enter；按「CE」键退出。

按 A 泵「func」键两下，光标闪动处，用数据键设定最高压力，Enter；按「CE」键退出。

按 A 泵「func」键三下，光标闪动处，用数据键设定最低压力，Enter；按「CE」键退出。

（2）按 A 泵「conc」键，用数据键输入流动相 B 的浓度百分比，Enter；按「CE」键退出。（pump 为开启、关闭泵；run 为运行梯度程序；purge 为排气泡；VP 是维修时使用；sleep 是关闭、开启显示屏。）

2. 设定 SPD–10A VP 主界面的参数

（在 UVD 检测器显示初始屏幕时）

（1）按「func」键一下，用数据键设定波长，Enter；按「CE」键退出。

（2）按「func」键 12 下，进入 LAMP 菜单，设定氘灯开关（0—off/1—D2 开）；按「CE」键退出。

（3）按「func」键直到出现“2 TIME”或按 back 直到出现“2 TIME”可看氘灯总的使用时间。按「CE」键退出。

3. 按 A 泵的「pump」键，A、B 泵将同时启动，pump 指示灯亮，平衡柱子至基线平稳。

（三）打开色谱工作站，完成进样

1. 双击电脑桌面上图标 *cs-light*（在线工作站），选择（用户名）*Admin*，单击“确定”实现联机，并进入【实时分析】操作总视窗。

2. 单击屏幕左侧【实时分析】栏中【单次分析】进入分析操作界面。

3. 单击屏幕左侧【单次分析】栏中“样品记录”，输入样品名称、数据文件目录及名称，单击“自动递增”复选框后，单击“确定”。

4. 待基线平稳后，先按检测器 [zero]J 键调零，再单击屏幕左侧 CBM 校正基线零点，然后测定斜率（测定值应小于1 000）。

5. 单击屏幕左侧【单次分析】栏中“开始”，屏幕上方显示“准备就绪（待机）”，用微量注射器吸取 25 μL 溶液，在手动阀处执行（按先标液后待测液的顺序）插针、搬起（LOAD）、注入、搬下（INJECT）步骤，即开始数据采集。待分析流程结束后单击电脑屏幕左侧【单次分析】栏中“停止”。拔针后再取下一个待测液，重复第 5 步骤（用试样溶液清洗注射器）。

二、关机步骤

1. 手动阀处于“搬下（INJECT）”位置，各吸取 25 μL 甲醇清洗进样器数次。

2. SPD-10A VP 主界面：按「func」键 12 下，进入 LAMP 菜单，关闭氘灯，关闭电源。

3. LC-10AD VP（A、B 泵）主界面：按 A 泵面板上的「conc」键，设 A、B 泵流量比例（A=100；B=0），冲洗柱子（0.5 ~ 1 h）；按「func」键一下，设定流速为 0。

4. 关闭 A、B 泵电源，退出 *cs-light* 工作站。

三、数据分析

1. 双击桌面上图标 *LC Postrun Analysis*，选择（用户名）*Admin*，单击“确定”进入【数据分析】操作总视窗。

2. 先后单击屏幕左侧【数据资源管理器】栏中“数据”和“选择文件夹”图标，即将显示出保存在文件夹中所有的数据文件，选定并双击打开需要进行处理的数据文件。

3. 在屏幕右下侧【方法 – 峰值综合参数】栏中，先后单击“编辑”和“积分”标签，激活谱图积分参数的各项。峰值表中将显示出标液或待测液中待测组分的峰面积。（将两个峰面积 A_s 和 A_i 代入以上公式中，即可算出待测液中待测组分的含量。）

4. 或通过 *cs-light* 工作站

（1）在屏幕右下侧【方法 – 峰值综合参数】栏中，在“编辑”状态下单击“定量”标签，在“定量方法”项中选“外标法”（校准曲线级别数为 1），并编辑“组分”表等参数，将参数保存在方法文件（文件名：外标单点校准曲线法）中。

（2）制作校准曲线：单击屏幕左侧【后处理】栏中“校准曲线”图标，打开方法文件，选定并单击需要打开的文件名（外标单点校准曲线法），在屏幕左侧【数据资源管理器】栏中将显示出保存在文件夹中所有的数据文件，将标样的数据文件直接拖放至【数据文件】窗口中“级别 1”处，即显示标样单点校准曲线。

（3）分析未知样品：单击屏幕左侧【后处理】栏中“数据分析”图标，在【数据资源管理器】栏列出的数据文件中，将样品的数据文件双击打开。再选定并单击需打开的方法文件名（外标单点校准曲线法），在峰值表中，即显示出样品中各组分的浓度值和组分名。

（退出 *cs-light* 工作站，关闭电脑，切断外电源。）

实验 15

高效液相色谱分析蜂产品中四环素类残留量的前处理技术及柱效能的测定

一、实验目的

1. 学习和了解色谱分析样品的前处理技术（固相萃取与氮气吹干浓缩技术）。

2. 学习和了解食品中有毒有害物质的提取、分离和鉴定技术。

3. 学习柱效能的测定方法。

二、实验原理

样品前处理的目的在于消除基质干扰，完整保留被测组分，从而保护仪器，提高分析方法的准确度、精密度、选择性和灵敏度。

色谱分析样品前处理的基本步骤包括，样品的采集、制备、提取、纯化、浓缩、衍生。

本教学实验样品前处理经过了样品采集、提取、纯化和浓缩等操作步骤。其中样品的纯化采用固相萃取技术（SPE），SPE 是一种用固体吸附剂将液体样品中的目标有机物吸附，然后再用洗脱剂洗脱，从而得到所需有机物的分离方法。即在 HPLC 测定之前将样品待测液中的杂质除掉。

而样品的浓缩则采用氮气吹干浓缩技术，以除去过多的溶剂，提高待测组分的浓度。

在一定条件下，色谱柱的柱效可用理论塔板数 $n_{理论}$ 或理论塔板高度 $H_{理论}$ 来衡量。塔板数越多或塔板高度越小，色谱柱的分离效能越好。

$$n_{理论} = 5.54 \times \left(\frac{t_R}{Y_{1/2}}\right)^2 = 16 \times \left(\frac{t_R}{Y}\right)^2 \qquad H_{理论} = \frac{L}{n_{理论}}$$

式中：t_R 为组分的保留时间；$Y_{1/2}$ 为色谱峰的半峰宽度；Y 为色谱峰的峰底宽度；L 为色谱柱的长度。

由于各组分在固定相和流动相之间的分配系数不同，因而同一色谱柱对各组分的柱效也不相同，所以在报告柱效时，应注明对何种组分。

三、实验仪器与试剂

1. 仪器

高效液相色谱仪（岛津 LC-10A），药物天平，漩涡混合仪，离心机，固相萃取真空装置（德国），固相萃取（SPE）小柱，氮吹仪，具塞离心管（100 mL），25 μL 注射器，量筒（25 mL），移液管（1 mL、5 mL），烧杯（50 mL），试管（10 mL）。

2. 试剂

土霉素（OTC）、四环素（TC）和金霉素（CTC）标准物质，乙腈（色谱纯），甲醇（色谱纯），二次蒸馏水。

Mcllvaine 缓冲液：分别称取磷酸氢二钠（$Na_2HPO_4 \cdot 2H_2O$）13.7 g、柠檬酸（$C_6H_8O_7 \cdot H_2O$）12.9 g，用水溶解后稀释并定容至 1 000 mL。必要时用 0.1 mol/L HCl 或 0.1 mol/L NaOH 调 pH 至 4. 00 ± 0.05。

Na_2EDTA–Mcllvaine缓冲液（0.1 mol/L）：37.2 g乙二胺四乙酸二钠（$Na_2EDTA \cdot 2H_2O$）溶于 1 000 mL Mcllvaine 缓冲溶液中。

草酸水溶液：称取草酸 1. 26 g 用水溶解，定容到 1 000 mL。

土霉素、四环素、金霉素混合标准贮备溶液：准确称取适量的土霉素、四环素和金霉素标准物质，分别用甲醇配成 1 mg/mL 的标准溶液。再用甲醇适当稀释，配成混合标准溶液，使其中土霉素、四环素和金霉素的质量浓度分别为 0.1、0.1 和 0.2 mg/mL。

混合标准工作溶液：用甲醇把上述混合标准贮备溶液分别稀释成质量浓度为 2、4、6 、8、10 mg/L（金霉素浓度加倍）的混合标准工作溶液。

3. 其它用品

蜂王浆样品。

四、实验步骤

1. 色谱条件

色谱柱：ODS C_{18} 柱（4.6 × 150 mm，5 μm）；检测器：UVD（检测波长 350 nm）；

流动相：乙腈 + 甲醇 + 0.01 mol/L 草酸溶液（2 ∶ 1 ∶ 7）；流速：1.0 mL/min。

2. HPLC 待测液的制备

（1）提取抗生素

称取蜂王浆试样 1 ~ 2 g（精确至 0.1 g）于 100 mL 具塞离心管中，加入 Na_2EDTA–Mcllvaine 缓冲液 25 mL，用玻棒搅匀，再置于漩涡混合仪上快速混合 1 min，使试样完全溶解，以 4 000 r/min 离心 10 min，将上清液倒入烧杯中，待净化。

（2）纯化抗生素溶液（活化→上样→淋洗→洗脱）

SPE 小柱分别用 5 mL 甲醇和 5 mL 水活化后，将样品提取液倒入其中，缓慢抽滤至提取液完全流出后，再分别加入 5 mL 5% 甲醇和 5 mL 水淋洗小柱，弃去全部流出液，减压抽干 10 ~ 15 min。最后用 5 mL 流动相将抗生素从小柱上洗脱下来，收集于 10 mL 试管中。

（3）浓缩抗生素溶液

在 40℃下以氮气吹干（约 30 ~ 60 min）。再加入 1 mL 流动相溶解，供 HPLC 分析用。

3. 抗生素标准溶液的测定

待色谱仪的基线平稳后分别吸取 25 μL（进样量 20 μL）不同浓度的抗生素混合标准工作溶液（替代蜂王浆待测溶液），注入 HPLC 仪器进行测定，即可获得色谱图。

五、结果与分析

将各组分的保留时间 t_R 和理论塔板数 $n_{理论}$ 以及通过计算得出的各对应理论塔板高度 $H_{理论}$ 等数据填入表 12 中。

表 12　土霉素、四环素和金霉素的柱性能指标

组分	t_R/min	$n_{理论}$/块	$H_{理论}$/（mm/块）
土霉素			
四环素			
金霉素			

注意事项

1. 蜂王浆样品应置于冰箱保存，称样前应将样品全部融化后搅匀。
2. 固相萃取过程中活化、淋洗、洗脱等三个步骤所用的溶剂应不同。

思考题

1. 简述固相萃取四个基本操作步骤的作用。
2. 上表中各组分理论塔板数（或塔板高度）说明了什么？
3. 高效液相色谱仪为何需要安装保护柱？

实验 16 高效液相色谱测定槐花中槲皮素和芸香苷的含量

一、实验目的

1. 了解高效液相色谱仪的基本原理和基本结构。

2. 掌握高效液相色谱仪的基本操作。

3. 学习和掌握色谱的外标法（单点校正法）定量方法。

二、实验原理

本实验采用 HPLC（反相）分配色谱法，原理参见实验 14。用单点校正法（比较法）定量。根据待测组分和外标组分峰面积比（或峰高比）计算待测组分的浓度 c_{yi} 和 c_{hi} 即

$$c_{yi}=\frac{A_{yi}}{A_{ys}}\times c_{ys} \quad c_{hi}=\frac{A_{hi}}{A_{hs}}\times c_{hs}$$

式中：c_{ys}，A_{ys}——标准溶液中芸香苷的含量和峰面积；

c_{yi}，A_{yi}——样品中芸香苷的含量和峰面积；

c_{hs}，A_{hs}——标准溶液中槲皮素的含量和峰面积；

c_{hi}，A_{hi}——样品中槲皮素的含量和峰面积。

三、实验仪器与试剂

1. 仪器

Agilent 1260 高效液相色谱（DAD 检测器）用于芸香苷、槲皮素的检测。Extend-^{18}C 柱（5 μm，4.6 mm × 150 mm）用于分离芸香苷和槲皮素。SK-1 快速混匀器，0.45 μm 有机相针头式滤器。

2. 试剂

芸香苷和槲皮素标准品、甲醇为高效液相色谱纯、0.4% 磷酸。

四、实验步骤

1. 色谱条件

色谱柱：Extend-^{18}C 柱（5 μm，4.6 mm × 150 mm）；流动相，甲醇 -0.4% 磷酸（70：30）；检测波长：254 nm；流速：1.1 mL/mim；柱温：30℃。

2. 对照品溶液配制

精密称取 10 mg 芸香苷对照品及 1.0 mg 槲皮素对照品，置于 10 mL 容量瓶中，用甲醇溶解定容至 10 mL，摇匀，过 0.45 μm 微孔滤膜，即得芸香苷浓度为 1.0 mg/mL、

槲皮素浓度为 0.1 mg/mL 的混合对照品溶液。

3. 槐花待测液的制备（由授课教师提前制备好，备用）

精密称取净制后的槐花 5 g，置于圆底烧瓶中，加入 20 倍量水浸泡 1 h，加热回流 2 h，放冷，加水补足差失的量，过滤，分别吸取续滤液 2 mL，置蒸发皿中，水浴蒸干，残渣用甲醇溶解，转移至 10 mL 容量瓶中定容，过 0.45 μm 微孔滤膜，取续滤液作为供试品溶液。

4. 芸香苷、槲皮素的混合标准溶液和槐花待测液的测定

待色谱仪的基线平稳后分别吸取 5 μL 芸香苷、槲皮素的混合标准溶液和槐花待测液，按先标液后待测液的顺序注入 HPLC 仪器进行测定，即可获得色谱图。

五、结果与分析

1. 数据记录于表 13。

表 13　芸香苷和槲皮素标准溶液和待测液的保留时间和峰面积

样品种类	色谱峰	t_R /min	峰面积
标准溶液	芸香苷		
	槲皮素		
待测溶液	芸香苷		
	槲皮素		

2. 定性分析

在相同色谱条件下，每组分的保留时间（t_R）表现出特征值，可作为定性依据。所以，通过比较芸香苷、槲皮素的混合标准溶液和槐花待测液两张谱图中相应色谱峰的 t_R 值，如果两者 t_R 值相同，即为同一种物质，以确定槐花待测液中的芸香苷、槲皮素组分峰。

3. 定量分析

将表中数据代入以上公式计算出槐花待测液中的芸香苷、槲皮素的含量。

注意事项

1. 用棕色的溶剂瓶盛放水溶液或磷酸盐缓冲液。光照影响瓶中藻类的生长会堵塞溶剂过滤器，从而影响泵的运行。勿使用多日存放的蒸馏水。

2. 在比例阀的混合点，重力作用使盐颗粒沉淀下来，通常，下面阀 A/D 接水相 / 盐溶液，C/B 接有机溶剂。使用盐时脱气机易堵，可将管路入口与出口反接，用 60℃的温水反冲，用针筒缓慢吸 200 mL 左右。

3. 流动相瓶中的滤头脏。压力波动，可将滤头拔下，检查是否与滤头有关。滤头污染，可用 30%～35% 的稀硝酸泡 1～2 h 或过夜，看污染程度，最后用水冲洗干净，重新装好。

4. seal-wash 用 10% 的异丙醇。使用缓冲盐时要加 seal-wash 选项，周期清洗。

5. LAN 与 CAN 不能串联，LAN 接仪器，PC。CAN 为模块间通讯。

6. 柱温箱选择 3 μL，减少死体积，延迟体积。

7. 液相上各种灯颜色。电源打开后，四个模块左侧灯亮绿色。状态指示灯位于各自模块的右上方：呈黄色：该仪器在未准备好状态（Not-ready）或正在自检。呈绿色：该仪器正在运行，采集数据（Run）。无颜色：该仪器已准备好等待运行（Pre-run）。呈红色：该仪器检测到有故障发生，仪器在错误状态，红色多发生于漏液时。

8. 过滤白头位于排气阀内，当系统压力有异常增高时，首先需要检查过滤白头是否阻塞了。判断的方法是：打开排气阀，以纯水作流动相，将流速设为 5 mL/min，如果泵压超过 10bar，则说明过滤白头需要更换了。如果过滤芯的颜色发黑，说明是被柱塞密封垫磨损下来的碎屑堵塞的。

9. 毛细管线分类：0.17 mm 内径——绿色；0.12 mm 内径——红色；0.25 mm 内径——蓝色；0.18 mm 内径——PEEK 管线。

10. 灯能量测试，先将灯预热，用水平衡系统。启动 Agilent Lab advisor 进行测试。启动软件 connect（界面右上部分）⟶ Service & Diagnostics（左侧导航栏）⟶选择 G4212B Intensity Test ⟶ Run ⟶查看结果。

11. 柱子存放：柱子填充乙腈或甲醇，两端堵头封存，每一个月重新使用乙腈或甲醇，填充封存。

12. 流动相和待测试样必须脱气，不可带入气泡。

13. 外标法定量分析是建立在相同的色谱条件下，所以应随时用标准样品进行校正。

? 思考题

1. 本实验中，槐花中槲皮素和芸香苷的含量是如何获得的？

2. 在正、反相 HPLC 中，如何根据流动相极性判断其洗脱能力？

3. 常用的 HPLC 定量分析方法是什么？哪些方法需要用校正因子校正峰面积？哪些方法可以不用校正因子？

附：Agilent 1260 HPLC 的使用方法

参见理论篇第 9 章第四节。

实验 17
玻璃电极响应斜率和溶液 pH 的测定

一、实验目的

1. 通过实验，加深对直接电位法测定溶液 pH 值原理的认识。

2. 掌握酸度计测定溶液 pH 的方法和操作技术。

3. 学习玻璃电极响应斜率的测定方法。

二、实验原理

pH 是表示溶液酸碱度的一种指标，目前比较精确的 pH 测量都需要用电化学方法，就是根据能斯特公式，用酸度计测量电池电动势来确定 pH。该方法常用 pH 玻璃电极为指示电极（接酸度计的负极），饱和甘汞电极为参比电极（接酸度计的正极），与被测溶液组成如下电池：

$$(-)\ Ag,\ AgCl\ |\ HCl\ |\ 玻璃膜\ |\ 试液溶液\ \|\ KCl（饱和）|\ Hg_2Cl_2（固），Hg\ (+)$$

$$\varepsilon_{电池} = K + 0.059\ pH \quad (25℃)$$

K 值在一定条件下虽有定值，但却不能准确测定或计算得到，故在实际测量时，要先用已知 pH 值的标准缓冲溶液来校准酸度计，称为“定位”，使 $\varepsilon_{电池}$ 和溶液 pH 的关系能满足上式；然后再在相同条件下，测量被测溶液的 pH。因此 pH 的测量是相对的，每次测量的 pH 试液都是与其 pH 最接近的标准缓冲溶液进行对比得到的。

三、仪器和试剂

1. 仪器

pHS-3c 型酸度计，复合电极。

2. 试剂

pH 标准缓冲溶液：邻苯二甲酸氢钾标准缓冲溶液（pH=4.00），混合磷酸盐标准缓冲溶液（pH=6.86），硼砂标准缓冲溶液（pH=9.18）。

4. 样品：饮料，未知水样。

四、实验步骤

1. pHS-3c 型酸度计的使用和校正

（1）电极安装：将 E-201-C 型 pH 复合电极下端的电极保护瓶拔下，并且拉下电极上端的橡皮套使其露出上端小孔。将复合电极安装在电极架上，然后，将复合电极连接线插入 pHS-3c 型酸度计背后的测量电极插座上。

（2）开机：仪器插入电源后，按电源开关开机。

（3）清洗：用蒸馏水清洗电极，并用滤纸吸干。

（4）仪器校正

① 将 pH = 4.00 和 9.18 的标准溶液，分别倒入小烧杯中，测量该溶液的温度，按“温度”键设置当前的温度值。

② 定位：将电极浸入 pH = 9.18 标准溶液中，稍加摇动，静置，待读数稳定，按“定位”键，显示“Std YES”字样，按“确定”键，仪器自动进入标定状态，仪器会自动识别当前标液在当前温度下的标准 pH 值，再按“确定”键，仪器存贮当前的标定值，第一个 pH 标准校正完毕。

③ 斜率：取出电极，洗净吸干，浸入 pH = 4.00 标准溶液中，稍加摇动，静置，按“斜率”按钮，接着按“确定”键，仪器自动进入第二个 pH 标准的标定状态，再按“确定”键，完成第二个 pH 标准的校正。

2. 样品溶液 pH 值的测定

（1）将校正好的电极清洗，吸干后浸入被测溶液中，搅动，静置待数值稳定后，记下数值，即为被测溶液的 pH 值。清洗电极并用滤纸吸干，测定下个样品。

（2）测试完毕，关机，卸下电极，洗净，套上保护套。

3. 玻璃电极响应斜率的测定

一支功能良好的玻璃电极，应该有理论上的能斯特响应，即在不同的 pH 缓冲溶液中测得的电极电位与 pH 呈直线关系，在 25℃下其斜率为 59 mV/pH。测定方法为：

（1）在 50 mL 烧杯中盛 30 mL 左右的邻苯二甲酸氢钾缓冲溶液（pH=4.00），将电极浸入其中，按下“mV”档，稍加摇动，静置，待读数稳定，记下数据 ε（单位为 mV）。

（2）用蒸馏水轻轻冲洗电极，并用滤纸吸干。在 50 mL 烧杯中盛 30 mL 左右混合磷酸盐缓冲溶液（pH=6.86），按上法操作，记下数据 ε（单位为 mV）。

（3）用（2）的操作更换硼砂缓冲溶液（pH=9.18），测其 ε 值（单位为 mV）。

（4）将电极用蒸馏水冲洗干净，并用滤纸吸干。把电极浸入样品溶液中，稍加摇动，记录其 ε 值（单位为 mV）。

（5）取下电极，用水冲洗干净，妥善保存，实验完毕。

五、结果与分析

1. 把以上步骤 2 中测得的 pH 值填入表 14，并计算样品的 pH 值平均值。

表 14　pH 值测定结果

样品种类	测定值	平均值
饮料		
未知液		

2. 把以上步骤 3 中测得的 ε 值（单位为 mV）填入表 15。

在 Excel 文件中以 ε 值对 pH 作图，求其线性方程和直线的斜率。该斜率即为玻璃电极的响应斜率。若电极响应斜率偏离理论值（59 mV/pH）很多，则此电极不能使用。

3. 把样品溶液的 ε 值代入线性方程中，计算出样品溶液的 pH 值。

表 15 玻璃电极响应方程和斜率的测定

待测溶液	ε/mV				平均值 /mV
标样 pH 4.00					
标样 pH 6.86					
标样 pH 9.18					
饮料					
未知液					

注意事项

1. 电极使用时，应取下电极保护套。取下电极保护套后，应避免电极的敏感玻璃泡与硬物接触，避免与有机硅油接触。

2. 玻璃电极在使用前应放在蒸馏水或 0.1 mol/L 盐酸中浸泡 24 h 后才可使用，使用时注意保护玻璃膜。

3. 电极的实际响应斜率若略有降低，可将其进行复位处理，若低于 52 mV，则不易再使用。

4. 测量结束，及时将电极保护套套上，电极套内放少量 3 mol/L KCl 溶液，以保持电极球泡的湿润，切忌浸泡在蒸馏水中。饱和甘汞电极内应装有一定高度的饱和 KCl 溶液，不能有气泡。下端的陶瓷芯应具有通透性，防止阻塞。

5. 仪器的输入端必须保持干燥清洁。仪器不使用时，将短路电极插入插座，防止灰尘及水蒸气侵入。

思考题

1. 玻璃电极是由什么构成的？为什么玻璃电极在使用前应放在蒸馏水或 0.1 mol/L 盐酸中浸泡 24 h 后才可使用？

2. 测量 pH 值前，为什么要对酸度计进行校准？应如何选择 pH 标准缓冲溶液？

3. 为什么普通的毫伏计不能用于测量 pH 值？

实验 18
直接电位法测定自来水和牙膏中的氟含量

一、实验目的

1. 掌握直接电位法的测定原理及实验方法。

2. 了解氟离子选择性电极的组成及其基本性能。

3. 学会正确使用氟离子选择性电极。

二、实验原理

氟广泛存在于自然水体中，是人体必需的微量元素之一，主要聚积在牙齿和骨骼中，缺氟可导致龋齿等疾病，但过量的氟对人体危害很大。国标规定我国饮用水氟化物浓度小于 1.0 mg/L，水中氟化物的测定有多种方法，其中离子选择电极法是常用方法之一。

氟离子选择电极是一种以氟化镧（LaF_3）单晶片为敏感膜的传感器。由于单晶结构对能进入晶格交换的离子有严格的地限制，故其具有良好的选择性。将氟化镧单晶（掺入微量氟化铕以增加导电性）封在塑料管的一端，管内装有 0.1 mol/L NaF 和 0.1 mol/L NaCl 溶液，以 Ag-AgCl 电极为参比电极，构成氟离子选择性电极。以氟离子选择电极作指示电极，以饱和甘汞电极作参比电极，组成的测量电池为：

（-）Hg，Hg_2Cl_2|KCl（饱和）‖ F^- 试液 | LaF_3|NaF，NaCl（均为 0.1 mol/L）| AgCl，Ag（+）

此电池的电动势（ε）随溶液中氟离子的浓度的变化而改变，即：

$$\varepsilon_{电池} = K - 0.059\ \lg c_{F^-}$$

式中，0.059 为常温下电极的理论响应斜率，K 与内外参比电极的性能和内参比溶液中 F^- 活度有关，当实验条件（如温度、酸度和离子强度等）一定时为常数。

本实验采用标准曲线法测定 F^- 离子浓度，即配制不同浓度的 F^- 标准溶液，测定工作电池的电动势，并在同样条件下测得试液的 ε_x，由 ε-$\lg c_{F^-}$ 曲线方程求得未知试液中的 F^- 浓度。

直接电位法（氟离子选择电极法）具有测定简便、快速、灵敏、选择性好、可测定浑浊、有色试液等优点。最低检出浓度为 0.05 mg/L（以 F^- 计），测定上限可达 1 900 mg/L（以 F^- 计）。适用于地表水、地下水和工业废水中氟化物的测定，也可用于牙膏、土壤等样品中氟含量的测定。

三、仪器与试剂

1. 仪器

pHS-3c 型酸度计，氟离子选择性电极，饱和甘汞电极，电磁搅拌器。

2. 试剂

（1）0.1 mol/L F^- 的标准贮备液：称取分析纯试剂 NaF（烘干 1 ~ 2 h，温度 110℃左右）1.050 g 于烧杯中，用去离子水溶解，定量转入 250 mL 容量瓶中，用去离子水稀释至刻度，贮存于聚乙烯瓶中，备用。

（2）10^{-3} mol/L F^- 的标准溶液：准确吸取 0.1 mol/L F^- 离子标准贮备液 10.0 mL，置于 1 000 mL 容量瓶中，用去离子水稀释至刻度，摇匀，得 10^{-3} mol/L F^- 的标准溶液。

（3）总离子强度缓冲溶液（简写为 TISAB）：分别称取 58 g NaCl 和 12 g 柠檬酸钠（$Na_3C_6H_5O_7 \cdot 2H_2O$），用 800 mL 去离子水溶解，加 57 mL 冰醋酸，用 500 g/L NaOH 调节 pH 为 5.0 ~ 5.5，用去离子水稀释至 1 000 mL。

3. 其它用品

自来水样，牙膏。

四、实验步骤

1. 氟离子选择性电极的准备

接通仪器电源，预热 20 min。氟电极接仪器背面的测量电极插座，甘汞电极接仪器背面的参比电极接口。将两电极用去离子水冲洗干净，并用滤纸轻轻吸干。在 50 mL 烧杯中加入约 35 mL 去离子水，放入搅拌磁子，将洗静的电极插入去离子水中，开动电磁搅拌器，使电位大于 370 mV。若读数与 370 mV 相差太多，则更换蒸馏水，如此反复几次即可达到电极的空白值。

2. 标准曲线的制作

分别吸取 10^{-3} mol/L F^- 的标准溶液 0.2、0.5、1.0、2.0 和 5.0 mL 于 50 mL 容量瓶中，加入 10.0 mL TISAB 溶液，用去离子水稀释至刻度。将标准系列溶液由低浓度到高浓度依次转入干的 50 mL 烧杯中，放入搅拌磁子，插入洗净的电极进行测定。待读数稳定后，读取电位值。按上述顺序从低至高浓度依次测量，可无需清洗电极，只需用滤纸轻轻沾去电极上的水珠。测量结果列表记录。

3. 自来水中氟含量的测定

移取水样 30.0 mL 于 50 mL 容量瓶中，加 10.0 mL TISAB 溶液，加去离子水至刻度，摇匀。按上述测定标准溶液的方法，测定 ε 值，重复 3 ~ 4 次，并列表记录。

4. 牙膏中氟含量的测定

用小烧杯称取牙膏 0.5 g，加入约 10.0 mL 去离子水，用玻棒搅匀，溶解，转移至 100 mL 容量瓶中，用去离子水洗小烧杯 2 ~ 3 次，一并转入容量瓶中，最后再用去离子水定容至刻度，摇匀。吸取 5.0 mL 上述溶液于 50 mL 容量瓶中，加 10.0 mL TISAB 溶液，加去离子水至刻度，摇匀。把上述溶液转入小烧杯中，按上述测定标准溶液的方法，测定 ε 值，重复 3 ~ 4 次，并列表记录。

五、结果与分析

1. 把以上实验步骤 2 中测得的 ε 值（单位为 mV）分别填入表 16。在 Excel 中以 ε 值对 $\lg c_{F^-}$ 作图，求其线性方程。

表 16　标准溶液电位值测定结果

F^- 标准溶液体积 /mL	0.2	0.5	1.0	2.0	5.0
F^- 标准浓度 /mol/L	4×10^{-6}	10^{-5}	2×10^{-5}	4×10^{-5}	10^{-4}
$\lg c_{F^-}$					
ε/mV					

2. 把以上实验步骤 3 和 4 中测得的 ε 值（单位为 mV）分别填入表 17。

表 17　待测样品电位值测定结果

样品名称	ε（mV）				平均值 /mV
自来水					
牙膏					

3. 把自来水样品溶液的 ε 平均值代入线性方程中，计算出样品溶液的 c_{F^-} 值，再通过下式求得自来水中氟的含量，以 mg/L 表示。

$$\text{水样中的氟的含量} = c_{F^-} \times \left(\frac{V}{V_s}\right) \times 19 \times 1\,000$$

式中：V 为样品溶液的定容体积（mL）____________；

V_s 为样品溶液的取样量（mL）____________。

4. 把牙膏样品溶液的 ε 平均值代入线性方程中，计算出样品溶液的 c_{F^-} 值，再通过下式求得牙膏中氟的含量，以 mg/g 表示。

$$\text{牙膏中氟含量} = c_{F^-} \times \frac{V_1 \times V_2}{V_s} \times \frac{19}{W}$$

式中：V_1 和 V_2 分别为样品溶液的定容体积（mL）____________；

V_s 为样品溶液的取样量（mL）____________；

W 为称样重（g）____________。

注意事项

1. 用氟离子选择电极测量 F^- 时，最适宜 pH 值范围为 5.5～6.5。pH 值过低，易形成 HF，影响 F^- 的活度；pH 值过高，氟离子选择电极中的氟化镧膜与氢氧根发生交换作用，影响电极的响应，故通常要加入缓冲溶液来控制溶液的 pH 值。

2. 某些高价阳离子（如 Al^{3+}、Fe^{3+}）能与氟离子络合而干扰测定，而柠檬酸盐可以消除 Al^{3+}、Fe^{3+} 的干扰。

3. 氟离子选择电极测量时对 F^- 的响应与 F^- 浓度和溶液的离子强度均有关系，加入氯化钠等强的离子强度调节剂，可消除标准溶液与被测溶液的离子强度差异，使离子活度系数保持一致。

4. 清洗氟电极是为了排除实验留在氟电极感应膜上的干扰离子对实验的影响，使其响应电位值大于 370 mV 是为了证明 F^- 电极已经平衡好了。

思考题

1. 本实验中加入总离子强度调节缓冲溶液的目的是什么？
2. 为什么要清洗氟电极，使其响应电位值大于 370 mV？如何正确清洗？
3. 什么是电池的电动势？一般由哪几个部分组成？

实验19

多巴胺注射剂的含量测定

一、实验目的

1. 了解多巴胺的电化学反应原理。

2. 掌握工作电极的预处理方法。

3. 学会 CHI660D 电化学工作仪的使用方法。

4. 掌握差分脉冲电化学方法（DPV）对多巴胺进行测定的原理。

二、实验原理

多巴胺（dopamine，DA）结构如图 5 所示，是哺乳动物的一种重要神经递质，体内多巴胺的失调是心脏病、帕金森病、神经肌肉失调和各种精神疾病的重要原因。此外，多巴胺为拟肾上腺素药，具有兴奋心脏、增加肾血流量的作用，可用于心肌梗死、肾功能衰竭、充血性心力衰竭等引起的休克综合征。由于多巴胺结构中含有羟基、氨基等电化学活性官能团，可发生如图 6 所示的电化学反应，同时产生电流。在一定条件下，电流（I）与多巴胺溶液浓度（c）成正比，即 $I=Kc$。

本实验利用差分脉冲溶出伏安法作为电化学扫描方式，它是目前溶出法中灵敏度最高的一种。它是在缓慢线性扫描的电压（5 ~ 10 mV/s）上叠加一个振幅为 50 ~ 100 mV 的周期性脉冲，并在刚好加脉冲之前和脉冲的后期分别测量电流，将这两次电流的差值由电子线路放大输出。由于电容电流的衰减速率较法拉第电解电流快得多，在测量电解电流的时刻，电容电流已衰减趋近于零，所以灵敏度较高。这一方法可以实现对多巴胺的高灵敏检测。

三、实验仪器与试剂

1. 仪器

CHI660D 电化学工作站，三电极工作体系：银 – 氯化银为参比电极，铂丝为对电极，工作电极为玻碳电极（GC，直径 3 mm）。

2. 试剂

盐酸多巴胺对照品，盐酸多巴胺注射液，5 mmol/L [$Fe(CN)_6$]$^{3-}$ 溶液，PBS 缓冲（pH=6.86）。

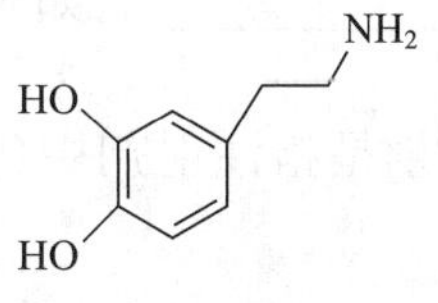

图 5　多巴胺的结构

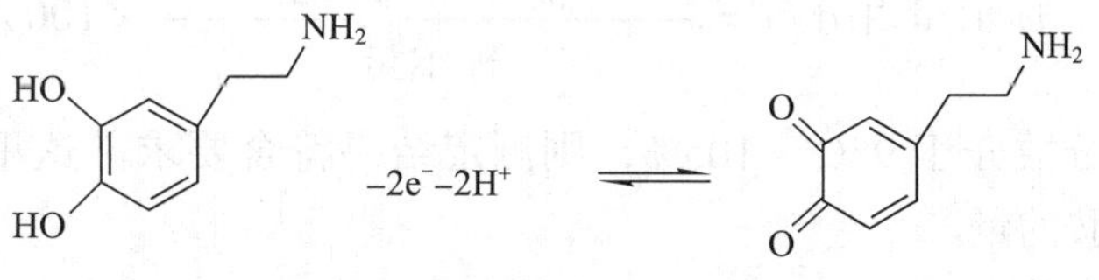

图 6　多巴胺在电极上的氧化反应

四、实验步骤

1. 电极处理：

（1）玻碳电极先用 0.05 μm 的 α –Al_2O_3 抛光至镜面，然后用超纯水清洗待用。

（2）电极表征在 0.5 mol/L NaCl 和 5 mmol/L $[Fe(CN)_6]^{3-}$ 溶液中用 CV 法扫描，当峰电位差在 60 ~ 80 mV 时，为很好的可逆反应。同时检查电极表面的清洁度，避免有杂质。

2. 多巴胺（DA）电化学响应标准曲线的绘制：

（1）电解液的配制：配制 0.2 mol/L PBS 缓冲液（pH = 6.864）250 ml，加入 0.3656 g NaCl（25 mmol/L）作为支持电解质。

（2）DA 标准溶液的配制：首先配制 0.01 mol/L 的 DA 高浓度贮备液，用电解液稀释成不同浓度的 DA 标准溶液，浓度依次为：1×10^{-5}、2×10^{-5}、4×10^{-5}、6×10^{-5}、8×10^{-5}、10×10^{-5} mol/L。

（3）用差分脉冲电化学方法进行测定，以系列标准液的浓度为横坐标，以相应的电流强度为纵坐标绘制标准曲线。

3. 实际样品（多巴胺注射剂）中多巴胺含量的测定

取 1 mL 的多巴胺注射剂，用电解液稀释定容至 100 mL。在上述相同条件下，测定其电流值，在标准曲线上找出相应电流强度的浓度 c_x，并进一步计算注射剂中多巴胺的含量。

五、结果与分析

1. 标准曲线的绘制（见表 18）

表 18　多巴胺系列标准溶液和待测液氧化电流的测定

编号	0	1	2	3	4	5	6	待测液
c_{DA}/（mol/L）	0	1×10^{-5}	2×10^{-5}	4×10^{-5}	6×10^{-5}	8×10^{-5}	10×10^{-5}	
I								
$I–I_0$								

注：I_0 为空白溶液（未加多巴胺标准液，编号为 0 的溶液）的电流强度。

以系列标准液的浓度为横坐标，以相应的电流相对强度 $I - I_0$ 值为纵坐标绘制标准曲线。

2. 试样注射液中 DA 含量的测定：

c_x = ______ mol/L，注射剂中 DA 的浓度 c_{DA} = ______ mol/L。

计算公式：$c_{DA} = c_x \times 100.0/1.0$

3. 标示量百分数 = $\dfrac{c_{DA}\times \text{平均装量}}{\text{标示量}} \times 100\%$= ______________。如果标示量百分数介于 95% ~ 105%，则测定结果符合要求。这里的标示量是指注射剂中包含的多巴胺的量。

注意事项

1. 三电极使用时，须注意工作电极（玻碳电极）、参比电极（饱和 Ag/AgCl）和对电极（铂丝）应分别与绿线、白线和红线相连。

2. 每次打磨处理完工作电极后，须分别用乙醇、丙醇和超纯水超声清洗后再使用，从而保证电极表面足够清洁。

3. 在扫描过程中，三根电极都需要浸泡入溶液中。

思考题

1. 试简述本实验中电化学方法测量多巴胺的原理。

2. 本实验中，测定多巴胺过程中应注意哪些问题？

3. 本实验中，采用三电极工作体系检测多巴胺含量，请问三电极体系由哪些电极组成？

附：CHI600E 电化学工作站的使用方法

1. 打开电化学工作站，仪器预热 10 min，运行软件“CHI660E” CH Instr. CHI660e，点击工具栏“setup” Setup 下的“硬件测试” TEST Hardware Test，得到如下结果则为仪器正常工作：

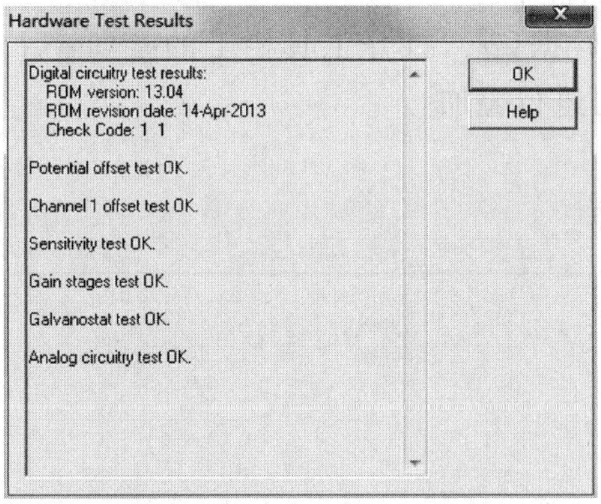

。

2. 取 0.05 μm α-Al_2O_3 于抛光布上，加少量超纯水，玻碳电极在抛光布上呈“8”字型打磨 2 ~ 3 min，抛光至镜面，然后用超纯水超声清洗待用。

3. 电极预处理表征

（1）三电极的连接方法：工作电极（玻碳电极）与绿线相连，参比电极（饱和 Ag/AgCl）与白线相连，对电极（铂丝）与红线相连，一起浸泡在含有 0.5 mol/L NaCl 和 5 mmol/L $[Fe(CN)_6]^{3-}$ 的烧杯中。

（2）电化学方法 T 下，选择“循环伏安法 Cyclic Voltammetry”，

参数设置 如下：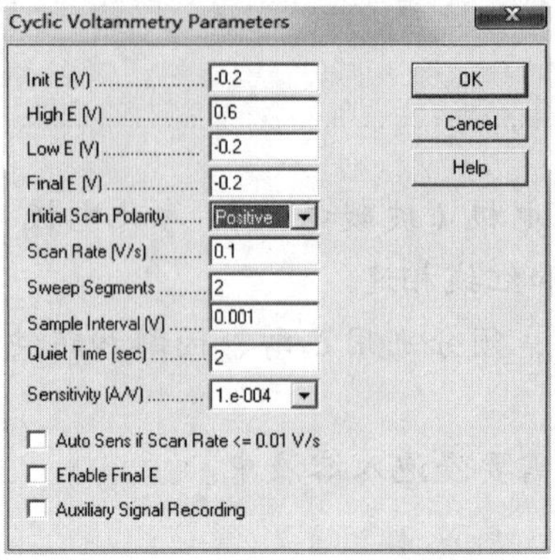

。点击运行，得到了循环伏安图，若两个峰的电位差在 60 ~ 80 mV，表明该电极表面清洁，可以进行其它的电化学实验。下面介绍下差分脉冲伏安法。

3. 差分脉冲伏安法（DPV）实验

清洁的电极浸泡在缓冲液中，电化学方法设置为“Differential Pulse Voltammetry”。

以多巴胺检测为例，电化学参数设置如下：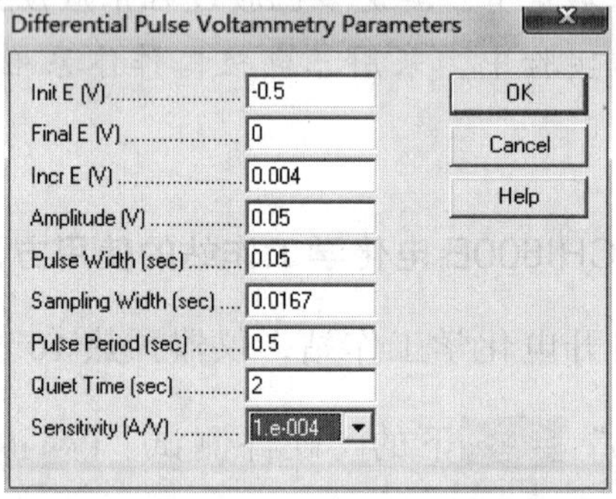

。之后可进行扫描，结果保存至计算机的 D 盘文档盘中。

4. 进行两张图的叠加：打开其中一个数据，打开工具栏上的Graphics后，点击 Overlay Plots...，选中另一张后就可进行叠加。

实验 20
气相色谱－质谱法测定茶叶中农药残留

一、实验目的

1. 了解气相色谱－质谱联用仪的基本构造和工作原理，熟悉工作站软件的使用。

2. 了解运用气相色谱－质谱仪（GC–MS）测定样品的基本过程。

二、实验原理

气相色谱法利用不同物质在固定相和流动相中的分配系数不同，使不同化合物从色谱柱流出的时间不同，达到分离化合物的目的。质谱法利用带电粒子在磁场或电场中的运动规律，按其质荷比（m/z）实现分离分析，测定离子质量及强度分布。它可以给出化合物的分子量、元素组成、分子式和分子结构信息，具有定性专属性、灵敏度高、检测快速等特点。

气相色谱－质谱联用仪兼备了色谱的高分离能力和质谱的强定性能力，可以把气相色谱理解为质谱的进样系统，把质谱理解为气相色谱的检测器。

气相色谱－质谱联用仪的基本构成如图 7 所示。

本实验中待分析混合样品经 GC 分离成各单一组分，并进入离子源，在此样品分子被电离成离子，离子经过质量分析器之后，即按 m/z 顺序排列成谱。经检测器检测

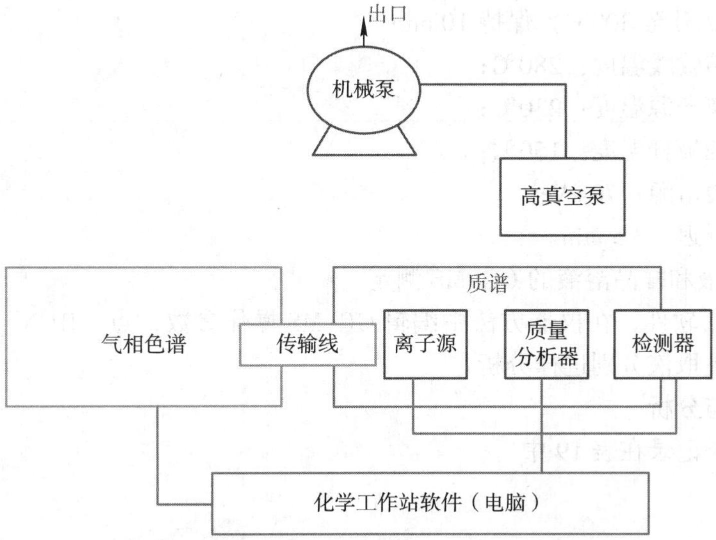

图 7　气相色谱－质谱联用仪基本构成

后，得到质谱，计算机采集并储存质谱，经过适当处理，可得到样品的总离子色谱图和质谱图等。

三、实验仪器与试剂

1. 仪器

Agilent 7890B-5977 气相色谱 -质谱仪（HP-5 MS色谱柱：30 m × 250 μm × 0.25 μm），超声波清洗仪，固相萃取装置，氮吹浓缩仪，容量瓶，移液枪。

2. 试剂

农药标准，正己烷（色谱纯）、乙酸乙酯（色谱纯），茶叶样品，高纯氦气（纯度 ≥ 99.999%）。

四、实验步骤

1. 标准溶液的配制

取 4 只 10.00 mL 容量瓶，分别加入 1.00 mL 100 mg/L 的敌敌畏、α- 六六六，p，p'-DDT，马拉硫磷，并用正己烷：乙酸乙酯（V：V=1：1）稀释至刻度，配制成 10.0 mg/L 单一标准贮备液。

分别取上述 4 种单一标准贮备液 1.00 mL 于另一只 10.00 mL 容量瓶中，正己烷：乙酸乙酯（V：V=1：1）稀释至刻度，配制成 1.00 mg/L 混合标准使用液。

2. 样品溶液的制备

茶叶样品经超声波提取，固相萃取小柱净化、洗脱，氮吹浓缩，正己烷：乙酸乙酯（V：V=1：1）稀释至 1.0 mL 待测。

3. GC-MS 仪器条件

（1）进样口温度：250℃；

（2）进样量：1 μL，不分流进样；

（3）载气流速：恒流模式，1.0 mL/min；

（4）柱温：初始温度 50℃，保持 1 min 后以 25℃/min 程序升温至 150℃，再以 15℃/min 的速率升至 300℃，保持 10 min。

（5）色质传输线温度：280℃；

（6）质谱离子源温度：230℃；

（7）质谱四极杆温度：150℃；

（8）电子轰击源：70 eV；

（9）溶剂延迟：3.5 min。

4. 标准溶液和样品溶液的 GC-MS 测定

通过工作站软件，在仪器方法中编辑 GC-MS 操作参数，点“RUN”键，将混合标准溶液和样品提取液分别进样分析。

五、结果与分析

将实验结果记录在表 19 中。

表 19　标准溶液和待测溶液中各色谱峰的保留时间和特征离子

峰号	标准溶液			待测溶液			
	组分	保留时间 / min	特征离子与丰度比	保留时间 / min	特征离子与丰度比	定性结果	定量结果
1							
2							
3							
4							

注意事项

1. 钢瓶附近严禁烟火。
2. 有机试剂易挥发，前处理操作需在通风橱中进行。
3. 气相色谱柱温箱最高温度不能超过色谱柱最高限定温度。
4. 进样前后都需用溶剂清洗进样针，防止交叉污染和进样针堵塞。
5. 定期更换进样口隔垫，防止进样口漏气。
6. 连接不间断电源，开机后切忌中途断电，以免损坏涡轮泵。
7. 设置溶剂延迟，保护灯丝。

思考题

1. GC–MS 如何进行定性分析？与其它 GC 检测器相比有何优势？
2. 溶剂延迟（solvent delay）有何意义？
3. 总离子流色谱图和质谱图的横纵坐标各是什么？

实验21
超高效液相色谱－三重四极杆质谱法测定水稻叶片多胺浓度

一、实验目的

1. 理解超高效液相色谱－三重四极杆质谱法测定多胺小分子的原理和方法。

2. 学会真空离心浓缩仪的使用原理和基本操作。

3. 熟悉超高效液相色谱仪的基本操作。

4. 掌握安捷伦 6460 三重四极杆质谱仪进行定量分析的方法和基本操作。

二、实验原理

超高效液相色谱－三重四极杆质谱法（ultra high performance liquid chromatography coupled with triple quadrupole mass spectrometry，UHPLC-3Q-MS）是一种将具有快速分离能力的超高效液相色谱与灵敏、专属、能提供分子量和结构信息的串联质谱结合起来的现代分离检测技术，以目标物子离子质荷比和保留时间作为定性依据，以目标物子离子峰面积作为定量依据。多胺（polyamine，PA）是带有两个或多个氨基的脂肪族小分子物质，在生理 pH 值时为正电荷离子。它广泛存在于所有有机体中，是一种重要代谢调控物质，直接或间接影响细胞生命活动。特别是腐胺、亚精胺和精胺在植物的生长和发育过程中起着重要的调控作用，如植物器官的形成、叶片的衰老、果实的发育和成熟、花芽的发育、花粉管的生长等。多胺也与植物的抗胁迫息息相关，如抗病虫胁迫、抗渗透胁迫、抗干旱胁迫、抗高温和低温胁迫、抗重金属胁迫等。通过对水稻组织内多胺的检测，有望揭示多胺对水稻产量和抗逆性的作用与机理，从而提高水稻产量与品质，并改善水稻对病害的抗性。因此，水稻组织多胺的快速、定量检测是十分重要的。

本实验使用研磨法，在高氯酸水溶液中提取水稻叶片中的多胺，并使用亲水色谱柱分离水稻叶片中的三种多胺（腐胺、亚精胺和精胺），由三重四极杆质谱对多胺含量进行测定。首先，通过优化碎裂电压和碰撞能，得到每个多胺的相应子离子质荷比。根据各个子离子的丰度值，选择两种丰度值较大的子离子质荷比分别作为定性离子（子离子 1）和定量离子（子离子 2）；其次，以多胺浓度作为 x 轴，对应多胺定量离子的峰面积作为 y 轴，绘制工作曲线；最后，分离检测水稻叶片提取液中的多胺，由工作曲线上查出对应多胺的浓度，根据提取方法和稀释倍数，计算水稻叶片中各个多胺的含量。

三、实验仪器与试剂

1. 仪器

UHPLC-3Q-MS 系统：安捷伦 1290 型超高效液相－6460 型三重四极杆串联质谱

仪（安捷伦科技有限公司，美国）；亲水色谱柱：Agilent ZORBAX RRHD HILIC Plus（50 mm × 2.1 mm，1.8 μm）；低温冷冻离心机（赫提驰有限公司，德国）；电动组织研磨仪（上海生物工程有限公司，中国）；天平（奥豪斯仪器有限公司，美国），冰盒。

2. 试剂

腐胺、亚精胺和精胺购买于中国上海阿拉丁化学有限公司，液氮，高氯酸（纯度为70%），甲酸铵和乙腈（质谱纯）。

四、实验内容

1. 色谱条件：流动相由水相（90 mmol/L 甲酸铵缓冲盐溶液）－乙腈组成。梯度洗脱程序：（1）0—2.50 min，70% 乙腈，（2）2.50—4.00 min，从 70% 到 50% 乙腈（3）4.01—5.00 min，20% 乙腈。总运行时间为 5 min，平衡时间为 1 min。进样体积 2 μL，柱温 35℃。

2. 质谱条件：选用电喷雾（ESI）离子源，在正离子电离模式下，采用多反应监测（MRM）的质谱扫描方式，腐胺、亚精胺和精胺的质谱参数见表 20。质谱参数：干燥气温度 350℃，鞘气流 10 L/min，雾化器 50 psi，正电离模式下的毛细管电压 4 000 V，驻留时间 50 ms。

表 20　多胺质谱检测参数

多胺种类	母离子（*m/z*）	子离子 1（*m/z*）	子离子 2（*m/z*）	碎裂电压 /V	子离子 1 碰撞能 /V	子离子 2 碰撞能 /V
腐胺	89	30	72	40	19	7
亚精胺	146	112	72	80	13	16
精胺	203	129	112	75	11	16

3. 多胺标准曲线储备液及工作液制备：分别称取 1.76 mg 腐胺，2.90 mg 亚精胺和 4.05 mg 精胺，溶于 2 mL 10 mmol/L HCl 中，配成 10 mmol/L 多胺混标贮备液。将多胺混标贮备液定量稀释后，配制成含有 0、10、100、200 和 500 nmol/L 的一系列多胺对照品溶液，备工作曲线制作使用。

4. 水稻叶片多胺提取：首先，用剪刀剪碎水稻叶片，并在液氮下用研钵研磨成粉末。然后，称取水稻粉末（约 10 mg）至 1.5 mL 离心管中，按照 20 μL/mg（体积 / 质量）的比例，加入相应体积的高氯酸。接着，将离心管放置在冰盒上，用组织研磨仪以 6 000 r/min 的转速研磨水稻叶片 5 min，提取水稻叶片多胺。最后，使用冷冻离心机在 5 ℃的温度下离心样品（13 000 r/min，10 min），弃去管内固体残渣，将上清液用去离子水稀释 50 倍后，得水稻叶片多胺提取液，备测定用。

五、数据处理

1. 绘制三种多胺小分子的标准曲线。

2. 计算水稻叶片中三种多胺的含量。

注意事项

1. 使用高速离心机时，离心管的重量必须严格配平且对称放置于离心机中。

2. 使用高速离心机时，需要在旁等待实际转速达到预设转速。若在此过程中有异常震动或声音，要立刻停机。

3. 所有的样品和流动相在上机前均需进行过滤处理。

4. 认真阅读使用说明，细心操作，严禁未经培训人员上机操作。

5. 不得在仪器操作室内做与检测无关的事情。

6. 详细记载实验的检测项目及数据文件名。

7. 打扫实验室卫生，关好水电门窗，离开实验室。

思考题

1. 选择离子监测模式（SIM）、子离子扫描模式（Product Scan）和多反应监测模式（MRM）中的 m/z 参数如何设定？

2. 超高效液相色谱 - 三重四极杆质谱法如何实现定量分析？有何优点？

3. 讨论亲水性色谱柱（HILIC）的分离原理和应用范围。

附：安捷伦 6400 三重四极杆质谱仪的使用方法

一、开机

1. 打开计算机，网络交换机（LAN Switch）电源。

2. 打开液相各个模块电源。

3. 打开质谱前面左下角的电源开关，这时可以听到质谱里面溶剂切换阀切换的声音。同时机械泵开始工作，仪器开始自检。等待大约两分钟，听到第二声溶剂阀切换的声音（表明质谱自检完成）后，表示仪器自检完成，可以联机。

4. 在计算机桌面上双击 MassHunter 采集软件图标，进入 MassHunter 工作站。

二、编辑仪器采集程序方法

1. 进入 MassHunter 工作站后，可以观察到工作站的画面有仪器状态界面、实时监测界面、方法编辑界面和工作列表界面。

2. 设定监测采集的 HPLC 条件：自动进样器参数、泵参数、柱温箱参数、检测器参数等。

3. 在方法编辑界面设定 MS-QQQ 监测采集参数：选择调谐文件，设定扫描范围，在 MRM 扫描方式中，设定母离子数值，子离子数值，碰撞池的电离电压数值，碰撞能数值，每个四级杆的分辨率以及质谱检测器的电离源参数。

4. 保存设置好的检测方法文件。

5. 编辑和运行 Worklist。对一系列多胺对照品溶液和水稻提取样品进行自动进样分析：（1）先创建工作列表，从 Worklist 菜单中选择 Add Sample，添加相应几行新的样品序列。（2）接着，按照多胺对照品浓度从小到大的顺序，在工作列表表格输入以下样品信息：样品名称、样品位置、方法、数据文件名称和样品类型等。（3）最后，在上述样品信息的下方，继续添加水稻叶片多胺提取样的相关样品信息。

6. 保存并运行工作列表。

三、绘出标准曲线

根据不同浓度的多胺对照品溶液所对应的峰面积数据，绘制标准曲线，获得线性公式和回归系数。

四、样品测定

将水稻叶片多胺提取液的检测信号值（峰面积）带入对应的标准曲线，计算水稻叶片中腐胺、亚精胺、精胺的含量。

五、关机

1. 在 MassHunter 采集软件内点击三重四极杆 MS 的图标，依下图所示选择 Vent。

2. 在三重四极杆 Method 的 Diagnosis 界面观察涡轮泵转速的下降情况。

3. 等转速和功率基本为 0 后，关闭 MassHunter 软件。然后关闭质谱及 LC 各模块、PC 的电源。

4. 如果长时间关机的话，请拔掉质谱主电源线。

5. 如果使用液氮罐，同时关闭自增压阀门。

6. 如果使用氮气发生器，关闭氮气发生器。

六、三重四极杆质谱分析模式

1. 全扫描模式方式（Scan）：最常用的扫描方式之一，扫描的质量范围覆盖被测化合物的分子离子和碎片离子的质量，得到的是化合物的全谱，可以用来进行谱库检索，一般用于未知化合物的定性分析。实例：（Q1 = 100 ~ 259 *m/z*）

2. 选择离子监测模式（Selective Ion Monitoring，SIM）：不是连续扫描某一质量范围，而是跳跃式地扫描某几个选定的质量，得到的不是化合物的全谱。主要用于目标化合物检测和复杂混合物中杂质的定量分析。实例：（Q1 = 259 *m/z*）

3. 子离子扫描模式（Product Scan）：第一个质量分析器固定扫描电压，选择某一质量离子（母离子）进入碰撞室，发生碰撞解离产生碎片离子，第二个质量分析器进行全扫描，得到的所有碎片离子都是由选定的母离子产生的子离子，没有其它的干扰。主要用于化合物结构分析。实例：（Q1 = 259 *m/z*；Q3 = 100 ~ 259 *m/z*）

4. 母离子扫描模式（Precursor Scan）：第一个质量分析器扫描电压选择母离子（如分子离子），进入碰撞室碰裂后，第二个质量分析器固定扫描电压，只选择某一特征离子质量，该特征离子是由所选择的母离子产生的，由此得到所有能产生该子离子的母离子谱。主要用于同系物的分析。实例：（Q1 = 100 ~ 300 *m/z*；Q3 = 259 *m/z*）

5. 中性丢失扫描模式（Neutral Loss）：第一个质量分析器扫描所有离子，所有离子进入碰撞室碎裂后，第二个质量分析器以与第一个质量分析器相差固定质量联动扫描，检测丢失该固定质量中性碎片（如：质量数 15、18、45）的离子对，得到中性碎片谱。主要用于中性碎片的分析。实例：（Q1 = 100 ~ 300 *m/z*；Q3 = 82 ~ 282 *m/z*）

6. 多反应监测模式（MRM）：第一个质量分析器选择一个（或多个）特征离子，经过碰撞解离，到达第二个质量分析器再进行选择离子检测，只有符合特定条件的离子才能被检测到，因为是两次选择，比单四极质量分析器的 SIM 方式选择性更好、抗干扰能力更强、专属性更好、信噪比更高。MRM 模式主要用于定量分析。实例：（Q1 = 259 *m/z*；Q3 = 138 *m/z*）

实验 22
紫菜中钾、钠、钙、铁、锌、磷、砷微量元素及砷形态的测定

一、实验目的

1. 进一步理解光谱分析法、色谱分析法和质谱分析法的基本原理。

2. 熟悉密闭微波消解仪、火焰光度计、原子吸收分光光度计、紫外－可见分光光度计、离子色谱、电感耦合等离子体质谱的基本结构和使用方法。

3. 掌握综合应用多种大型仪器测定紫菜中钾、钠、钙、铁、锌、磷、砷微量元素含量及砷形态分析方法的选择。

二、实验原理

紫菜是深受人们喜爱的藻类产品，中国是世界上紫菜生产量最大的国家，其中，60% 的产量来自福建省。紫菜富含钾、钠、钙、铁、锌、磷等营养元素，同时又会富集各种重金属元素，如砷、铅等。紫菜中钾、钠、钙、铁、锌、磷、砷等元素的提取可以在密闭微波消解仪中进行，通过使用浓消酸－过氧化氢混合溶剂，完全溶解紫菜样品，再经过定容、过 0.22 μm 滤膜后，可用于接下来的元素分析中。火焰光度计测定紫菜中钾、钠含量，原子吸收分光光度计测定紫菜中钙、铁、锌含量，紫外－可见分光光度计测定紫菜中磷含量，电感耦合等离子体质谱测定紫菜中砷含量，离子色谱－电感耦合等离子体质谱联用测定紫菜中各种形态砷化合物的含量。

三、实验仪器与试剂

1. 仪器

ETHOS UP 密闭微波消解仪，FP640 火焰光度计，WFX-130A 型原子吸收分光光度计，普析 TU1950 型紫外－可见分光光度计，ICS-1100 离子色谱，NexION 300X 电感耦合等离子体质谱，分析天平，离心管，移液枪，移液枪头等。

2. 试剂

硝酸（优级纯），过氧化氢（优级纯），盐酸，超纯水，磷酸氢二铵（优级纯），氨水（优级纯），微量元素标样，砷形态标样等。

四、实验步骤

1. 紫菜中钾、钠、钙、铁、锌、磷、砷等微量元素的提取

（1）将紫菜样品研磨至粉末。

（2）称取 0.1 g 左右紫菜粉末至消解罐内罐，加入消解溶剂（7.5 mL 优级纯硝酸 +1.5 mL 优级纯 H_2O_2），同时做溶剂空白，按实验 4 中的步骤消解紫菜，最终得到紫菜消解液。

2. 紫菜中砷形态的提取

另称取 0.1 g 左右紫菜粉末至消解罐内罐，加入萃取溶剂（10 mL 1% 硝酸），同时做溶剂空白，在密闭微波消解仪中萃取紫菜，最终得到紫菜萃取液。

3. 火焰光度计测定紫菜中钾、钠的含量

参照实验 4。

4. 原子吸收分光光度计测定紫菜中钙、铁、锌的含量

参照实验 2。

5. 紫外－可见分光光度计测定紫菜中磷的含量

参照实验 9。

6. 电感耦合等离子体质谱测定紫菜中砷的含量

参照理论篇第十一章第四节电感耦合等离子体质谱仪的使用。

7. 离子色谱－电感耦合等离子体质谱联用测定紫菜中各种形态砷化合物含量

参照文献 Qiu Z Q，Lv Z M，Wang K T，*et al.* Species distribution characteristics of arsenic in shellfish seafood collected from Fujian Province of China. *Journal of Food Composition and Analysis*，2018，72：132–140.

五、结果与分析（见表 21 和表 22）

表 21　紫菜中钾、钠、钙、铁、锌、磷、砷微量元素含量测定结果

元素种类	钾	钠	钙	铁	锌	磷	砷
元素含量 /（mg/kg）							

表 22　紫菜中砷形态测定结果

砷形态	三价砷	五价砷	一甲基砷	二甲基砷	其他砷形态
含量 /（mg/kg）					

注意事项

1. 消解液用来测定元素总量，萃取液用来测定砷形态。

2. 消解液需定容稀释，防止硝酸含量过高对仪器造成损伤并引起空白值偏高，影响测定。

3. 消解液和萃取液需过 0.22 μm 孔径滤膜后才能上机测定。

思考题

1. 谈谈你对食品中所含有的营养微量元素和有毒微量元素的认识。

2. 谈谈你对食品中微量元素形态的认识。

3. 食品中微量元素形态通常可用哪些方法进行分析测定？

实验23
实验技能综合实验

一、实验目的

1. 巩固现代仪器分析实验的基本原理和基本操作。

2. 利用所掌握的知识解决具体的问题，提高对实验技能灵活和综合应用的能力。

二、实验原理

视具体实验内容而定，略。

三、实验仪器与试剂

视具体实验内容而定，略。

四、实验内容

1. 标准溶液的配制。

2. 样品溶液的制备。

3. 仪器原理

（1）仪器各部分组成及作用。

（2）仪器工作原理及流程。

4. 仪器的使用

（1）仪器操作条件的选择。

（2）标准溶液的测定（标准曲线的建立 / 标准谱图的绘制）。

（3）样品测定。

（4）其它有关实验操作问题。

五、结果与分析

（1）定性分析实验数据处理。

（2）定量分析实验数据处理。

注意事项

视具体实验内容而定。

思考题

1. 一个完整的实验一般涉及哪些流程？请根据具体问题给出一个实验设计。
2. 样品前处理可能涉及哪些主要步骤？
3. 本实验课程涉及哪些定性和定量分析方法？
4. 其它有关实验问题。